职业技术教育"十三五"国家级规划教材重点申报项目
BIM技术及应用系列教材

BIM技术
Revit 建筑设计应用基础

主　　编：邓兴龙

副主编：史耿伟　胡建平　黄　军　吴伟涛

　　　　高　华　潘霞远　祝春华

参编人员：黎　颖　卓　勉　蓝乙林　黄海峰

主　　审：张　贺　章溢威

U0396332

华南理工大学出版社
SOUTH CHINA UNIVERSITY OF TECHNOLOGY PRESS

·广州·

图书在版编目（CIP）数据

BIM 技术‖Revit 建筑设计应用基础/邓兴龙主编 . —广州：华南理工大学出版社，2017. 1（2017.10 重印）
BIM 技术及应用系列教材
ISBN 978 - 7 - 5623 - 5140 - 5

I. ①B⋯ Ⅱ. ①邓⋯ Ⅲ. ①建筑设计 – 计算机辅助设计 – 应用软件 Ⅳ. ①TU201. 4

中国版本图书馆 CIP 数据核字（2016）第 311477 号

BIM JISHU‖Revit JIANZHU SHEJI YINGYONG JICHU

BIM 技术‖Revit 建筑设计应用基础

邓兴龙 主编

出 版 人：卢家明
出版发行：华南理工大学出版社
　　　　　（广州五山华南理工大学 17 号楼，邮编 510640）
　　　　　http://www. scutpress. com. cn　E-mail：scutc13@ scut. edu. cn
　　　　　营销部电话：020 – 87113487　87111048（传真）
责任编辑：王魁葵
印 刷 者：虎彩印艺股份有限公司
开　　本：787mm×1092mm　1/16　印张：27.75 字数：710 千
版　　次：2017 年 1 月第 1 版　2017 年 10 月第 2 次印刷
印　　数：1 001～2 000 册
定　　价：56.00 元

前　言

建筑信息模型(building information model，BIM)是建筑信息化浪潮中最前沿的技术之一。这项技术可以将与建筑相关的各类信息都集成到对应的信息模型中，方案、设计、分析、建造、运维等相关技术人员都能围绕这个模型建立和读取数据，最大限度地利用计算机集成、管理和传播信息的优势，使得在建筑工程整个生命周期中信息的传递和交互更加通畅。实践证明，建筑信息模型技术有助于提高设计效率、降低工程成本和改进工程质量，从而提高经济效益。目前在国内以 BIM 技术为核心的三维设计方式和工作流程正在逐渐取代传统二维制图和校对的工作模式，当然也需要更多的设计人员和学生停止观望，主动学习和使用 BIM 技术，加速推动这场建筑信息化的变革。

Autodesk Revit 软件是 Autodesk 公司 BIM 系列软件的全新升级产品，旨在增进 BIM 流程在行业中的应用。Revit 是目前进行建筑信息模型设计的主流软件，将改变以 AutoCAD 为主的二维平面的建筑设计方法和思维方式，避免片断式、不连贯的设计表达带来的各种矛盾和失误。在这个数字化设计平台上，设计不仅能保持三维空间及其信息的完整性和连续性，运用参数化控制三维模型，还能根据需要控制模型的技术表达深度，可以准确地设置墙、楼板、门、窗、幕墙等建筑构件的材料、结构等参数，能进行照片级的渲染、动画演示，完全模拟建筑建造的过程，还可以准确模拟建筑的日照情况以及其他物理分析。按照建筑设计业界的发展预测，在三维空间内直接进行带有信息参数的建筑模型设计终将取代目前以 AutoCAD 为主的二维平面设计模式。

BIM 技术的出现可谓是工程建设行业的第二次革命，BIM 的快速发展超出了很多人的想象，它带给土木工程师们的不仅是一款全新的设计、绘图工具，也将建筑行业信息技术推向又一个高峰。

本书作者在教学和使用 Revit 的过程中，积累了丰富的经验和技巧。为了帮助更多的读者认识、了解和使用 Revit，作者编写了本书。本书在编写过程中注重如下特点：

(1)配合 Revit 发表的最新 2017 版进行编写，对于新特性、新功能会在涉及的章节里进行具体说明。

(2)结合建筑学专业对施工图的规范及要求，进行有针对性的讲解，是一套适合建筑行业入门级的基础的培训教程。

(3)本书以 Revit 为基础点，循序渐进，通过不断操作练习，达到熟练掌握软件操作的目的。

　　全书分为八个章节，详细介绍了 Revit 2017 的用户界面和一些基本操作命令工具，以及软件的基本应用特点，结合经典实例来讲解 BIM 平台与建筑相关的工作方法、技巧及流程。本书可作为建筑师、各院校相关专业的师生、三维设计爱好者等自学用书，也可以作为 Autodesk Revit 培训课程的教材。

　　由于时间紧迫，书中难免有疏漏之处，敬请广大读者谅解并指正。读者的意见和建议正是作者不断努力前进的原动力。全书由邓兴龙统稿，广东省工程图学会审定推荐，同时也得到杨国栋、吕尚、赵刚、陈坚大力支持，在此一并感谢。

　　本书的项目资料文件请往 908348116@ qq. com 联系索取。

编者

2016 年 10 月

CONTENTS
目 录

目 录

CONTENTS
目 录

第 1 章

Revit 的基本知识

课程概要：

本章将围绕 Revit 的基本要素来展开对 BIM 的介绍，并通过对 Revit 结构框架的讲解，初步了解 Revit 的工作界面及基本应用，进一步认识三维设计原理与 Revit 建模平台的特点。

课程目标：

- 了解 Revit 的基本要素
- 了解 Revit 的工作界面
- 了解 Revit 的基本应用

1.1 Revit 概述

本节将介绍 Revit 软件的基本框架，Revit 的图元元素、用户界面、基本命令工具的应用，以及如何创建需要的项目，按照不同专业创建不同的项目文件。

本节还对族进行了基本介绍，帮助读者深入理解和掌握族的相关知识。

1.1.1 图元元素

Revit 在项目中有 3 种图元，图元之间各自独立又相互关联，形成了整个项目的结构框架，3 种图元又可以分成 5 种类型，如图 1-1 所示。

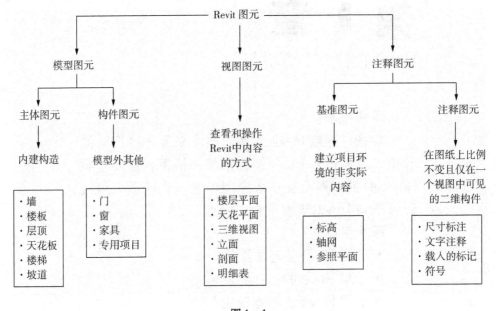

图 1-1

（1）主体图元包括墙、楼板、屋顶、天花板、楼梯、坡道等。

主体图元都可以进行参数化设置，而这些设置由软件系统预先设置，用户不能自由设置，只能对原来的参数进行修改，生成新的主体类型。

墙图元的参数设置：编辑构造中的结构、材质、厚度，如图 1-2 所示。

（2）构件图元包括门、窗、家具、专用项目等三维模型构件。

主体图元与构件图元相互依附，门、窗依附于墙的主体图元，若删除墙，则墙上的门、窗会自动删除。门、窗图元可以自行制作图元，设置各种图元参数，以满足构件修改参数的需要，如图 1-3 所示。

（3）视图图元包括楼层平面、天花平面、三维视图、立面、剖面、明细表等。视图图元的平面图、立面图、剖面图以及三维轴测图、透视图等都基于模型生成的视图表达，各

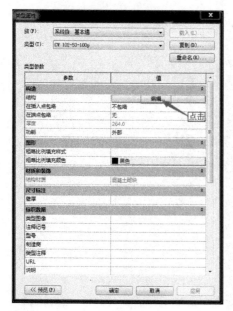

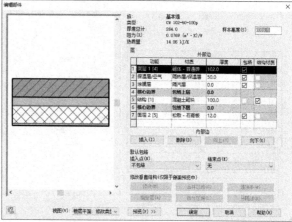

图1-2

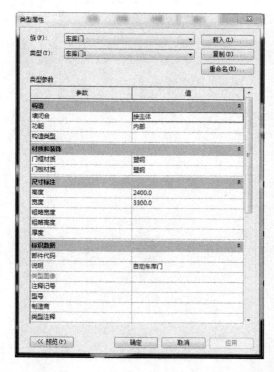

图1-3

视图之间是相互关联与依附关系。可以通过对象样式的设置来控制各个视图对象显示，如图1-4、图1-5所示。

图1-4

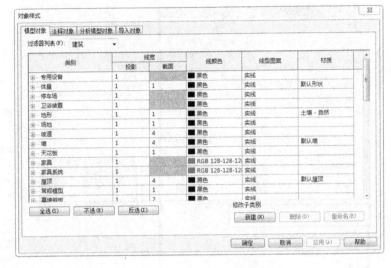

图1-5

同时，每一个平面、立面、剖面视图又相互独立。每一个视图都可以设置其构件可见性、详细程度、出图比例、视图范围等，这些通过调整每个视图的视图属性来控制，如图1-6所示。

（4）基准图元包括标高、轴网、参照平面等。

三维建模的工作平面设置，是三维设计最重要的环节，标高、轴网、参照平面，是三维设计的基准面。

（5）注释图元包括尺寸标注、文字注释、载入的标记、符号等，注释图元的样式都可以由用户自行定制，以满足各种本地化设计应用的需要。

Revit中注释图元与标注、标记的对象之间具有特定的关联。如门、窗的定位的尺寸标注，修改门窗位置或门窗大小，其尺寸标注会自动修改，墙的材质修改，墙材质标记也会自动变化。

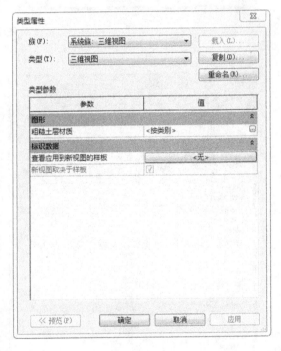

图1-6

1.1.2　Revit 的启动

完成安装 Revit 后，单击"开始"菜单→"所有程序"→"Autodesk"→"Revit"命令，或双击桌面 Revit 快捷图标即可启动 Revit。

启动完成后，会显示如图1-7所示的"最近使用的文件"界面。在该界面中，Revit会分别按时间依次列出最近使用的项目文件和最近使用的族文件。第一次启动Revit时，会显示软件自带的基本样例项目及高级样例项目两个样例文件，以方便用户感受Revit的强大功能。

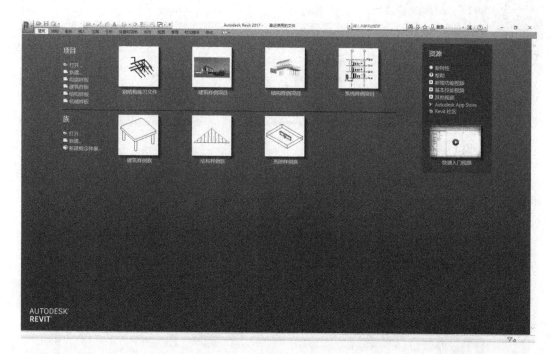

图1-7

1.1.3　项目与项目样板

在Revit中，所有的设计模型、视图及信息都存储在一个后缀名为".rvt"的Revit项目文件中。项目文件包括设计所需的全部的信息，如：建筑三维模型、平立剖及节点视图、各种明细表、施工图图纸，以及其他相关信息。

（1）使用以下列出的样板创建项目，单击所需的样板，软件使用选定的样板作为起点，创建一个新项目，如图1-8所示。

启动软件时将显示"最近使用的文件"界面。如果您已经在处理Revit任务了，则可以通过单击"视图"选项卡→"窗口"面板→"用户界面"下拉列表→"最近使用的文件"以返回此界面。

"最近使用的文件"界面最多会在"项目"下列出5个样板。项目样板为新项目提供了起点，定义了设置、样式和基本信息。

安装后，软件将列出一个或多个默认样板。但是，可以对列表进行修改或添加更多样板。

（2）使用另一个样板创建项目，单击"新建"。

在"新建项目"对话框的"样板文件"下，执行以下操作之一：

从列表中选择样板，如图1-9所示。单击"浏览"，定位到所需的样板（.rte文件），然后单击"打开"。

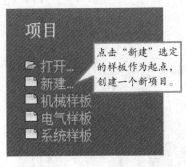

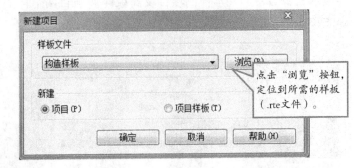

图1-8   图1-9

Revit提供了多种项目样板文件，这些项目样板位于以下位置的"Templates"文件夹中：%ALLUSERSPROFILE%\Autodesk\〈产品名称与版本〉，如图1-10所示。

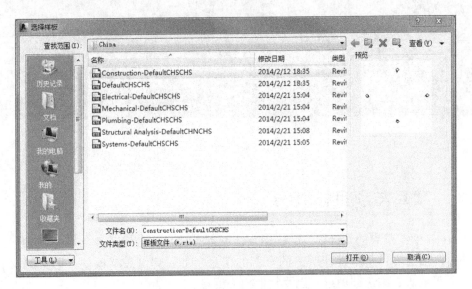

图1-10

在"新建项目"对话框中，选择"项目"，单击"确定"。软件使用选定的样板作为起点，创建一个新项目，如图1-11所示。

（3）使用默认设置创建项目。

单击"新建"，如图1-12所示；在"新建项目"对话框的"样板文件"下，选择"无"，单击"确定"，如图1-13所示。在"未定义度量制"对话框中，选择"英制"或"公制"，如图1-14所示。

在使用结构样板作为新项目的起点时，视图范围会进行修改以适用于结构构件。

（4）视图范围设置。

虽然可以在项目中使用基于非结构样板的结构构件，但是必须修改视图范围，才能在该视图内显示结构构件。例如，梁和柱等结构构件被放置在当前所在视图的下一层。因

图 1 – 11　　　　　　　　　　　　　　　　　　　图 1 – 12

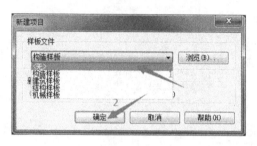

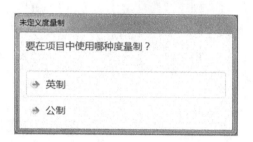

图 1 – 13　　　　　　　　　　　　　　　　　　　图 1 – 14

此，它们将位于视图范围的底剖切面之下，无法显示。已针对这一问题修改了结构样板，如图 1 – 15 所示。

在"属性"面板中，点击"范围"参数中的"视图范围"→"编辑"按钮，如图 1 – 16 所示，Revit 将会弹出"视图范围"对话框，如图 1 – 17 所示。

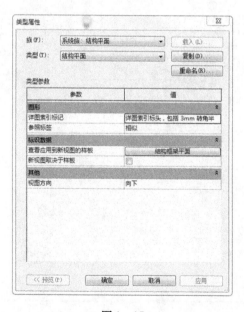

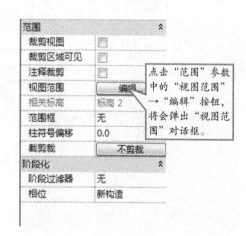

图 1 – 15　　　　　　　　　　　　　　　　　　　图 1 – 16

楼层平面的"实例属性"对话框中的"范围"栏可以对裁剪进行相应设置，如图 1 – 18 所示，只有将裁剪视图打开在平面视图中，裁剪才会生效。若需要调整，在视图控制栏同样可以控制裁剪区域的可见及裁剪视图的开启及关闭，如图1-19所示。

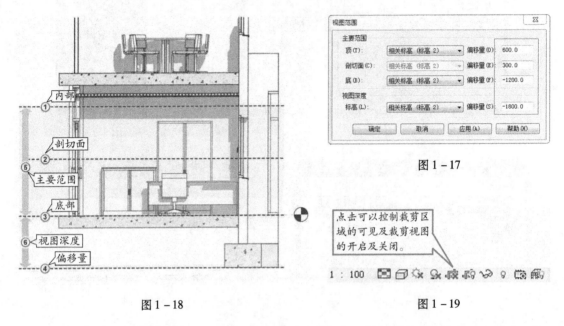

图1-17

图1-18

图1-19

裁剪视图与裁剪区域可见，如图1-20所示。两个选项均控制裁剪框，但不相互制约，裁剪区域可见或不可见均可设置有效或无效。

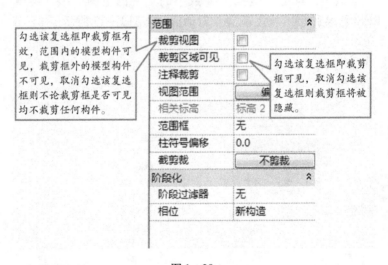

图1-20

1.1.4　族

在 Revit 软件中，"族"是一种参数化的构件，"族"的概念需要深入理解和掌握。通过族的创建和定制，使软件具备了参数化的特点以及实现本地化项目定制的可能性。族是一个包含参数集和相关图形表示的图元组。所有添加到 Revit 项目中的图元（从用于构成建筑模型单位结构、墙、屋顶、窗、门到用于记录该模型的详图索引、装置、标记和详图构件）都是使用族创建的。

Revit 中有三种族：

1. 系统族

包含基本建筑图元，如墙、屋顶、天花板、楼板以及其他要在施工场地使用的图元。标高、轴网、图纸和视口类型的项目和系统设置也是系统族。

2. 标准构件族

用于创建建筑构件和一些注释图元，如门、窗、厨具、装置、家具、植物和一些常规自定义的注释图元，如符号和标题栏等。它们具有高度可自定义的特征，可重复利用。

3. 内建族

在当前项目为专有的特殊构件所创建的族，不需要重复利用。在开始项目之前，使用该工作流确定模型是否需要内建图元，符合如下条件则需内建图元：

（1）确定项目所需的任何独特或单一用途的图元，如果项目需要在多个项目中使用该图元，请将该图元创建为可载入族。

（2）如果项目需要在其他项目中存在的内建图元，可以将该内建图元复制到项目中或将其作为组载入项目中。

（3）如果找不到符合您需的内建图元，可在项目中创建新的内建图元。

通过以下练习，读者可以深度理解创建内建图元。

① 打开项目。

② 在功能区，单击 （内建模型），如图 1 – 21 所示。

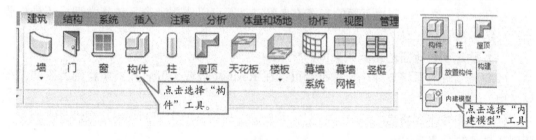

图 1 – 21

a. 点击"建筑"选项卡→"构建"面板→"构件"下拉列表→![](（内建模型）。

b. 点击"结构"选项卡→"模型"面板→"构件"下拉列表→![](（内建模型）。

c. 点击"系统"选项卡→"模型"面板→"构件"下拉列表→![](（内建模型）。

③在"族类别和族参数"对话框中，为图元选择一个类别，然后单击"确定"，如图 1 – 22 所示。如果您选择了某个类别，则内建族将在项目浏览器的该类别下显示，并添加到该类别的明细表中。

④在"名称"对话框中，键入一个名称，并单击"确定"，族编辑器即会打开，如图 1 – 23 所示。使用族编辑器工具创建内建图元；完成内建图元的创建之后，单击"完成模型"。

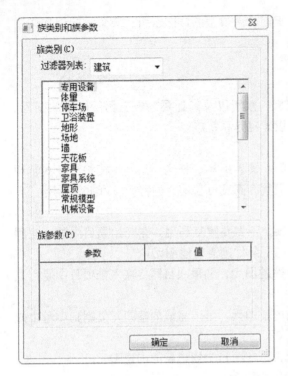

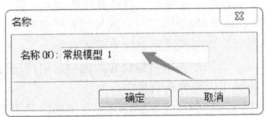

图 1 – 22　　　　　　　　　　　　　　　　　　图 1 – 23

内建图元在系统族已预定义且保存在样板和项目中，而不是从外部文件中载入到样板和项目中。可以复制并修改系统族中的类型，以创建您自己的自定义系统族类型。

在开始项目之前，使用下面的工作流来确定是否可以使用现有系统族类型，还是需要创建自定义系统族类型。

（1）确定项目所需的系统族类型。

（2）搜索现有系统族并确定您是否可以在 Revit 样板或 Office 样板中找到所需的系统族类型。

（3）如果找不到所需的系统族类型，并且无法通过修改类似的族类型来满足需要，则请创建自己的系统族类型。

课后练习

1. 谈谈你对 BIM 的认识。

2. Revit 的图元有哪些？

3. 创建一个项目样板。

4. Revit 的族有哪几种？

1.2 Revit 的工作界面

　　启动 Revit，在"最近使用的文件"界面的"项目"列表中单击"基本样例项目"缩略图，打开"基本样例项目"文件。Revit 进入项目查看与编辑状态，其界面如图 1-24 所示。

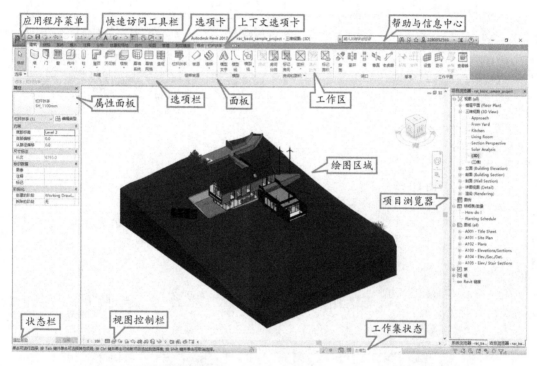

图 1-24

1.2.1　应用程序菜单

　　应用程序菜单提供对常用文件的操作，例如"新建""打开"和"保存"。可以使用更高级的工具（如"导出"和"发布"）来管理文件，单击 打开应用程序菜单。如图 1-25 所示。

提示	要查看每个菜单项的选择项，请单击箭头。在列表中单击所需的项。 作为一种快捷方式，可以单击应用程序菜单中（左侧）的主要按钮来执行默认的操作。见表 1-1。

　　1. 最近使用的文档

　　在应用程序菜单中，有常用功能，如表 1-1 所示。单击"最近使用的文档"按钮，可以看到最近所打开文件的列表。使用该下拉列表可以修改最近使用的文档的排列顺序。使用图钉可以使文档始终留在该列表中，而无论打开文档的时间距现在有多久，如图 1-26 所示。

图 1-25

表 1-1

单击左侧	可以打开
(📄 新建)	"新建项目"对话框
(📂 打开)	"打开"对话框
(🖨 打印)	"打印"对话框
(📤 发布)	"DWF 发布设置"对话框
(🔑 授权)	"产品与授权信息"对话框

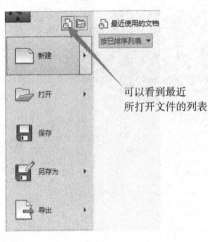

可以看到最近所打开文件的列表

图 1-26

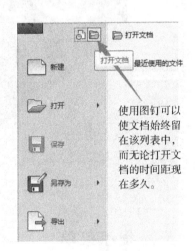

使用图钉可以使文档始终留在该列表中，而无论打开文档的时间距现在多久。

图 1-27

2. 打开的文档

在应用程序菜单上，单击"打开的文档"按钮，可以看到在打开的文件中所有已打开视图的列表。从列表中选择一个视图，以在绘图区域中显示，如图 1-27 所示。

3. 设置快捷键

（1）使用快捷键。

通过使用预定义的快捷键或添加自定义的组合键来提高效率。可为一个工具指定多个快捷键，某些快捷键是系统保留的，无法指定给 Revit 工具。

功能区、应用程序菜单或关联菜单上的工具，快捷键会显示在工具提示中。如果某工具有多个快捷键，则在工具提示中仅显示第一个快捷键。

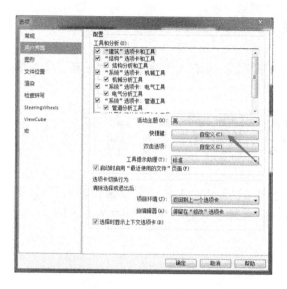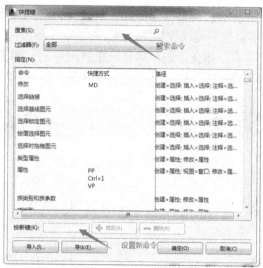

图 1-28

（2）添加快捷键。

① 单击"视图"选项卡→"窗口"面板→"用户界面"下拉列表→"快捷键"（或者 KS），弹出新建快捷键对话框，如图 1-28 所示。

② 在"快捷键"对话框中，使用下列两种方法中的一种或两种找到所需的 Revit 工具或命令：

a. 在搜索字段中，输入命令的名称。键入时，"指定"列表将显示与单词的任何部分相匹配的命令。例如，all 与 Wall、Tag All 和 Callout 都匹配，该搜索不区分大小写。

b. 对于"过滤器"，选择显示命令的用户界面区域，或选择下列值之一：

全部已定义：列出已经定义了快捷键的命令。

全部未定义：列出当前没有定义快捷键的命令。

全部保留：列出为特定命令保留的快捷键，这些快捷键在列表中以灰色显示，无法将这些快捷键指定给其他命令。

如果指定搜索文字和过滤器，"指定"列表将显示与这两个条件都匹配的命令。如果没有列出任何命令，选择"全部"作为"过滤器"，"指定"列表的"路径"列指示可以在功能区或用户界面中找到命令的位置。要按照路径或其他列对列表进行排序，请单击列标题，如图 1-29 所示。

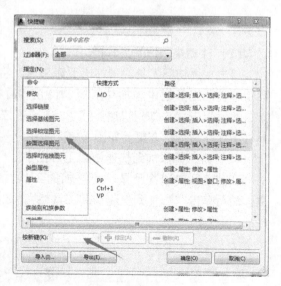

全部：列出所有命令。

（3）将快捷键添加到命令。

① 从"指定"列表中选择所需的命令，光标移到"按新键"字段。

图 1-29

② 按所需的键序列，按键时，序列将显示在字段中。如果需要，可以删除字段的内容，然后再次按所需的键。

③ 所需的键序列显示在字段中后，单击"指定"，新的键序列将显示在选定命令的"快捷键"列。

> **注意** 如果一个命令仅有一个快捷键，则下次启动 Revit 时，该快捷键将显示在工具提示中。如果一个命令有多个快捷键，则"指定"列表中的第一个快捷键显示在工具提示中。

4. 更换绘图区背景颜色

打开"选项"对话框，切换至"图形"选项卡，颜色栏上勾选"反转背景色"，绘图区域将会改成"黑色"，若要调回默认色，将"反转背景色"的勾选取消，如图 1-30 所示。

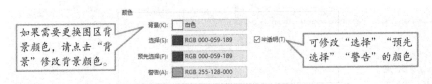

图 1-30

1.2.2　快速访问工具栏

快速访问工具栏包含一组默认工具。可以对该工具栏进行自定义，使其显示您最常用的工具，如图 1-31 所示。

图 1-31

（1）移动快速访问工具栏。

单击快速访问工具栏旁的向下箭头 ，将弹出下拉菜单，如果要向快速访问工具栏中添加功能区的按钮，需在功能区中单击鼠标右键，然后单击"添加到快速访问工具栏"，按钮会添加到快速访问工具栏中默认命令的右侧，如图 1-32 所示。

（2）将工具添加到快速访问工具栏中。

在功能区内浏览已显示要添加的工具。在该工具上单击鼠标右键，然后单击"添加到快速访问工具栏"，如图 1-33 所示。

图 1-33

> **注意** 上下文选项卡中的某些工具无法添加到快速访问工具栏。

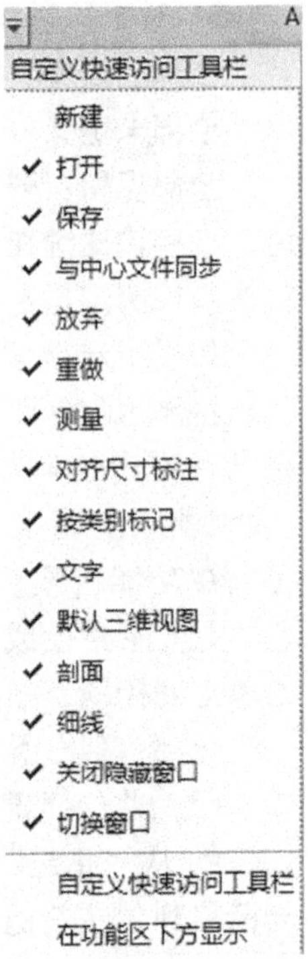

图 1-32

（3）自定义快速访问工具栏。

要快速修改快速访问工具栏，请在快速访问工具栏的某个工具上单击鼠标右键，然后选择下列选项之一：

● 从快速访问工具栏中删除：删除工具。
● 添加分隔符：在工具的右侧添加分隔符线。

1.2.3　项目浏览器

项目浏览器是用于显示当前项目中所有视图、明细表、图纸、组和其他部分的逻辑层次。展开和折叠各分支时，将显示下一层项目。

打开项目浏览器：

单击"视图"选项卡→"窗口"面板→"用户界面（如图1-34）"下拉列表→"项目浏览器"，或在应用程序窗口中的任意位置单击鼠标右键，然后单击"浏览器"→"项目浏览器"，如图1-35所示。

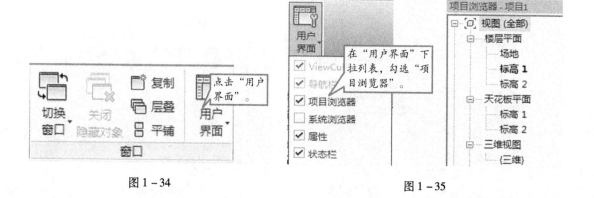

图1-34　　　　　　　　　　　　　　　　　　　　图1-35

1.2.4　属性

（1）打开"属性"选项板：第一次启动 Revit 时，"属性"选项板处于打开状态并固定在绘图区域左侧"项目浏览器"的上方，如图1-36所示。如果关闭"属性"选项板，则可以使用下列任一方法重新打开。

① 单击"修改"选项卡→"属性"面板→"属性"。

② 单击"视图"选项卡→"窗口"面板→"用户界面"下拉列表→"属性"。

③ 在绘图区域中单击鼠标右键并单击"属性"，如图1-37所示。

可将该选项板固定到 Revit 窗口的任一侧，并在水平方向上调整其大小。在取消对选项板的固定之后，可以在水平方向和竖直方向上调整其大小。

图1-36

（2）类型选择器。

用来放置图元的工具处于活动状态，或者在绘图区域中选择了同一类型的多个图元，则"属性"选项板的顶部将显示"类型选择器"。"类型选择器"标识当前选择的族类型，并会弹出一个可从中选择其他类型的下拉列表。单击"类型选择器"时，会显示搜索字段，在搜索字段中输入关键字来快速查找所需的内容类型，如图1-38所示。

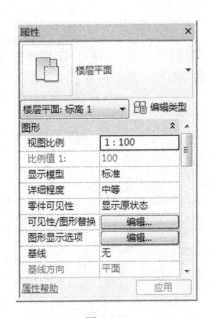

图1-37

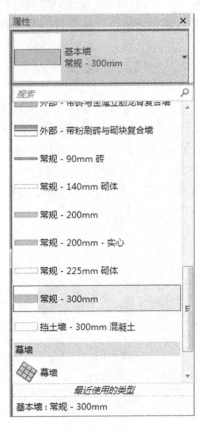

图1-38

（3）属性过滤器。

类型选择器的正下方是一个过滤器，该过滤器用来标识将由工具放置的图元类别，或者标识绘图区域中所选图元的类别和数量。

（4）"编辑类型"按钮。

单击"编辑类型"按钮将访问一个对话框，该对话框用来查看和修改选定图元或视图的类型属性（具体取决于属性过滤器的设置方式），若选择两个或两个以上的图元，则"编辑类型"为灰显。

（5）实例属性。

"属性"选项板既显示可编辑的实例属性，又显示只读（灰显）实例属性。当某属性的值由软件自动计算或赋值，或者取决于其他属性的设置时，该属性可能是只读属性。

1.2.5 状态栏

状态栏会提供有关要执行操作的提示。高亮显示图元或构件时，状态栏会显示族和类型的名称，状态栏沿应用程序窗口底部显示，如图1-39所示。

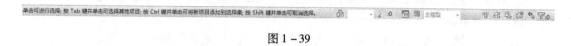

图1-39

打开大的文件时，进度栏显示在状态栏左侧，用于指示文件的下载进度，如图1-40所示。

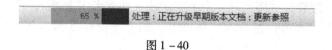

图1-40

1.2.6　视图控制栏

视图控制栏可以快速访问影响当前视图设置的功能，如图1-41所示。

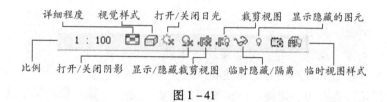

图1-41

在项目浏览器中，在视图上单击鼠标右键，然后单击"属性"。在"属性"选项板中，选择一个值作为"视图比例"，如图1-42所示。

显示或隐藏裁剪区域：在视图控制栏上，单击"显示裁剪区域"（或"隐藏裁剪区域"），如图1-43下的控制条所示。

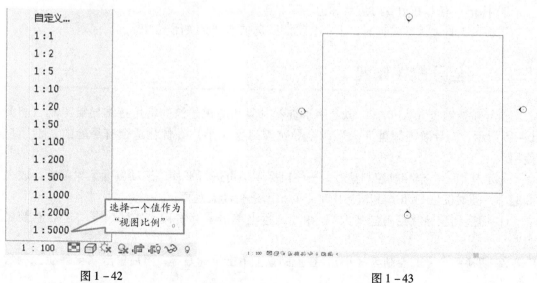

图1-42

图1-43

要显示或隐藏注释裁剪 ，请执行下列步骤：

① 在显示裁剪区域之后，如果注释裁剪区域处于隐藏状态，请在绘图区域中单击鼠标右键，然后单击"视图属性"。

② 在"属性"选项板中，选中（或清除）与"注释裁剪"对应的复选框。

1.2.7　上下文功能区选项卡

使用某些工具或者选择图元时，上下文功能区选项卡中会显示与该工具或图元相关的工具，单击"墙"工具时，将显示"放置墙"的上下文选项卡，其实显示三个面板（图1－44）。

图 1－44

① 选择：包含"修改"工具；

② 属性：包含"属性"与"类型属性"工具；

③ 剪贴板：有粘贴、匹配类型属性等工具；

④ 几何图元：有剪切、连接、连接端切割、墙连接、拆除、填色等工具；

⑤ 修改：有对齐、移动、修剪、镜像、复制、阵列、偏移、缩放等工具；

⑥ 视图：有线处理、在视图中隐藏、替换视图中的图元、置换图元工具；

⑦ 测量：有测量尺寸、尺寸标注等工具；

⑧ 创建：有创建零件、创建部件、创建组、创建类似工具；

⑨ 模式：有载入族、内建模型工具；

⑩ 标记：有"在放置时进行标记"工具。

退出该工具或清除选择时，上下文功能区选项卡即会关闭。

1.2.8　全导航控制盘

全导航控制盘（大和小）包含用于查看对象和巡视建筑的常用三维导航工具，如图1－45 所示，全导航控制盘（大）和全导航控制盘（小）经优化适合有经验的三维用户使用。

显示其中一个全导航控制盘时，按住鼠标中键可进行平移，滚动鼠标滚轮可进行放大和缩小，同时按住 Shift 键和鼠标中键可对模型进行动态观察。

① 切换到全导航控制盘（大）：在控制盘上单击鼠标右键，然后单击"全导航控制盘"。

② 切换到全导航控制盘（小）：在控制盘上单击鼠标右键，然后单击"全导航控制盘（小）"。

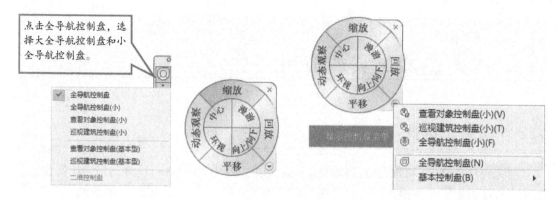

图 1 – 45

1.2.9　ViewCube

ViewCube 工具是一种可单击、可拖动的常驻界面工具，用户可以用它在模型的标准视图和等轴测视图之间进行切换。在工具显示后，将在窗口一角以不活动状态显示在模型上方，如图 1 –46 所示。

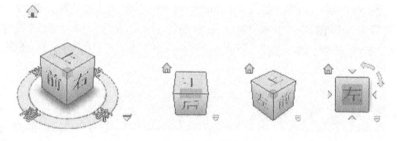

图 1 – 46

在视图发生更改时可提供有关模型当前视点的直观反映。将光标放置在 ViewCube 工具上，ViewCube 将变为活动状态，可以拖动或单击 ViewCube，切换到可用预设视图之一、滚动当前视图或更改为模型的主视图。

将三维视图设置为另一视图的方向：

① 在三维视图中，在 ViewCube 上单击鼠标右键，如图 1 – 47 三维视图标签所示。

② 选择"设置为视图方向"，然后选择视图类型和名称。

课后练习

1. 设置快捷命令。

2. 项目浏览器需要注意哪些内容？

3. 属性有哪几种？

图 1 – 47

1.3 基本工具的应用

1.3.1 图元选择

图元选择是 Revit 编辑和修改操作的基础，也是在 Revit 中进行设计的最常用操作。在图元上直接单击鼠标左键进行选择是最常用的图元选择方式。配合键盘功能键，可以更灵活地构建图元选择集，实现图元选择。Revit 将在所有视图中高亮显示选择集中的图元，以区别于未选择的图元。

通过以下的练习，学习 Revit 中对图元选择的应用。

打开资料文件夹"第一章"→"第三节"→"施工图 . rvt"项目文件，进行以下练习。

（1）在项目浏览器中切换到"架空层平面图"楼层平面图。

（2）使用导航栏中的"缩放匹配"选项，将该视图中的全部图元内容充满整个视图窗口。使用"区域放大"工具，如图 1 - 48 所示。放大显示窗的位置，如图 1 - 49 所示。

（3）在项目中选择窗和柱，如果移动鼠标指针到上方的柱子时，此时该柱子会变成蓝色；而此时再移动鼠标到窗时，刚才所选择的柱子会被取消，如图 1 - 50 所示。

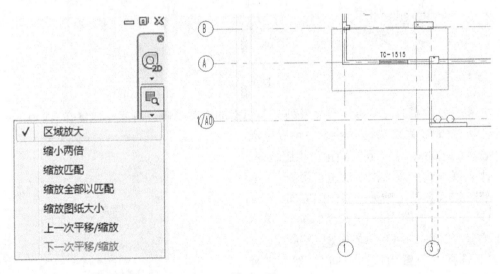

图 1 - 48

（4）按住 Ctrl 键，此时的鼠标会变成带加号的图标，表示将向选择集添加图元，分别单击窗与上方柱子，Revit 将图元添加至选择集中，如图 1 - 51 所示。

（5）按住 Shift 键，此时的鼠标会变成带减号的图标，表示将在选择集中删除该图元。在视图空白处单击鼠标左键或按 Esc 键，会取消选择集。

（6）在左上角单击并按住鼠标左键，向右下方移动鼠标，Revit 将显示实线范围框，

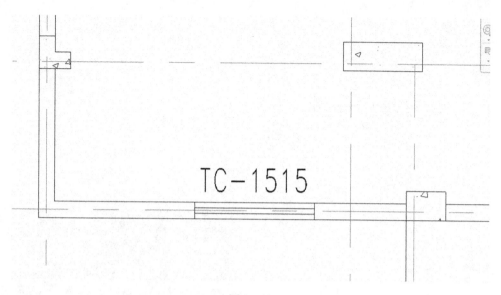

图 1 – 49

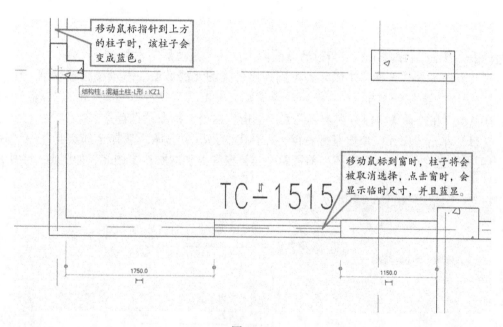

图 1 – 50

当范围框将窗和柱子都完全包围的时候，松开鼠标的左键，Revit 将选择被范围框完全包围的窗和柱子图元，如图 1 – 52 所示。

（7）Revit 将在右下角选择过滤器 ▽:3 中显示选择集中图元的数量。

（8）按 Esc 键取消选择集，在右下角单击并按住鼠标左键，向左上角移动鼠标，Revit 将显示虚线选择范围框。当虚线范围框完全包围窗和柱子时，松开鼠标左键，Revit 不仅仅选择被范围框包围的窗与柱子图元，还会选择与范围框相交的墙体、轴线和楼板，如图 1 – 53 所示。

（9）Revit 将自动切换至"修改/选择多个"上下文选项卡。单击"过滤器"面板中

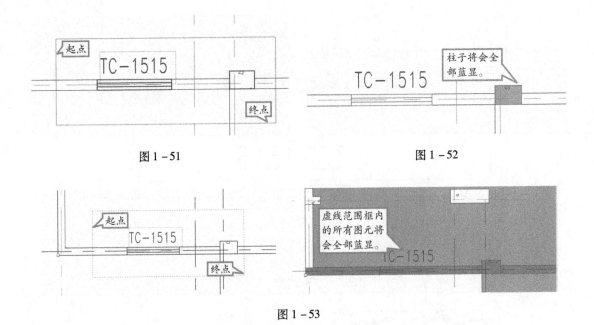

图 1 - 51   图 1 - 52

图 1 - 53

"过滤器"按钮 ，或单击右下角过滤器图标，打开"过滤器"对话框。

（10）过滤器按选择集中图元的类别列出各类图元的数量。取消楼板和轴网、墙、窗标记、结构柱类别勾选的状态，仅勾选窗类别，单击"确定"按钮退出"过滤器"对话框。Revit 仅在选择集中保留窗类别图元。单击空白处，将取消选择集。

（11）单击窗图元，单击鼠标右键，在弹出的菜单中选择"选择全部实例"→"在视图中可见"选项，Revit 将选择当前视图中与该窗同类别的所有窗图元，如图 1 - 54 所示。

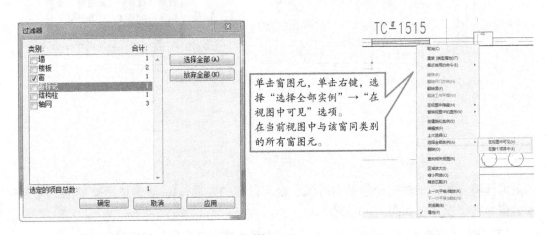

图 1 - 54

（12）移动鼠标到墙，墙的外框会高亮显示，单击鼠标左键，将选择亮显的墙图元。鼠标停留，Revit 将显示亮显图元名称。

（13）鼠标保持不变，按 Tab 键时，Revit 将在墙或线链与楼板中循环亮显。当楼板边缘亮显时，单击鼠标左键，将选中楼板。

1.3.2 修改编辑工作

在项目中，选择图元对象后，Revit 会自动切换至相关的修改、上下文选项卡。在该选项卡中，将显示 Revit 中进行编辑、修改的工具。如图 1-55 所示为"修改"上下文选项卡，修改工具栏中有常规的编辑命令，适用于软件的整个绘图过程，如对齐、复制、旋转、阵列、镜像、缩放、拆分、修剪、偏移、移动、删除等编辑命令。

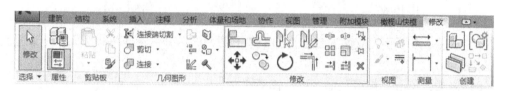

图 1-55

（1）对齐：在视图中对构件进行对齐处理。选择目标构件，使用 Tab 键确定对齐的位置，选择需要对齐的构件再次使用 Tab 键选择需要对齐的位置，如图 1-56 所示。

（2）复制：在选项栏中，如图 1-57 所示，勾选"约束""复制""多个"选项，拾取复制的参考点和目标点，可多次复制图元到新的位置，复制的图元与相交的图元会自动连接。

（3）旋转：拖拽"旋转中心"可改变旋转的中心位置（如图 1-58 所示），鼠标拾取旋转参照位置和目标位置，旋转图元。也可以在选项栏设置旋转角度值后按回车键来旋转图元。

图 1-57

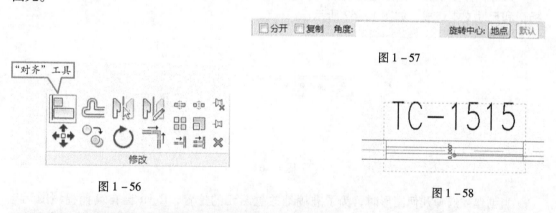

图 1-56

图 1-58

> **注意** 勾选"复制"会在旋转的同时复制一个图元的副本。

（4）阵列：在选项栏中，使用"成组并关联"复选框，输入阵列的数量，选择"移动到"选项，在视图中拾取参考和目标点位置，二者间距作为第一个图元或最后图元的间距值，自动阵列图元，如图 1-59 所示。

图 1-59

（5）镜像：单击"修改"面板→"镜像"下拉箭头，选择"拾取镜像轴"或"绘制镜像轴"来镜像图元。

（6）缩放：选择图元，单击"缩放"工具，在选项栏中选择缩放方式，选中"图形方式"，单击图元的起点、终点，以此来作为缩放的大小距离。如"数值方式"，直接输入缩放比例，回车确认即可，如图1-60所示。

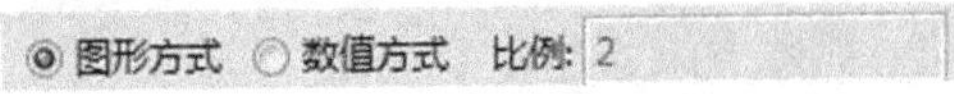

| ◉ 图形方式 ○ 数值方式　比例：2 |

图1-60

| ○ 图形方式 ◉ 数值方式　偏移：1000.0　　　☑ 复制 |

图1-61

（7）拆分：在平面、立面或三维视图中单击图元的拆分位置即可将图元水平或垂直拆分成几段。

（8）修剪：单击"修剪"命令可以修剪图元。

（9）偏移：在选项栏设置偏移方式，选择"图形方式"偏移，输入偏移数据，如图1-61所示。

（10）移动：可以在绘图区域中选定图元并将其拖拽到新位置。如果选择了多个图元，则在选项栏中勾选"多个"， 修改 | 窗 □约束 □分开 ☑多个 。拖拽一个图元时，所有图元都将一起移动，这些图元之间的空间关系将被保留。

1.3.3　使用临时标注

尺寸标注是项目中显示距离和尺寸的视图专用图元，由尺寸界线、尺寸标注线、记号标记和尺寸文本组成，如图1-62所示。

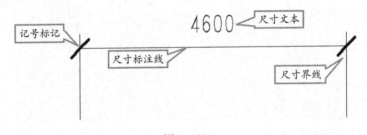

图1-62

当创建或选择几何图形时，为了准确地放置图元的位置，Revit会自动捕捉该图元与周围图元的参照图元，Revit会显示临时尺寸标注的默认捕捉位置，以更好地对图元进行定位。

（1）通过以下练习，学习Revit中临时尺寸标注的应用与设置。

①打开资料文件夹"第一章"→"第三节"→"施工图.rvt"文件，切换到"架空层平面图"楼层平面。将视图移动至1~3轴间视图，选择A轴线上1~3轴间编号为TC-1515的窗，Revit将会在窗洞口两侧最近的图元间显示临时尺寸标注，如图1-63所示。因为该尺寸标注只在选择图元时才会出现，所以称为临时尺寸标注。每个临时尺寸标注两侧都具有拖拽操作夹点，可以拖拽改变临时尺寸线的测量位置。

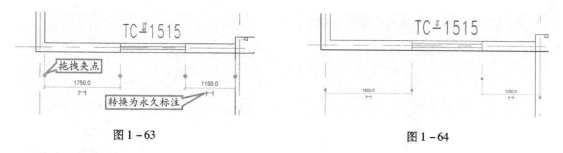

图 1 - 63 图 1 - 64

② 移动鼠标指针至窗左侧临时尺寸标注 1 号轴线墙处，拖拽夹点，按住鼠标左键不放，向左拖拽鼠标至 1 号轴线附近，Revit 会自动捕捉至 1 号轴线，松开鼠标左键，则临时尺寸线将显示为窗洞口边缘与 1 号轴线间距离，如图 1 - 64 所示。

③ 在保持窗图元选择的状态下，单击窗左侧与 1 号轴线的临时尺寸值 1850.0，Revit会进入临时尺寸值编辑状态，通过手动输入 1900，如图 1 - 65 所示。

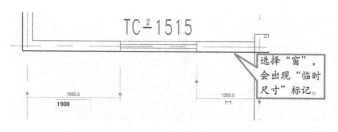

图 1 - 65

④ 按回车键确认输入，Revit 将会把窗向右移动，使窗与 1 号轴线的距离为 1900mm，而在窗洞口与 3 号轴线的尺寸标注也会跟着改变并修改为新值。

⑤ 在视图的空白处单击鼠标左键，取消选择集，临时尺寸标注就会消失。如果在此选择该窗，临时尺寸标注就会再次出现，而再次出现的临时尺寸标注则是之前修改后的尺寸标注。再按 Esc 键，会取消选择集，临时尺寸标注也会再次消失。

（2）临时尺寸标注可以通过设置来控制临时尺寸标注，捕捉构件的默认位置。

① 切换至"管理"选项卡，单击"设置"面板中的"其他设置"按钮，在其下拉列表中选择"临时尺寸标注"，如图 1 - 66 所示。

② 当单击完成后，Revit 会弹出临时尺寸标注属性对话框。该项目中临时尺寸标注在捕捉墙会默认捕捉墙面。单击墙选项中"中心线"，将临时尺寸标注设置为捕捉墙中心线位置，其他位置不变，单击"确定"按钮，退出"临时尺寸标注"对话框，如图 1 - 67 所示。

③ 再次选择 A 轴线上 1 ~ 3 轴间编号为 TC - 1515 的窗，Revit 会显示窗洞口边缘距离两侧墙中心线的距离，如图 1 - 68 所示。

④ 单击窗左右两侧的临时尺寸线下方的"转换永久尺寸标注"符号，如图 1 - 69 所示，Revit 会按临时尺寸标注的位置转换为永久尺寸标注，按 Esc 键，取消选择集，尺寸标注将会永久保留。

⑤ 在使用高分辨率显示器时，如果感觉 Revit 显示尺寸标注较小，可以设置临时尺寸标注文字的大小。点击"应用程序菜单"按钮，点击菜单列表右下角的"选项"按钮，在弹出的"选项"对话框中，切换至"图形"选项卡，在临时尺寸标注栏中，可以设置

尺寸大小与背景是否为透明，如图1-70所示。

选择"临时尺寸"标注，会弹出"临时尺寸标注属性"。

图1-66

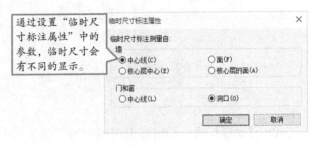

通过设置"临时尺寸标注属性"中的参数，临时尺寸会有不同的显示。

图1-67

选择"窗"，会出现"临时尺寸"标记。

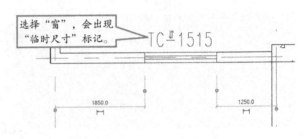

图1-68

转换为永久标注。

图1-69

在临时尺寸标注栏中，可以设置尺寸大小与背景是否为透明。

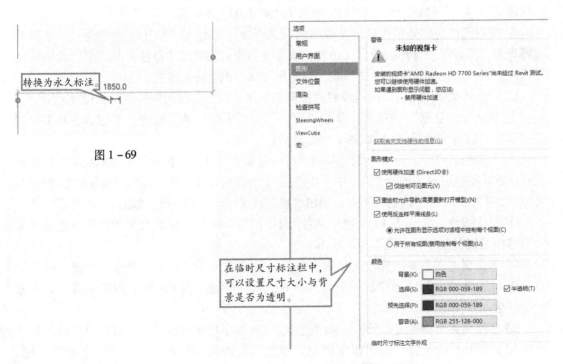

图1-70

1.3.4　视图上下文选项卡上的基本命令

（1）细线：软件默认的打开模式是粗线模型，当在绘图中需要细线模式显示时，单击"图形"面板下"细线"命令或在快速访问栏点击"细线"，如图1-71所示。

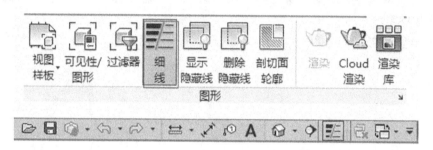

图1-71

（2）窗口切换：绘图时打开多个窗口，通过"窗口"面板上"切换窗口"命令选择绘图所需窗口，如图1-72所示。

（3）关闭隐藏对象：自动隐藏当前没有在绘图区域上使用的窗口，如图1-73所示。

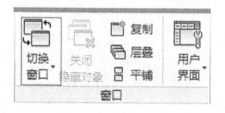

图1-72　　　　　　　　　　　　　　　　　　图1-73

（4）复制窗口：点击复制命令，可复制当前窗口。

（5）层叠：单击该命令，当前打开的所有窗口将层叠出现在绘图区域，如图1-74所示。

（6）平铺：单击该命令，当前打开的所有窗口将平铺在绘图区域，如图1-75所示。

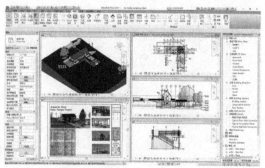

图1-74　　　　　　　　　　　　　　　　　　图1-75

注意	以上界面工具的内容将会在后面涉及的章节详细介绍。

课后练习

1. 打开资料文件夹"第一章"→"第三节"→"施工图.rvt"文件,练习图元选择。

2. 打开资料文件夹"第一章"→"第三节"→"施工图.rvt"文件,对修改编辑工具进行操作练习。

3. 打开资料文件夹"第一章"→"第三节"→"施工图.rvt"文件,对临时尺寸标注进行练习。

第 2 章
创建标高与轴网

课程概要：

本章将学习 Revit 的基础知识，也是项目设计的第一步。在建模之前，进行项目的准备工作，新建和保存项目，认识项目样板。对三维设计最重要的环节——绘制标高、轴网、参照平面等进行准备工作。

课程目标：

- 如何新建项目样板？
- 如何创建和编辑标高？
- 如何创建和编辑轴网？
- 如何添加和命名参照平面？

2.1 新建保存项目

在 Revit 初次安装完成后，软件自带的样板文件中的各种标注样式、文字样式、线型样式、标高符号等不符合国内建筑设计规范的要求，因此首先需要选择并设置中国样板文件的位置路径。

2.1.1 样板文件位置

（1）复制资料文件夹中的建筑施工图样板文件"别墅样板文件．rte"。

（2）单击应用程序菜单右下角"选项"按钮，打开"选项"对话框，单击"文件位置"选项卡，如图2-1所示。

图 2-1

（3）单击"默认样板文件"后的"浏览"按钮，打开"浏览样板文件"对话框，系统自动打开系统样板文件的存放目录"Templates"→"china"文件夹。

（4）在中间空白区域单击鼠标右键，选择"粘贴"命令，将"Revit 建筑施工图样板．rte"文件复制到"Templates"→"china"文件中，如图2-2所示。选择"Revit 建筑施工图样板．rte"文件夹，单击"打开"按钮返回"选项"对话框。

（5）单击"确定"按钮，关闭"选项"对话框。单击"应用程序对话框"→"关闭"命令，Revit 将会关闭当前文件，如图2-3所示。

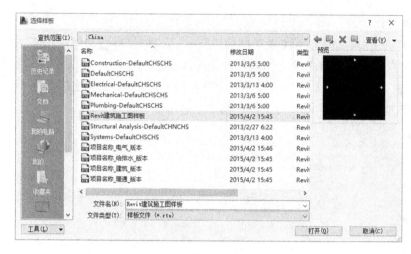

图2-2

图2-3

2.1.2 新建项目

在 Revit 中，项目是整个建筑物设计的联合文件。建筑的所有标准视图、建筑设计图以及明细表都包含在项目文件中。只要修改模型，所有相关的视图、施工图和明细表都会随之自动更新。创建新的项目文件是开始设计的第一步。

（1）启动 Revit 软件，单击软件界面左上角的"应用程序菜单"→"新建"→"项目"（图2-4），在弹出的"新建项目"对话框中单击"浏览"按钮，选择资料文件夹中"第二单元"→"第一节"→"项目文件"中提供的"别墅样板文件.rte"，单击"确定"按钮，如图2-5所示。

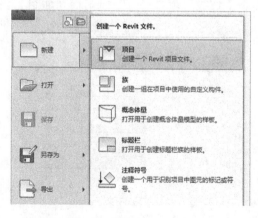

图2-4

图2-5

（2）项目样板提供项目的初始状态，Revit 提供的几个样板，用户也可以创建自己的样板。基于样板的任意新项目均继承来自样板的所有族、设置（如单位、填充样式、线框和视图比例）以及几何图形。

① 新建建筑样板：打开 Revit→项目→选择"建筑样板"→"确定"，将会新建一个

系统自带的建筑样板文件，用户可以在项目中设计建筑项目文件内容。

②新建结构样板：打开 Revit→项目→选择"结构样板"→确定，将会新建一个系统自带的结构样板文件，用户可以在项目中设计结构项目文件内容。

（3）单击"应用程序"→"另存为"→"项目"（图 2-6），将样板文件另存为项目文件，后缀将由 .rte 变更为 .rvt 文件，即项目文件，以防止误将样板文件替换。

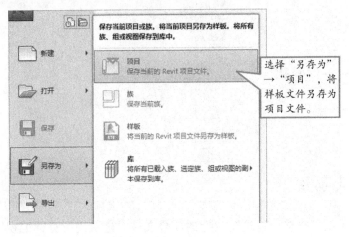

图 2-6

2.1.3 项目设置与保存

（1）单击"管理"选项卡→"设置"面板→"项目信息"选项，打开如图 2-7 所示的"项目属性"对话框，输入项目信息。

（2）单击"设置"面板→"项目单位"命令，打开"项目单位"对话框，如图 2-8

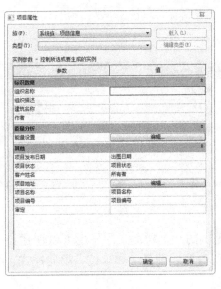

图 2-7   图 2-8

所示。单击"长度"选项组中的"格式"按钮，将长度单位设置为毫米（mm），单击"面积"选项组中"格式"列按钮，将面积单位设置为平方米（m²），单击"体积"选项组中"格式"列按钮，将体积单位设置为立方米（m³）。

（3）单击"应用程序菜单"按钮，→选择"保存"选项，保存文件。设置保存路径，输入项目文件名为"别墅建筑施工图"，单击"保存"按钮可以保存项目文件，如图2-9所示。

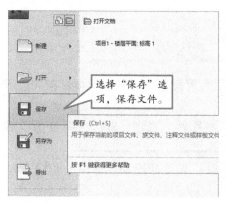

图2-9

（4）文件保存选项：点击"另存为"面板中的"选项"，Revit将会弹出"文件保存选项"，可在此处设置"最大备份数""工作共享""缩略图预览"，如图2-10所示。可根据项目需求，设置项目备份数量。

课后练习

1. 从资料文件夹中导入指定样板文件。

2. 创建用户适合的样板文件。

3. 创建完样板文件之后，对项目样板进行设置。

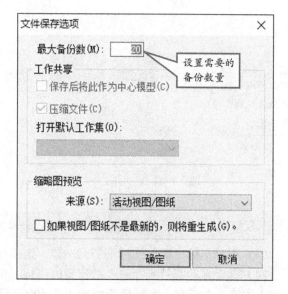

图2-10

2.2 标高

Revit 提供了标高工具用于创建项目的标高。按照 Revit 绘图步骤，接下来绘制标高，项目以本书案例"别墅建筑施工图"为例，说明从空白项目开始创建项目标高的一般步骤。

2.2.1 创建标高

打开资料文件夹中"第二章"→"第一节"→"别墅样板文件.rvt"项目文件，进行以下练习。

（1）在项目浏览器中展开"立面（建筑立面）"视图类别选项，双击"南立面"视图，切换至南立面视图，如图 2-11 所示。

（2）如图 2-12 所示，南立面视图中，项目样板默认设置的标高为标高 1 和标高 2，标高 1 为 ±0.000m，标高 2 为 4.000m。

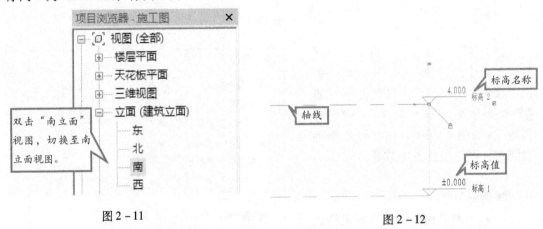

图 2-11   图 2-12

注意　所有"属性参数"均可通过上述两种方式设置，下文不再赘述。

（3）滑动鼠标中键，到标高右侧一边，选择标高 2 的轴线，此时标高 2 会高亮显示。

（4）移动鼠标指针到标高 2 的标高值位置，单击标高值，进入标高值文本编辑框，重新输入数值，在标高文本对话框中输入 3.500，回车，Revit 会自动改变标高 2～3.5m 的位置，同时该标高与标高 1 的间距为 3500mm，平移视图至轴网标头，标高值也随着改变，如图 2-13 所示。

（5）单击"建筑"选项卡中的"基准"面板中的"标高"工具，如图 2-14 所示，可以进入创建与放置标高模式，Revit 自动切换至"修改|放置标高"上下文选项卡，如图 2-15 所示。

（6）点击"绘制"面板中的直线（⌁），勾选状态栏下的"创建平面视图"选项，设置偏移量为"0"，然后根据图纸将轴网绘制出来，如图 2-15 所示。

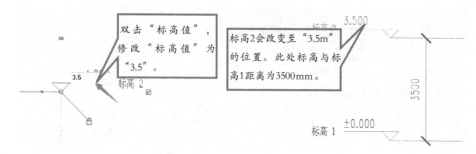

图 2-13

图 2-14

图 2-15

（7）将鼠标移至左侧标高，Revit 出现蓝色引线时，调整好位置，绘制"标高 3"轴线，切换至项目浏览器中，展开"楼层平面"视图类别选项，将会看到刚才绘制的标高同名出现在楼层平面视图中，如图 2-16 所示。

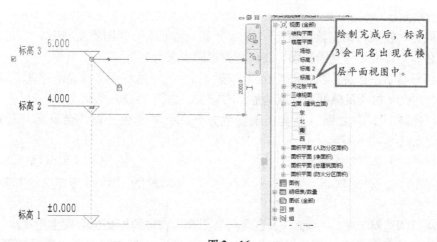

图 2-16

（8）如果要删除标高 3，选择轴网图元，Revit 会高亮显示轴网并呈蓝色。Revit 会自动切换并高亮显示"修改│标高"，单击"修改"面板中的"删除"按钮（✖），Revit 会出现"警告"对话框，如图 2-17 所示。点击"确定"时，标高 3 将会被删除，同时在项目浏览器展开"楼层平面"视图中，"标高 3"平面视图将会被删除，如图 2-18 所示。

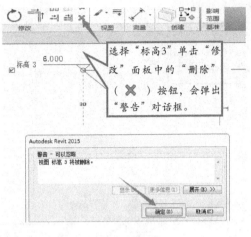

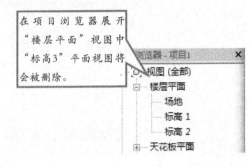

图 2 - 17　　　　　　　　　　　　　　图 2 - 18

2.2.2　编辑标高

打开资料文件夹中"建筑施工图"→"立面施工图"→"南立面.dwg"。打开资料文件夹中"第二章"→"第二节"→"别墅建筑施工图.rvt"项目文件,进行以下练习。

(1) 在打开的"南立面.dwg"CAD文件中,按照南立面施工图(图2-19)所需要的标高进行绘制。

(2) 同样,在项目浏览器中展开"立面(建筑立面)"视图类别选项,双击"南立面"视图名称,切换至南立面视图,在南立面视图中进行绘制。

(3) 打开显示左标头:当视图切换至"南视图"时,系统会自动显示标高1和标高2两个轴网,在默认的项目轴网中,只会显示右标头,如图2-20所示。

单击"标高1",在左标头处会出现蓝色方框,单击蓝色方框,会显示"标高"与"标高值",如图2-21所示。

(4) 调整"标高1"的名称:点击左标头"标高1",会出现文本编辑框,将"标高1"改成"架空层",此时,会弹出以"Revit"为标题的对话框(图2-22),点击"是"。

在"项目浏览器"中,"标高1"也会同名更改,右边的标高也会发生更改。

(5) 标高的基本设置:单击"标高1",在"属性"面板中,点击"编辑类型",Revit会弹出"类型属性"对话框,如图2-23所示,在对话框中,点击"颜色",会弹出颜色编辑框。

(6) 选择自定义颜色"红色",如图2-24所示,点击"确定"。"标高2"轴线修改同"一层"标高轴线,勾选"类型参数"中端点1处的默认符号,点击"确定",如图2-25所示,标高轴线"颜色"的变更同"标高2"左标头的显示。

图 2 - 19

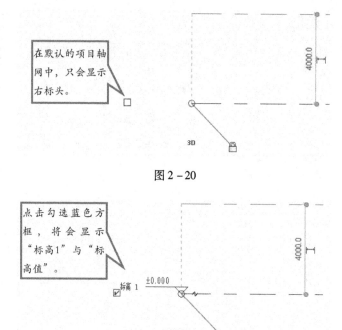

在默认的项目轴网中，只会显示右标头。

图 2 - 20

点击勾选蓝色方框，将会显示"标高1"与"标高值"。

图 2 - 21

将"标高1"改成"架空层"，此时，会弹出以"Revit"为标题的对话框，点击"是"。

图 2 - 22

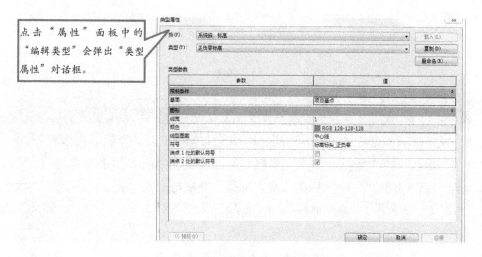

点击"属性"面板中的"编辑类型"会弹出"类型属性"对话框。

图 2 - 23

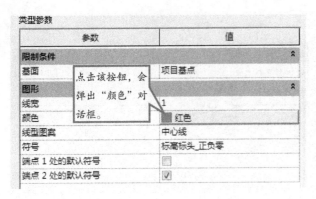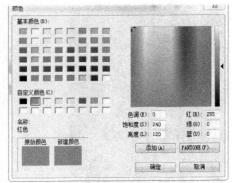

图 2 - 24

图 2 - 25

提示 在传统的建筑设计施工图中,标高轴线是"红色"。

(7) 按照图 2 - 19 所示,修改"标高 2"为"一层",调整"一层"标高,将架空层与一层之间的层高修改为 2.800,如图 2 - 26 所示。单击"一层"标高,会出现"架空层"与"一层"的临时尺寸标注。

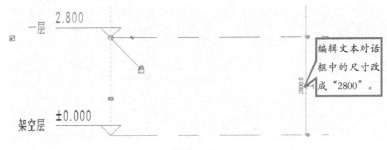

图 2 - 26

注意 点击临时尺寸标注文本对话框,将编辑文本对话框中的尺寸改成"2800"。

(8) 复制标高:点击"一层"标高,Revit 会自动切换并高亮显示"修改│标高",单击"修改"面板中的"复制( )"按钮,勾选选项栏中的"约束"与"多个",如图 2 -27所示。返回点击"一层"标高,垂直下拉,调整与"南立面. dwg"中"室外地坪"标高,由图 2 - 19 所示,"室外地坪"与"一层"之间的层高为" - 150",因此,将标高

修改│标高 ☑约束 ☐分开 ☑多个

图 2 - 27

向下调150，如图2-28所示，单击鼠标左键，任意确认位置，再根据本节中"步骤（4）""步骤（7）"修改完成，如图2-29所示。

图2-28

图2-29

（9）修改标高、标头：当Revit复制"一层"标高时，标高还是"上标头"显示，点击复制的标高，在"属性"面板中"类型选择器"（如图2-30所示）的下拉列表中，选择"下标头"，如图2-31所示，在南立面视图中显示的标高，如图2-32所示。

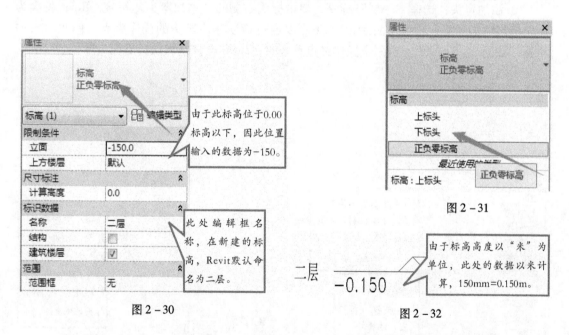

图2-30

图2-31

图2-32

（10）点击"属性"面板中的"编辑类型"，Revit会弹出"类型属性"对话框，如图2-33所示，修改对话框中"图形"下拉列表，修改"颜色"为红色，"线型图案"为"中心线"，勾选端点1处的默认符号，点击"确定"按钮，如图2-34所示，修改标高名称为"室外地坪"，如图2-35所示。

① 在点击某一标高时，Revit会自动转换至"属性"面板中，在属性面板"限制条件"中"立面"后面的数据，是可以控制此时选择的标高与"±0.000"标高的距离，在

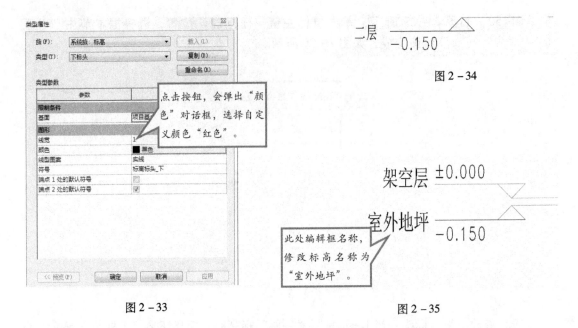

图 2 - 33

图 2 - 34

图 2 - 35

"标识数据"下拉列表中的"名称"可以点击修改，当对此进行修改时，"南立面"的标高名称也会同步更改，如图 2 - 36 所示。

②添加弯头：选择"一层"标高，单击标头右侧的"添加弯头"符号，Revit 将会为所选标高添加弯头。添加弯头后，Revit 可以通过拖动标高弯头的操作夹点，修改标头的位置，如图 2 - 37 所示。当两个操作夹点重合时，Revit 会恢复默认标高标头的位置。

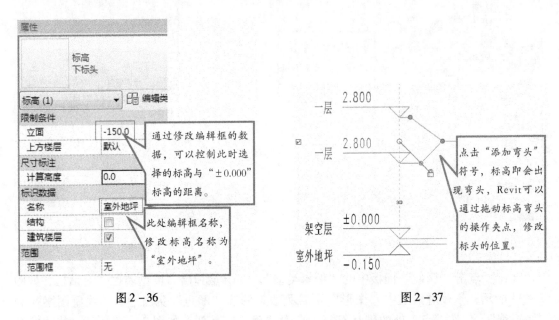

图 2 - 36

图 2 - 37

③确认"一层"处于选择状态，Revit 会自动在端点对齐标高，并显示对齐锁定标记🔒，如图 2 - 38 所示。移动鼠标指针至"一层"端点的位置，按住并左右拖动鼠标，将同时修改已对齐端点的所有标高，单击"对齐锁定"符号🔒，解除端点对齐锁定，Revit 显

示为 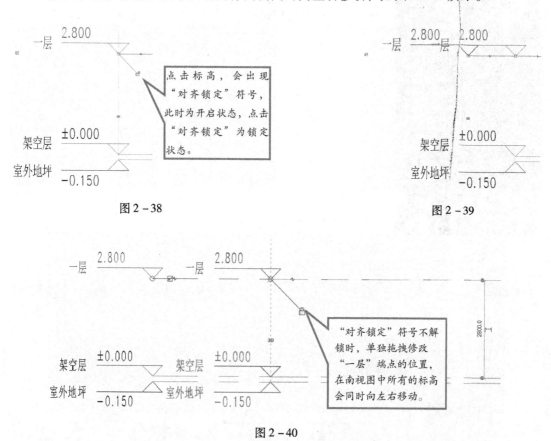，按住并左右拖动"一层"端点，可单独拖拽修改"一层"端点的位置，而不影响其他标高，如图2-39所示。

　　若"对齐锁定"符号不解锁，按住并左右拖动"一层"端点，可单独拖拽修改"一层"端点的位置，在南视图中所有的标高会同时向左右移动，如图2-40所示。

图2-38

图2-39

图2-40

　　（11）阵列标高：在打开的"南立面.dwg"施工图中，如图2-41所示，"一层""二层""三层""阁楼层"中相邻两层之间的层高都是"3600"。通过阵列来完成，可以减少绘图工作量。单击"一层"标高，单击"修改"面板中的"阵列（ ）"按钮，如图2-42所示，"一层"标高会出现蓝色虚线边框，如图2-43所示，Revit会自动跳转至"修改｜模型组"选项栏，勾选选项栏中的"约束"，输入"项目数"为"4"。若不需要将其组建成组时，取消勾选"成组并联"，点击"移动到"中的"第二个"，如图2-44所示，移动鼠标至"一层"标高，垂直上拉，调整好位置，单击左键确认，将会出现如图2-45所示的视图，可以在文本编辑框中输入需要阵列的个数，或在"修改｜模型组"选项栏的"项目数"中输入数据，按回车键确认，完成"项目标高"的创建。

　　（12）当标高确认完成之后，视图所显示的标高名称如图2-46所示，点击"修改"，修改为与图2-41所示标高名称一致。

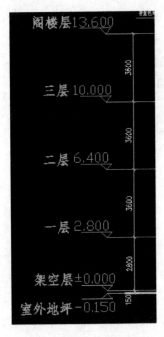

图 2-41

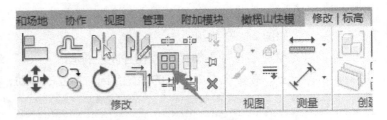

图 2-42

图 2-43

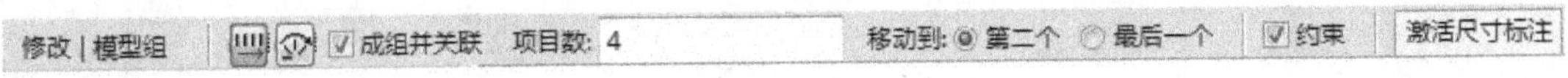

图 2-44

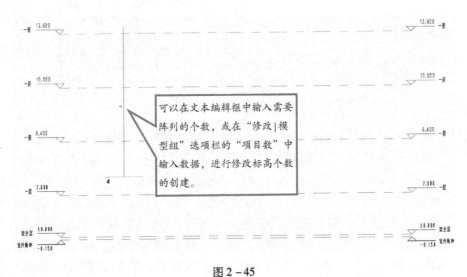

可以在文本编辑框中输入需要阵列的个数，或在"修改|模型组"选项栏的"项目数"中输入数据，进行修改标高个数的创建。

图 2-45

课后练习

1. 按要求将"别墅建筑施工图"标高绘制出来。

2. 绘制标高需要注意什么？

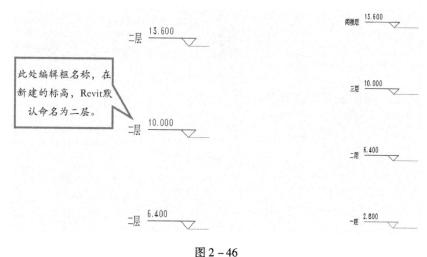

图 2 - 46

2.3 轴网

2.3.1 创建轴网

（1）在项目浏览器中展开"楼层平面"视图类别选项，双击"一层平面图"视图名称，切换至一层平面视图，如图 2 - 47 所示。

> **注意**　在"楼层平面"中，只有"架空层平面图"和"一层平面图"，因为在一层以上的标高，是以一层标高为基础进行复制图元的，视图不会默认显示。

（2）显示另外平面标高：单击"视图"选项卡→"创建"面板→"平面视图"下拉菜单中的"楼层平面"，将会弹出如图 2 - 48 所示的对话框，按住 Ctrl 键，选择图上所示的图层名称，点击"确定"，在项目浏览器中会显示"南立面"视图所建立的标高，如图 2 - 49 所示。

（3）修改楼层平面名称：如图 2 - 50 所示，在新创建的楼层视图中，"三层""四层""阁楼层""室外地坪"名称与传统施工图命名不一致，点击"三层"平面视图，右击选择"重命名"，会弹出如图 2 - 51 所示的"重命名视图"对话框，输入传统命名，点击"确定"，将会弹出如图 2 - 52 所示的 Revit 对话框，点击"否"，重命名，将不会同步到标高视图中。

（4）链接 CAD 对话框：单击"插入"选项卡→"链接"面板→点击"链接 CAD"，会弹出如图 2 - 53 所示的"链接 CAD 格式"对话框。

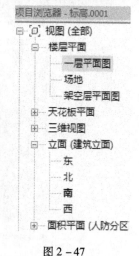

图 2 - 47

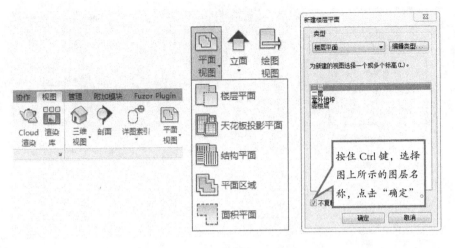

图 2 - 48

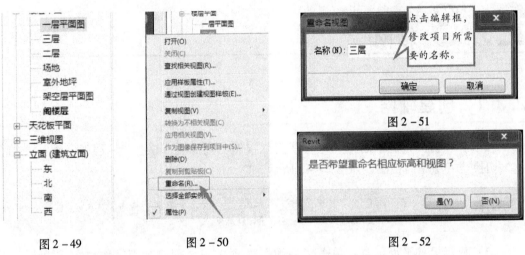

图 2 - 49   图 2 - 50   图 2 - 52

图 2 - 51

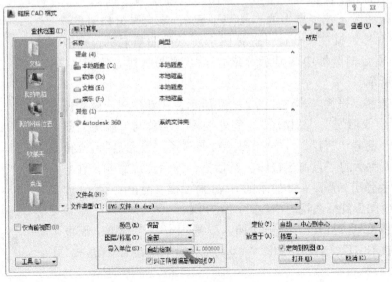

图 2 - 53

注意	在导入 CAD 格式时，注意对话框下面的"导入单位"，在传统的"建筑设计施工图"中，是以毫米（mm）为单位，因此，在导入之前，应该把"导入单位"的"自动检测"改为"毫米"。

打开资料文件夹中"第二章"→"第三节"→"练习文件夹"→"标高和轴网.rvt"项目文件，进行以下练习。

（5）在项目浏览器中展开"楼层平面"视图类别选项，双击"架空层平面图"视图名称，切换至架空层平面视图，单击"插入"选项卡→"链接"面板→点击"链接 CAD"，会弹出如图 2-54 所示的"链接 CAD 格式"对话框。打开资料文件夹中"建筑施工图"→"标高与轴网"→"结构轴网.dwg"。

修改"图层/标高"为"指定..."，更改"放置于（A）"为"架空层"（由于在项目中是指定为"架空层"视图，放置于（A），会自动默认放置于此楼层平面，更改"导入单位"为"毫米"，单击"打开"，将会弹出"选择要导入/链接的图层、标高"提示，选择所有要保留的图层，点击"确认"（在本项目中，应当全选所有图层），如图 2-55 所示。

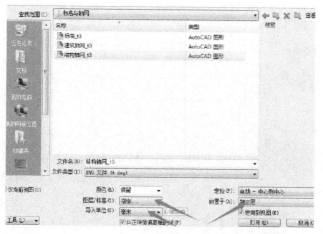

图 2-54

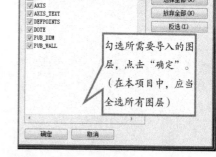

图 2-55

（6）立面视图：在默认情况下，在视图平面中，有四个不同方向的立面视图，如图 2-56 所示，点击立面视图图标时，会出现一裁剪平面，要设置不同的内部立面视图，可高亮显示立面符号的方形造型并单击。立面符号会随创建视图的复选框一起显示，如图 2-57a 所示。

① 移动立面视图：点击立面视图符号，Revit 会自动切换并高亮显示"修改|标高"，单击"修改|视图"面板中的"移动"按钮（✛），立面视图四周会变成一个虚线框，如图 2-57b 所示，点击"移动"，将 Revit 默认的四个视图移动至距离轴号一段距离，松开鼠标，确认剪裁平面位置。

② 移动裁剪平面：将立面视图移至轴号外时，立面视图裁剪平面会保留默认所放置的位置，如图 2-58 所示，单击箭头可以查看剪裁平面，Revit 会自动切换并高亮显示"修改|标高"，单击"修改|视图"面板中的"移动"按钮（✛），立面视图四周会变成一个虚线框，点击剪裁平面移动至立面视图旁，松开鼠标，确认剪裁平面位置。

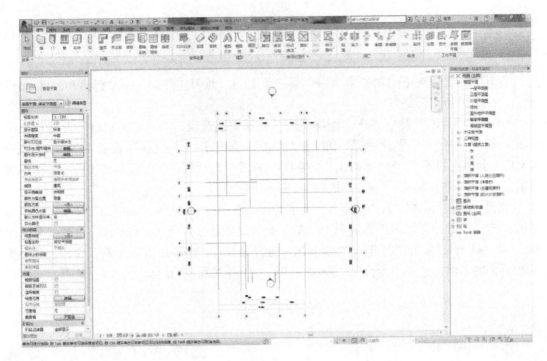

图 2-56

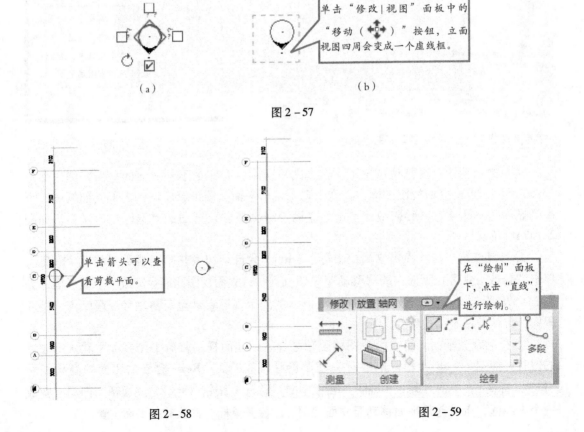

单击"修改|视图"面板中的"移动（✛）"按钮，立面视图四周会变成一个虚线框。

（a）　　　　　（b）

图 2-57

单击箭头可以查看剪裁平面。

在"绘制"面板下，点击"直线"，进行绘制。

图 2-58　　　　　　　　　　　　　图 2-59

（7）绘制轴线：单击"建筑"选项卡→"基准"面板→"轴网"工具，Revit 将会自动转为"修改│放置轴网"，在绘制面板下，点击"直线"，如图 2 – 59 所示，按照 Revit 导入的 CAD 轴网底图，进行绘制。

（8）轴网的基本设置：确认"属性"面板中轴网的类型为"6.5mm 编号间隙"，单击"编辑类型"，Revit 将会自动弹出"类型属性"对话框，如图 2 – 60 所示，在对话框中，单击"轴线末端颜色"，将会弹出"颜色"编辑框，如图 2 – 61 所示，修改"自定义颜色"为"红色"，更改"轴线中线"为"连续"，勾选"平面视图轴号端点 1（默认）"，单击"确定"，如图 2 –62 所示。

（9）用直线绘制轴网。

① 点击"建筑"选项卡→"基准"面板中的"轴网"工具，Revit 会自动转至"修改│放置 轴网"选项卡→选择"绘制"面板内的"直线（ ╱ ）"，偏移量设为 0。

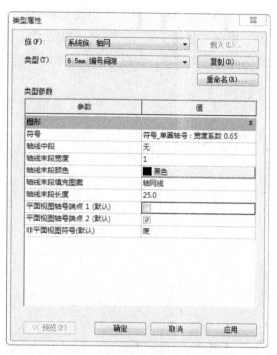

图 2 – 60

> **注意** 单击起点、终点位置，绘制一根轴线。在绘制第一根纵轴线时编号为 1，2，3，…Revit 会自动排序；绘制第一根横轴线时，需要单击轴网编号把编号改成"A"，后继编号 Revit 将会自动按照 A，B，C，…排序。Revit 不能自动排除"I"和"O""Z"等字母作为轴网编号，需要手动排除。

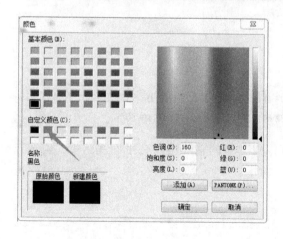

图 2 – 61

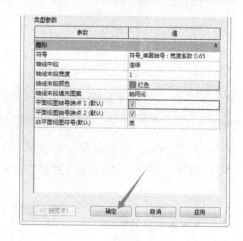

图 2 – 62

② 移动鼠标至视图左下角空白处单击，作为轴线起点，向上移动鼠标，Revit 将在指针位置与起点之间显示轴线预览，并给出当前轴线方向与水平方向的临时尺寸角度显示标

注，将鼠标箭头垂直向上移到适当位置，左键点击"确定"，完成第一条轴线的绘制，Revit 会自动将该轴线编号设为 1，如图 2 - 63 所示。1 号轴线另外一端没有显示"1"轴号，点击下方蓝色方框，Revit 将显示"1"轴号编号，如图 2 - 64 所示。

③ 复制轴网：选择 1 号轴线，Revit 会自动转至"修改│轴网"选项卡→选择"修改"面板"复制（ ⚙ ）"工具，选择"1"号轴，向右移"1500"到"2"号轴线，Revit 的编号会自动排序，如图 2 - 65 所示。

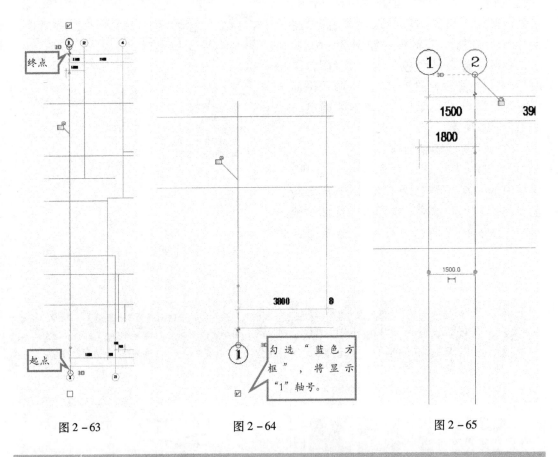

图 2 - 63   图 2 - 64   图 2 - 65

注意	在点击绘制轴线时，在选项栏中，Revit 会自动弹出"修改│放置 轴网 '偏移量'"在需要偏移数值时，输入数值，在你所绘制的位置，Revit 会自动偏移所输入数值的位置。

④ 按照第③步的做法，依次将"3"号到"8"号的轴线绘制在平面视图中，勾选选项栏中的"多个"进行连续复制，如图 2 - 66 所示。

修改 | 轴网　　□约束 □分开 ☑多个

图 2 - 66

⑤ 如图 2 - 67 所示，将纵轴线绘制完成，横轴线也同样可按这种方法绘制。

注意	按照底图轴网顺序绘制轴网。

（10）用拾取线绘制轴网。

① 点击"建筑"选项卡→"基准"面板中的"轴网"工具，Revit 会自动转至"修改|放置 轴网"选项卡中→选择"绘制"面板内的"拾取（ ）"，偏移量为 0，勾选"锁定"，点击".dwg"底图的"A"轴线，如图 2-68 所示，被拾取的轴线会显示"蓝色"，左键点击完成绘制，如图 2-69 所示，左边没显示"A"轴，勾选"蓝色"边框，显示"A"轴编号。拖拽拾取显示的"9"号轴线的起点至".dwg"底图的"A"轴所在的位置，如图 2-70 所示。

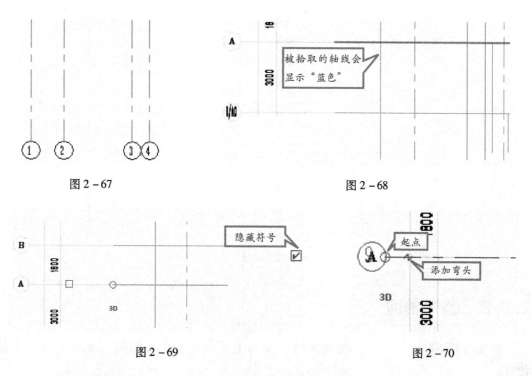

图 2-67

图 2-68

被拾取的轴线会显示"蓝色"

隐藏符号

起点

添加弯头

图 2-69

图 2-70

② 点击修改轴号：点击"9"号轴网，Revit 会自动弹出文本编辑框，将"9"改成"A"，点击平面视图空白处，完成修改轴号，如图 2-71 所示。

③ 按照第②步的做法，依次将"B"号到"F"号的轴线绘制在平面视图中。在"修改|放置 轴网"选项卡中→选择"绘制"面板内的"拾取（ ）"，偏移量为 0，勾选"锁定"，如图 2-72 所示。

双击文本编辑框，将"9"改成"A"。

修改 | 放置 轴网　　偏移量：0.0　　☑锁定

图 2-71

图 2-72

④ 如图 2 - 73 所示，全部轴网绘制完成。

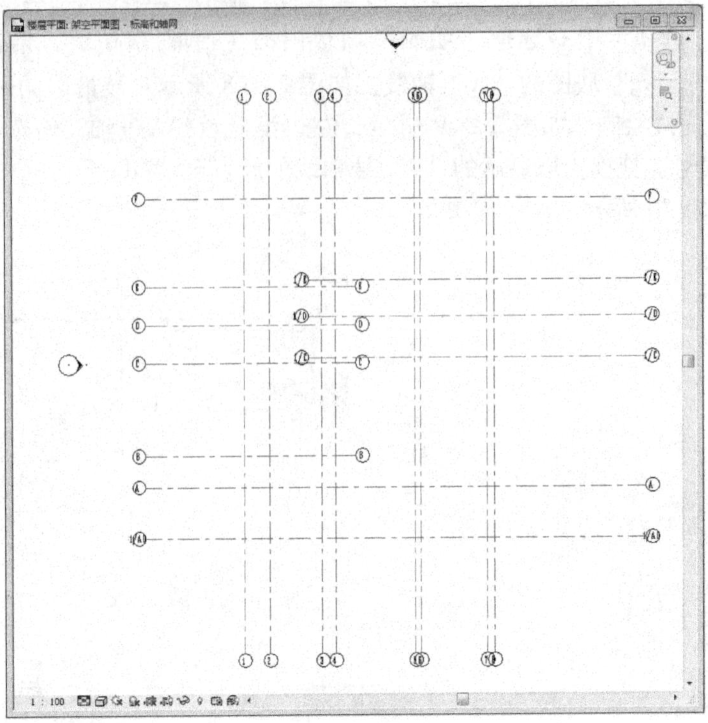

图 2 - 73

2.3.2 编辑轴网

标头位置调整：在"标头位置调整"符号上按住鼠标左键拖拽可调整所有标头的位置。

点击打开"标头对齐锁"，拖拽单独移动需要移动的标头的位置，用同种方法调整需要调整的轴线。

（1）如图 2 - 73 所示，"2"号轴线所在的位置，如底图所示，将"2"号轴线的"标头"位置调整拖拽至所在的位置。

（2）修改"显示｜隐藏标头"：在需要隐藏轴线另外一端的轴线，点击"显示｜隐藏标头"，将需要隐藏的标头点击关闭。

（3）添加弯头：如图 2 - 73 所示，在".dwg"底图中的"7"号和"8"号轴线所在的位置，点击"7"号轴网的"添加弯头"，"7"号轴线将会自动向右偏动，要达到底图的要求，必须拖拽"标头位置调整"符号，将标头放置在如图 2 - 74 所示位置，进行操作。完成的轴网如图 2 -75 所示。

（4）轴网图元的定义如图 2 - 76 所示。

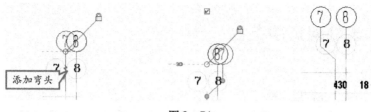

图 2 - 74

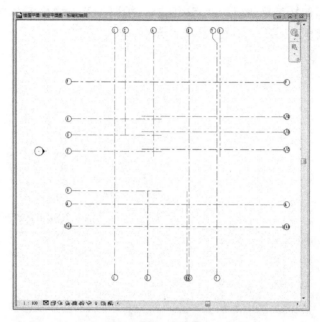

图 2 - 75

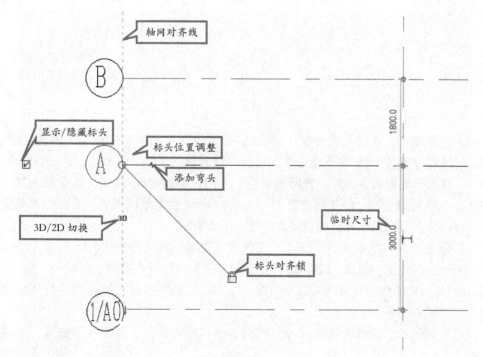

图 2 - 76

2.3.3　修改轴网影响范围

打开资料文件夹中"第二章"→"第一节"→"练习文件夹"→"轴网影响范围.rvt"项目文件，进行以下练习。

在打开的"柱子.rvt"项目中，标高轴网已经绘制完成，该项目显示的是"架空层平面图"视图，当切换至另外楼层平面视图时，轴网显示方式将不会与"架空层平面图"视图中所绘制轴网显示一致，如图2－77所示。

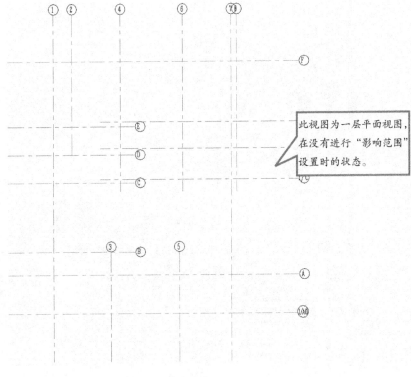

图2－77

（1）隐藏底图：在打开项目中，"架空层平面图"视图中有之前绘制轴网底图文件，可以通过隐藏命令（HH）将底图隐藏，点击"结转轴网.dwg"CAD文件，".dwg"会高亮显示，点击平面视图下方的"视图控制栏"中的"临时隐藏/隔离"选项，在其下拉列表中选择"隔离图元"上的"隐藏类别"选项，Revit会隐藏该图元，同时在"架空层平面图"视图中四周会显示绿色的边框，如图2－78所示。

（2）删除图层：在导入的".dwg"文件中，需要处理其中图层时，点击".dwg"文件，"Revit会跳转至"修改│结构轴网.dwg"选项卡→"导入实例"面板→"删除图层"工具，Revit会自动弹出"选择要删除的图层/标高"，选择图层之后点击"确认"完成以上操作，如图2－79所示。

（3）可以通过"修改│轴网.dwg"选项卡→"导入实例"面板→"查询"工具，对导入的".dwg"文件进行查询，单击"查询"工具，Revit会自动弹出"导入实例查询"，点击"删除"或"在视图中隐藏"→点击"确定",对以上操作进行确认,如图2-80所示。

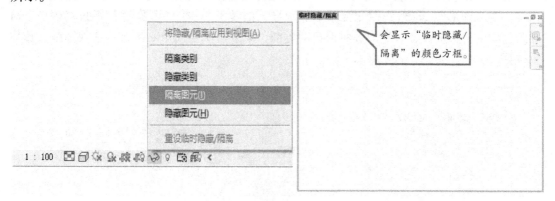

图2-78

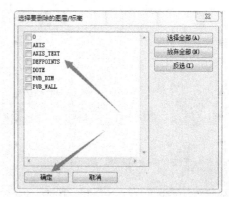

图2-79

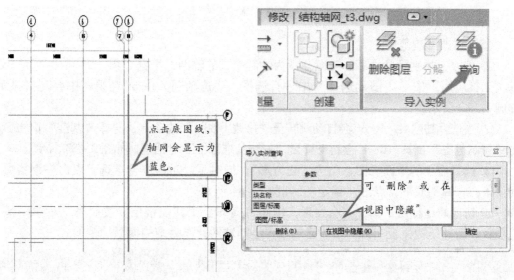

图2-80

（4）通过可见性对话框关闭链接的图元：单击"视图"选项卡→"图形"面板→"可见性"工具，Revit 会自动弹出"楼层平面：架空层平面的可见性/图形替换"，单击选择"导入图形"，勾选"在此视图中显示导入的类别"，在"可见性"下拉列表中，对导入的类别进行选择，取消勾选所选择的类别，单击"确定"，Revit 将会在视图中隐藏你所选择的类别，如图 2-81 所示。

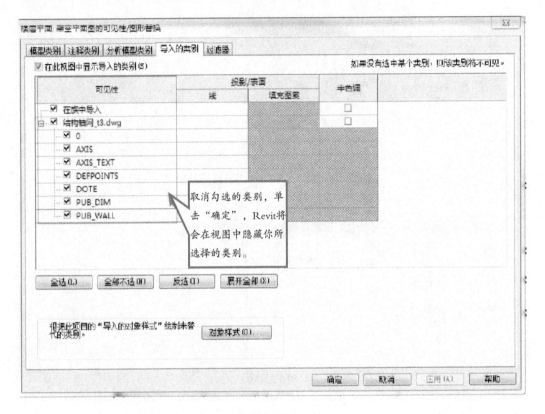

图 2-81

（5）修改影响范围。

① 将以上类别隐藏之后，视图显示为绘制完成的轴网，根据"第一章"→"第三节：基本工具应用"中→"图元选择"中进行选择，全选轴网，Revit 在视图中会高亮显示，如图 2-82 所示。

② 当选择轴网后，Revit 会自动跳转至"修改 | 轴网"选项卡，选择"基准"面板，单击"影响范围"工具，Revit 会自动弹出"影响基准范围"对话框，如图 2-83 所示。

③ 选择需要的平面视图，勾选"正方形"，同时可以对其进行全选，点击一个楼层平面向下拉，直到底部，点击"确定"，如图 2-84 所示。

④ 切换其他楼层平面，将会发现，轴网将会同步于其他楼层。按照第二章第一节创建项目，新建结构样板项目，按照建筑轴网绘制轴网，作为结构模型的轴网。

注意	轴网立面时超出标高。如果在没创建标高前先绘制轴网，需要切换至立面视图，将轴网超过标高。

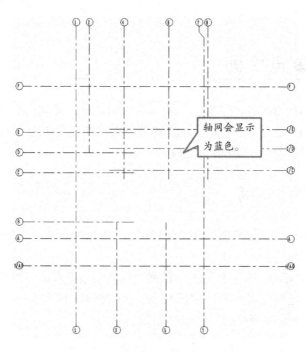

图 2 - 82

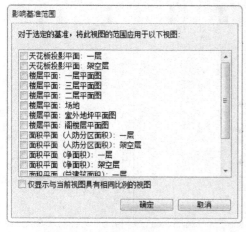

图 2 - 83

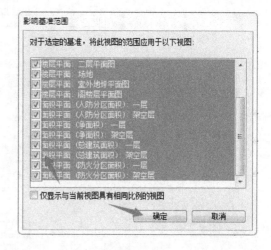

图 2 - 84

课后练习

1. 打开资料文件夹中"第二章"→"第三节"→"标高和轴网.rvt"项目文件,进行练习。

2. 在打开的项目中,将需要显示的楼层平面显示在楼层平面视图。

打开资料文件夹中"第二章"→"第一节"→"练习文件夹"→"轴网影响范围.rvt"项目文件,修改其影响范围。

3. 利用"移动"命令,将立面视图放置在"合适"的位置。

4. 导入".dwg"作为底图,绘制轴网。

2.4 参照平面

参照平面可以用作指导设计平面，作为设计的辅助线。而参照平面，在族创建的时候是一个非常重要的部分。在 Revit 中，参照平面会出现在每个创建的视图中，可以通过基准范围和可见性来设置参照平面的可见性。

2.4.1 添加参照平面

打开资料文件夹中"第二章"→"第四节"→"标高和轴网（参照平面练习）.rvt"项目文件，进行以下练习。

（1）在打开的项目中，在 1 号与 3 号轴网之间有一条参照线，如图 2－85 所示（图中已经用箭头标出需要绘制的参照平面轴线），单击"建筑"选项卡→"工作平面"面板→"参照平面"工具，在绘制面板下，单击"绘制直线"。

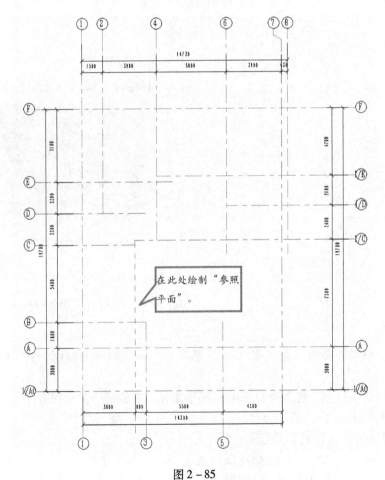

图 2－85

（2）选择"直线"→将光标放置到绘图区域中，拖拽光标来绘制参照平面→单击鼠标左键完成绘制参照平面（单击鼠标右键→单击"取消"按钮），参照平面为绿色显示，如图 2－86 所示。

（3）Revit 选项栏中会出现"偏移"面板，在编辑文本框中输入需要偏移的数值，直线进行偏移，点击直线底图开头作为"起点"，直线末端作为参照平面的终点，点击空白处或按 Esc 键，完成绘制参照平面，如图 2－87、图 2－88 所示。

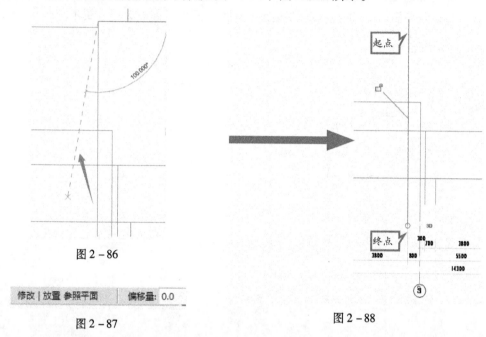

图 2－86

图 2－88

图 2－87

（4）拾取线绘制：在"绘制"面板中，单击拾取线（　）→选择"锁定"选项，将参照平面锁定到该线上。如果需要将线偏移一段距离，在选项栏上指定偏移量。

（5）隐藏参照平面：在平面视图和立面视图隐藏参照平面，单击"视图"选项卡→"图形"面板→点击"可见性/图形"，Revit 将会自动弹出"楼层/立面××××楼层/立面的可见性/图形替换"→单击"注释类别"→选择"可见性"下拉列表→取消勾选"参照平面"→点击"确定"按钮，视图将会隐藏参照平面，如图 2－89 所示。

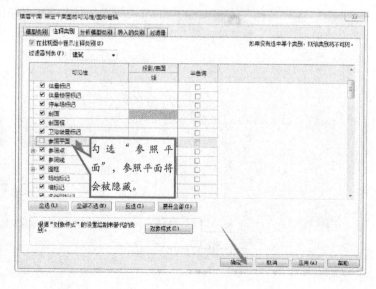

图 2－89

2.4.2　命名参照平面

打开资料文件夹中"第二章"→"第四节"→"标高和轴网（命名参照平面练习）.rvt"项目文件，进行以下练习。

（1）在平面绘图区域或其他视图的绘图区域中，对已经绘制好的参照平面命名，选择需要命名的参照平面，Revit 会自动跳转至"属性"面板，如图 2-90 所示。

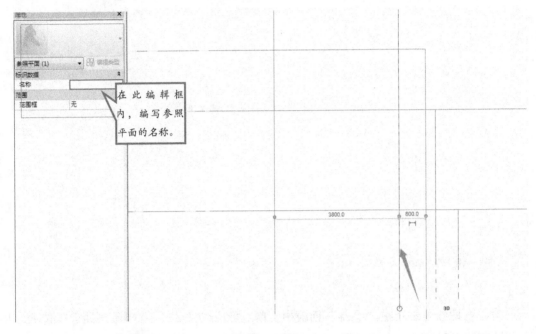

图 2-90

（2）在"属性"对话框中，"实例属性"面板下的"标识数据"中的"名称"，点击文本编辑框，输入参照平面需要命名的名称，在视图空白处，左键点击进行确定，如图 2-91 所示。

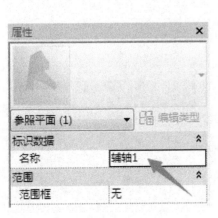

图 2-91

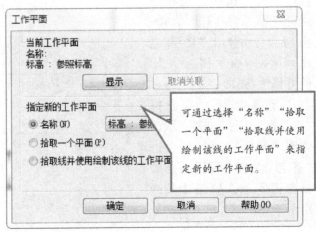

图 2-92

（3）在 Revit 中创建族时，参照平面是非常重要的定位对象。可以通过"创建"选项卡"工作平面"面板中的"指定新的工作平面"工具设置所要绘制的参照平面作为绘制平面，如图 2 – 92 所示。

2.4.3　设置工作平面

工作平面是一个用作视图或绘制图元起始位置的虚拟二维表面。单击"建筑"选项卡→"工作平面"面板→"设置"工具，Revit 将会自动弹出"工作平面"面板，可通过选择"名称""拾取一个平面""拾取线并使用绘制该线的工作平面"指定新的工作平面，如图 2 – 92 所示。

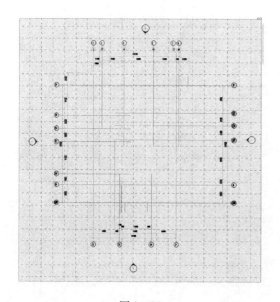

图 2 – 93

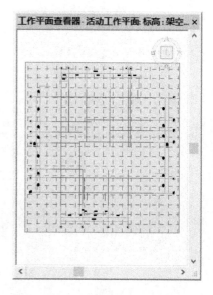

图 2 – 94

单击"建筑"选项卡→"工作平面"面板→"显示"工具，Revit 的视图会显示"工作平面"，如图 2 – 93 所示。

单击"建筑"选项卡→"工作平面"面板→"查看器"工具，Revit 的视图会显示"工作平面"，如图 2 – 94 所示。

课后练习

1. 打开资料文件夹中"第二章"→"第四节"→"标高和轴网（参加平面练习）.rvt"项目文件，进行练习。

2. 打开资料文件夹中"第二章"→"第四节"→"标高和轴网（命名参加平面练习）.rvt"项目文件，进行练习。

第 3 章

柱与梁

课程概要：

本章将学习 Revit 如何创建和编辑建筑柱、结构柱以及梁、梁系统、结构支撑等，了解建筑柱和结构柱应用中需要注意的事项。了解在创建柱族时，需要注意的事项，以及柱族有哪些特点？根据项目的需要，对梁支撑的要求，可以对其进行创建。

课程目标：

● 如何创建柱和编辑梁？

● 如何修改柱？

● 如何创建柱族？

● 了解结构柱和建筑柱的特点，以及梁的系统属性。

● 如何添加梁支撑？

3.1 柱

柱是建筑物中垂直的主结构件，承托在它上方物件的重量。柱阵列负责承托梁架结构及其他部分的重量，柱是结构中极为重要的部位，柱的破坏将导致整个结构的损坏与倒塌。

3.1.1 创建建筑柱

建筑柱与墙相交时，建筑柱会与墙自动连接，并将继承墙的属性。建筑柱使用于墙垛或墙面上的突出结构，也可以使用建筑柱围绕结构柱创建柱框外围模型，并将其用于装饰应用。梁能捕捉到结构柱，但不能捕捉到建筑柱。

（1）柱可以在平面视图和三维视图中添加，柱的高度由"底部标高"和"顶部标高"属性以及偏移定义。

① 单击"建筑"选项卡→选择"构建"面板→"柱"，在柱的下拉列表中，选择"柱：建筑"。

② 单击确认"柱：建筑"之后，Revit 将跳转至"修改|放置 柱"选项卡，如图 3－1 所示。

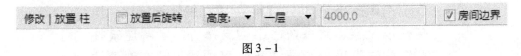

图 3－1

放置后旋转：选择此选项可以在放置柱后立即将其旋转。

标高：（仅限三维视图）为柱的底部选择标高，在平面视图中，该视图的标高即为柱的底部或顶部标高。

高度：此设置从柱的底部向上绘制，要从柱的底部向下绘制，请选择"深度"。

标高/未连接：选择柱的顶部标高；或者选择"未连接"，然后指定柱的高度。

房间边界：选择此选项可以在放置柱之前将其指定为房间边界。

③在 Revit 将跳转至"修改|放置 柱"选项卡时，Revit 也会跳转至"属性"对话框，如图 3－2 所示，在"编辑类型"下拉框中选择需要的柱子类型，如果没有合适的柱子类型，可单击"载入族"按钮，从"China"文件夹中选择"建筑"文件，打开"柱"文件夹，选择项目中所需要的族，单击"打开"，如图 3－3 所示。

在点击"确认"之后，在"编辑类型"下拉框中选择需要的柱子类型，将会更改成上一步所选择的柱族，单击"图元属性"按钮，并单击"复制"，创建新的柱子类型，编辑其宽度、修改类型名称、材质等参数，如图 3－4 所示。

（2）在"高度"参数后面的下拉列表中选择柱子顶部需要到达的标高，或选择"未连接"并在后面栏中输入柱子的实际高度。

（3）在选项栏中选择"房间边界"，以便在放置此柱子之前将其指定为房间边界。在绘图区域中单击以放置柱。

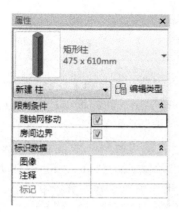

图 3－2

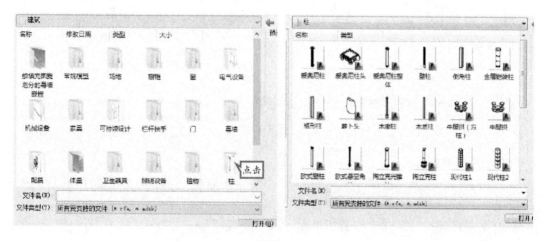

图 3－3

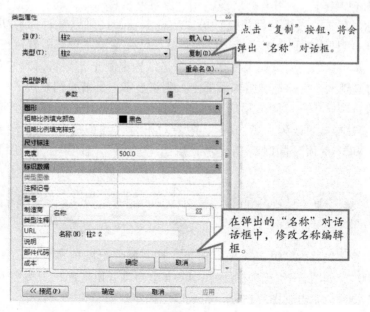

图 3－4

3.1.2　附着柱

柱放置在项目中时，柱与屋顶不会自动附着到屋顶、楼板和天花板。选择一根或多根柱时，可以将其附着到屋顶、楼板、天花板、参照平面、结构框架构件，以及其他参照标高。

（1）选择绘图区域的一个或多个柱，Revit 会自动切换至"修改︱柱"选项卡中，如图 3-5 所示，然后选择"修改柱"面板→选择"附着顶部/底部"，Revit 自动从"修改︱柱"选项栏（如图 3-6 所示）显示，如图 3-7 所示的工具在工具栏中。

图 3-5　　　　　　　　　　　　　　　　　图 3-6

图 3-7

选项栏中的工具：

① 附着柱：选择"顶部"或"底部"作为"附着柱"值，以指定要附着柱的哪一部分。

② 附着样式："剪切柱""剪切目标"或"不剪切"。

③ 附着对正："最小相交""相交柱中线"或"最大相交"。

④ 从附着物偏移："从附着物偏移"用于设置要从目标偏移的一个值。

（2）目标（屋顶、楼板、天花板）可以被柱剪切，柱可以被目标剪切，或者两者都不可以被剪切。将柱附着到目标后，可以编辑其属性并重设"顶部附着对正"和"从顶部附着点偏移"实例参数的值。如果柱和目标都是结构混凝土，则将清理它们而不是剪切。如果柱是结构混凝土，目标是非结构混凝土，则将显示一条警告消息。

（3）选择选项卡中的"附着顶部/底部"之后，在视图中选择柱附着到目标（如屋顶或楼板）。附着柱样式更改为"剪切柱"，附着对正为"最小相交"，移动至"屋顶"，项目中的"柱"和"屋顶"同时高亮显示，点击"屋顶"，柱会附着于屋顶，如图 3-8 所示。

注意	通过这种方式，倾斜结构柱不会附着到结构框架，因为它们会连接结构图元，而不是附着到结构图元。

（4）从附着物偏移为"0"，若项目需要，柱需要伸出屋顶多少，必须在此位置输入偏移值为"500"，如图 3-8 选项栏所示，Revit 会自动弹出"超出"警告对话框，同时柱会伸出屋顶"500"，单击视图空白处，完成以上操作，如图 3-9 所示。

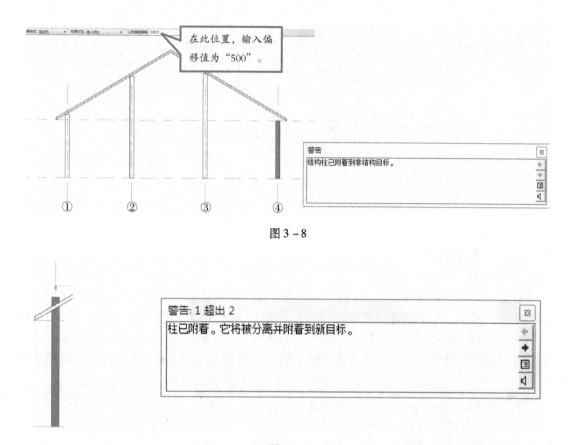

图 3-8

图 3-9

> **注意** 若项目需要，柱需要伸出屋顶多少，附着对正一定为最小相交，否则，不能达到效果。

（5）附着样式为剪切柱，附着对正依次为"最小相交""相交柱中线"或"最大相交"，从附着物偏移为"500"，如图 3-10 所示。

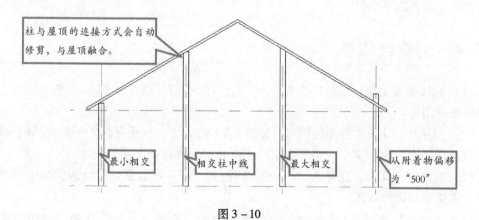

图 3-10

（6）附着样式为剪切目标，附着对正依次为"最小相交""相交柱中线"或"最大相交"，从附着物偏移为"500"，如图 3-11 所示。

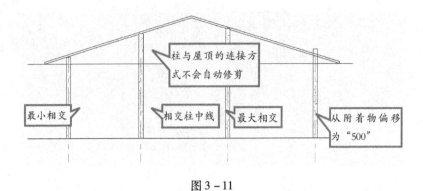

图 3 – 11

3.1.3　分离柱

在绘图区域中，选择要分离的柱。Revit 会自动切换至"修改│结构柱"选项卡中，如图 3 – 12 所示，然后选择"修改结构柱"面板，→选择"分离顶部/底部"，Revit 自动跳转至"修改│结构柱"选项栏，如图 3 – 13 所示。单击要从中分离柱的屋顶，如果将柱的顶部和底部附着到目标，请单击选项栏上的"全部分离"，以便从屋顶分离柱的顶部和底部。

图 3 – 12

图 3 – 13

打开资料文件夹中"第三章"→"第一节"→"练习文件夹"→"别墅结构 . rvt"项目文件，进行以下操作。

3.1.4　创建结构柱

（1）打开项目文件，切换平面视图至"架空层平面"视图按照本节第 3 点内容，将轴网底图关闭。

（2）按照在 2.3 节中绘制轴网时，链接 CAD 的方法，打开资料文件夹→"别墅结构"→"柱、网平面"文件夹中，将其各层导入项目中，如图 3 – 14 所示。

（3）对齐链接文件：在导入". dwg"文件后，Revit 不会自动按绘制完成的轴网进行对齐，需要手动进行对齐。

切换"修改"选项卡，点击"修改"面板中的"对齐（ ）"工具，点击选择项目文件中轴网"1"号轴线，Revit 会高亮显示，再点击链接的". dwg"文件对应的"1"号轴线，再进行重操作，对齐"F"轴线，点击空白处或按 2 次 Esc 键，完成轴网对齐，如图 3 – 15 所示。

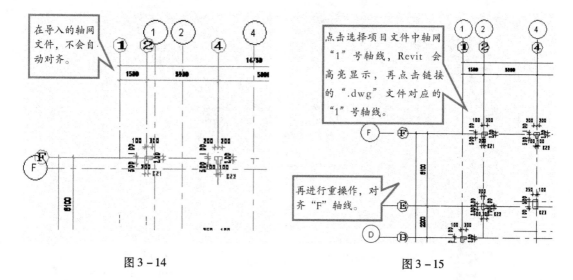

图 3 - 14　　　　　　　　　　　　　　　　图 3 - 15

（4）添加结构柱。

① 单击"结构"选项卡→选择"结构"面板→在"柱"的下拉列表中，选择柱（ ）。Revit 会自动转换至"属性"面板中，在"属性类型器"下拉列表中有不同类型柱，选择适合项目的柱，如图 3 - 16 所示。

② 载入柱族：在导入的".dwg"文件中，"KZ1"属于"L 形柱"，"KZ2""KZ5"属于"T 形柱"，"KZ3""KZ4""KZ6"属于"矩形柱"，"KZ27""KZ27a""KZ9"属于"圆形柱"。可单击"载入"按钮，如图 3 - 17 所示。从"china"文件夹中选择"结构"文件，打开"柱"文件夹，依次选择"L 形柱""T 形柱""矩形柱""圆形柱"族，选择柱文件夹中"混凝土"，单击"打开"，如图 3 - 18 所示。

图 3 - 16

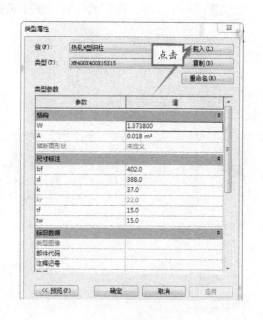

图 3 - 17

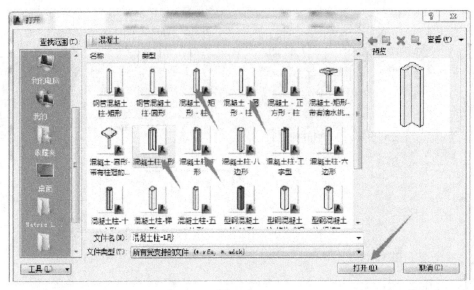

图 3 – 18

③ 编辑柱：点击"结构"选项卡→"结构"面板，Revit 将会自动跳转至"修改│结构柱"，选择"放置"面板中的"垂直柱"，在"修改│放置 结构柱"中，选择"高度"，选择"一层"，勾选"房间边界"，如图 3 – 19 所示。

图 3 – 19

a. 放置"KZ1"柱：在柱属性对话框中选择 T 形柱，如图 3 – 20 所示。

图 3 – 20

点击"编辑类型"，Revit会弹出"类型属性"对话框，点击"复制"，Revit会弹出"名称"对话框，输入"KZ1"，点击"确定"，如图3-21所示。

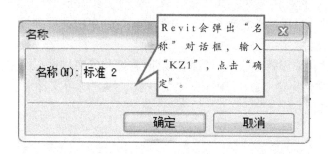

图3-21

按照导入的".dwg"文件底图，点击修改"h1""h""b1""b"尺寸，如图3-22所示，修改"h""b"为"400"，点击"确认"，放置在与底图相同的位置。

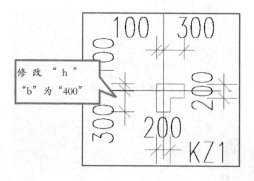

图3-22

b. 添加"类型注释"，在柱类型属性→类型参数→"标识数据"→"类型注释"后面的"值"文本框中输入柱的编号，如图3-23所示。

c. 若需要出"结构施工图"，需要标记柱的类型名称，应在放置"柱"时，点击"标记"面板中的"在放置时进行标记"如图3-24所示。

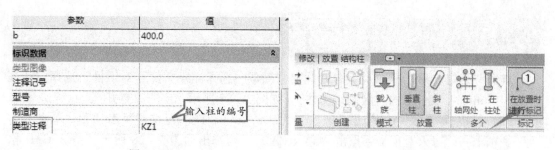

图3-23   图3-24

④其他柱的创建都与本节③的方法一样。

课后练习

1. 新建建筑样板文件，创建建筑柱。

2. 打开资料文件夹中"第三章"→"第一节"→"练习文件夹"→"附着柱剪切柱.rvt"项目文件，采用附着柱剪切柱，对附着柱与分离柱进行练习。

3. 打开资料文件夹中"第三章"→"第一节"→"练习文件夹"→"附着柱剪切目标.rvt"项目文件，采用附着柱剪切目标，对附着柱与分离柱进行练习。

4. 打开资料文件夹中"第三章"→"第一节"→"练习文件夹"→"别墅结构.rvt"项目文件，创建其他柱。

3.2 创建柱族

由第1章中对族模块的介绍可知，族是一款参数化设计构件，本节将创建柱族，对柱族的一些属性与基本要求进行详细的讲解。

3.2.1 柱族

（1）创建族项目文件：在"最近使用的文件"界面中，在"族"样板下选择"新建"，如图3-25所示。

图 3-25

图 3-26

> **注意**　当启动 Revit 软件，单击软件界面左上角的"应用程序菜单"→"新建"→"族"，如图3-26所示。

点击"确定"后，Revit 将会自动弹出"新族—选择样板文件"对话框，选择对话框下的"Chinese"文件下的"公制结构柱"，如图3-27所示，点击"打开"。

（2）链接 DWG 文件：点击"确认"之后，Revit 将跳转至楼层平面视图，单击"插入"选项卡→"导入"面板→点击"导入 CAD"，会弹出如图3-28所示"导入 CAD 格式"对话框。打开资料文件夹中"第三章"→"第二节"→"练习文件夹"→"dwg"→"KZ10.dwg"项目文件。

图 3 - 27   图 3 - 28

<table>
<tr><td rowspan="1">注意</td><td>在导入 CAD 文件时，注意对话框下面的"导入单位"，在传统的"建筑设计施工图"中，是以毫米（mm）为单位的。因此，在导入之前，修改"图层/标高"为"指定…"→更改"放置于（A）"为"低于参照标高（由于在项目中是指定为'低于参照标高'视图，放置于（A），会自动默认放置于此楼层平面）→更改"导入单位"为"毫米"→点击打开进行确认，如图 3 - 29 所示。将会弹出"选择要导入/链接的图层/标高"，选择所有要保留的图层，点击确认（在本项目中，应当全选所有图层）。</td></tr>
</table>

（3）修改宽度、深度：切换至"修改"选项卡→"属性"面板→点击"族类型"工具，弹出"族类型"对话框，如图 3 - 30 所示。在参数下的"其他"将值下的"宽度、深度"改成"200，200"，点击"确定"，完成修改宽度、深度。

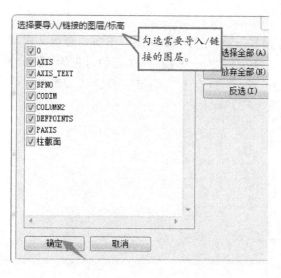

图 3 - 29   图 3 - 30

（4）对齐导入 CAD：切换"修改"选项卡→选择"对齐"工具（或是输入命令：AL），将 8 号轴线和 1/C 号轴线对齐"低于参照标高"的十字参照线。

3.2.2　创新柱

（1）创建拉伸：完成对齐导入CAD，切换至"创建"选项卡→选择"形状"面板中的"拉伸"工具→"修改│创建拉伸"→选择"绘制"面板"拾取线（ ）"工具，按照"导入CAD"拾取异形柱的轮廓，如图3-31所示。

（2）修改外轮廓边界：在"修改│创建拉伸"选项卡"修改"面板中选择"修剪/延伸为角"，点击修剪异形柱的外轮廓，如图3-32所示。修剪完成后，点击"模式"面板下的"完成编辑模式（ ）"，确定完成。

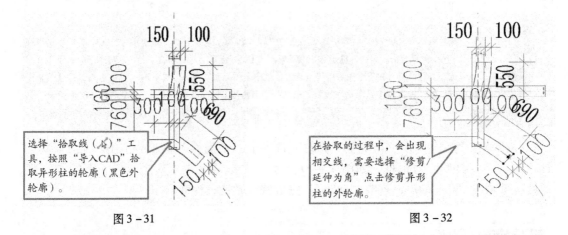

图3-31　　　　　　　　　　　　　　　图3-32

（3）隐藏导入CAD图：在平面视图和立面视图隐藏导入CAD图，单击"视图"选项卡→"图形"面板→点击"可见性/图形"，"楼层/立面——楼层/立面的可见性/图形替换"→单击"导入类别"→取消勾选"在族中导入"→点击"确定"按钮（或者输入命令"VV"），视图将会隐藏导入CAD图，如图3-33所示。

图3-33

（4）设置柱高度：在项目浏览器中切换视图至"立面视图"→双击立面视图"前"（如图3-34所示），点击拉伸的柱，将会出现"拉伸：造型操纵柄"，拖动造型操纵柄至"高于参照标高"，此时，拉伸边缘将会出现"对齐约束（🔒）"，点击对齐约束，将其约束在"高于参照标高"，如图3-35所示。

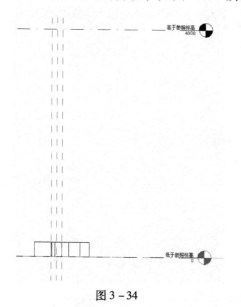

图 3-34

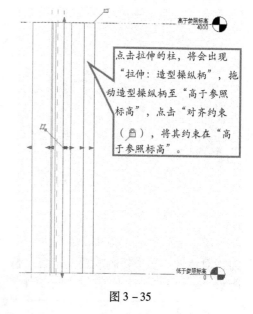

点击拉伸的柱，将会出现"拉伸：造型操纵柄"，拖动造型操纵柄至"高于参照标高"，点击"对齐约束（🔒）"，将其约束在"高于参照标高"。

图 3-35

（5）设置高度：点击"注释"选项卡，选择"尺寸标注"面板→点击选择"对齐（✏）"工具，进行"低于参照标高"至"高于参照标高"之间的距离标注。

（6）设置柱的材质：选择拉伸的异形柱，在 Revit 的"属性"对话框中，选择"材质和装饰"，如图3-36所示。点击材质后面的"关联族参数"，Revit 将会自动弹出"关联族参数"对话框，如图3-37所示。点击"添加参数"将会弹出"参数属性"，在参数数据下的"名称"文本框输入"柱材质"，如图3-38所示，点击"确定"。再于"关联族参数"对话框，点击"确定"，如图3-39所示。

图 3-36

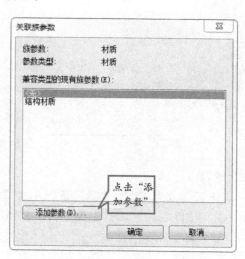

图 3-37

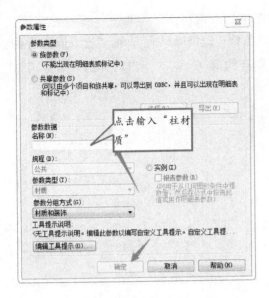

图3-38   图3-39

(7) 保存柱族：点击"应用程序菜单"，选择"保存"按钮，系统将会弹出"另存为"对话框，选择将族放置的位置，修改族名称为"KZ10"，点击"保存"，如图3-40所示。

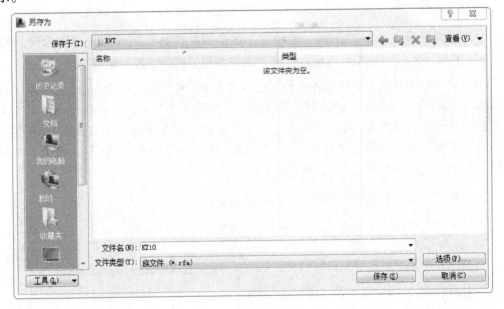

图3-40

课后练习

1. 打开资料文件夹中"第三章"→"第二节"→"练习文件夹"→"dwg"→"KZ10.dwg、KZ11.dwg"项目文件，创建KZ10、KZ11柱。

2. 打开资料文件夹中"第三章"→"第二节"→"练习文件夹"→"柱子.rvt"完成一层柱子的创建。

3.3 梁

"结构用途"属性通常是根据支撑梁的结构图元自动确定。但是，可以在放置梁之前或者在放置梁之后，修改结构用途。

3.3.1 创建梁

梁及其结构属性还具有以下特性：

（1）可以使用"属性"选项板修改默认的"结构用途"设置。

（2）可以将梁附着到任何其他结构图元（包括结构墙）上，但是不会连接到非承重墙。

（3）结构用途参数可以包括在结构框架明细表中，这样便可以计算大梁、托梁、檩条和水平支撑的数量。

（4）结构用途参数值可确定粗略比例视图中梁的线样式。可使用"对象样式"对话框修改结构用途的默认样式。

（5）梁的另一结构用途是作为结构桁架的弦杆。

3.3.2 绘制梁

打开资料文件夹中"第三章"→"第三节"→"练习文件夹"→"RVT"→"一层梁.rvt"项目文件，进行以下练习。

（1）隐藏导入图纸：打开"一层梁.rvt"项目文件，切换至"视图"选项卡→选择"图形"面板中"可见性/图形"工具，Revit 会自动弹出"楼层平面：架空平面图的可见性/图形替换"→点击"导入的类别"→取消勾选"架空层轴网平面"与"结构轴网"。点击"确定"，在视图中导入的".dwg"文件将会被隐藏，如图 3-41 所示。

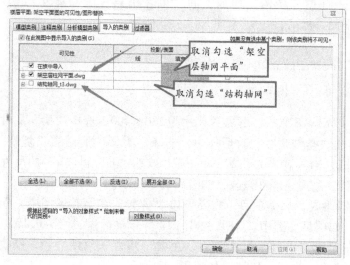

图 3-41

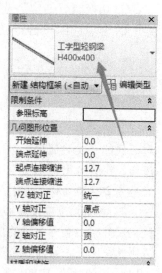

图 3-42

（2）链接 DWG 文件：点击"确定"之后，Revit 将跳转至楼层平面视图，单击"插入"选项卡→"链接"面板→点击"导入 CAD"，会弹出"链接 CAD 格式"对话框。打开资料文件夹中"结构施工图"→"梁"→"一层梁配筋平面．dwg"文件。

（3）载入梁：完成链接"．dwg"，切换至"结构"选项卡→选择"结构"面板下的"梁"工具，在"属性"选项板中，Revit 默认的为"工字型轻钢梁"，如图 3－42 所示。点击"编辑类型"，Revit 将会弹出"类型属性"对话框，如图 3－43 所示，点击"载入（L）..."，选择"结构"文件夹→"框架"文件夹→选择"混凝土－矩形梁．rfa"，点击"打开"。点击"完成"之后，"类型属性"对话框中的"族"类型，将会更改为导入的梁族，点击"确定"完成载入族，如图 3－44 所示。

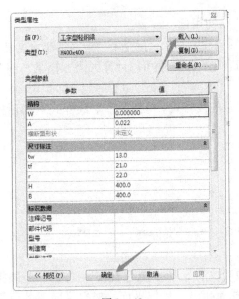

图 3－43

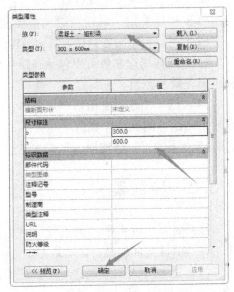

图 3－44

（4）绘制梁。

① 切换至"结构"选项卡→选择"结构"面板下的"梁"工具，在"修改｜放置梁"的选项卡中，选择"放置平面：标高：一层"，如图 3－45 所示。

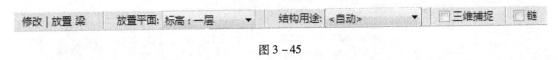

图 3－45

② 修改梁尺寸：查看底图，"KL－3（1）"号梁，尺寸为 200×400，选择"梁"属性对话框的"类型属性"，在弹出的"类型属性"对话框中，选择"类型"后面的"复制"按钮，将会弹出"名称"对话框，输入名称为"200×400"，修改"b"和"h"的尺寸大小为 200 与 400，点击"确定"，完成梁尺寸修改，如图 3－46 所示。

③ 梁图元位置设置：在绘制梁时，根据项目，需要调整梁位置，在梁布置图中，标注梁尺寸时，会标注梁的位置，如项目底图中，"KL－A1（1）"号梁标注"（－0.10）"说明此梁图元位置需要调整。在完成"修改梁尺寸"后，在梁"属性"对话框中，修改"几何图形位置"中的"Z 轴偏移值"为"－100"，如图 3－47 所示。

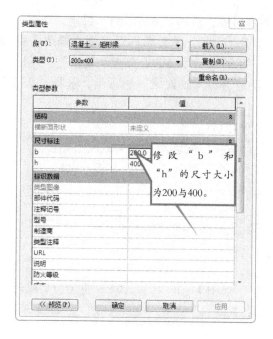

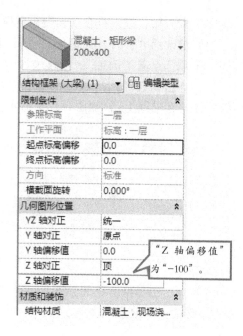

图 3－46　　　　　　　　　　　　图 3－47

④ 描绘梁：完成以上设置，Revit 将会自动跳转至"修改｜放置梁"选项卡→选择"绘制"面板中绘制工具，沿着底图进行绘制。绘制完成后，右击选择"取消"或是按 Esc 键两次。

⑤ 完成楼层平面所有梁的绘制。在项目浏览器中，楼层平面：选择"架空层平面"，右击→"复制视图"选择"复制"，点击"架空层平面副本 1"→右击→重命名，将其修改为"一层梁结构平面图"。

> **注意**　由于绘制梁时，Revit 不会自动捕捉进行对齐，完成绘制，切换至"修改"选项卡→选择"修改"面板中"对齐"工具，进行对齐。对齐工具的具体操作，请查看"1.3 节'基本工具应用'"中的"对齐工具"的操作。

3.3.3　在轴网上放置

使用"轴网"工具选择轴线，以便将梁自动放置在其他结构图元（例如柱、结构墙和其他梁）之间。打开资料文件夹中"第三章"→"第三节"→"练习文件夹"→"RVT"→"轴网放梁.rvt"项目文件，进行以下练习。

（1）切换至"结构"选项卡→选择"结构"面板下"梁"工具，在"修改｜放置梁"选项卡中，选择"放置平面：标高：标高 2"，如图 3－48 所示。

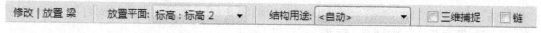

图 3－48

（2）载入梁：载入符合项目要求的梁，本项目中，载入"木材.rfa"梁族。

（3）修改尺寸：打开类型属性，复制类型 Revit 将会弹出名称对话框，修改名称为"200×500"，点击"确定"。修改尺寸标注，b 为 200，d 为 500，点击"确认"。

（4）点击完成确认，Revit 将会自动跳转至"修改|放置梁"选项卡，选择"多个"面板中的"在轴网上"，如图 3-49 所示。

图 3-49

（5）点击选择梁所在的轴线，选择"完成"，如图 3-50 所示。Revit 将会自动跳转至"修改|放置 梁 > 在轴网上"选项卡，点击选择"多个"面板中的"完成"，如图 3-51 所示。

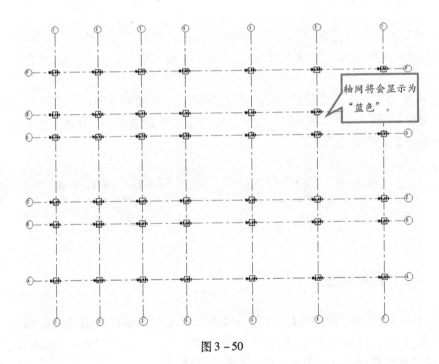

图 3-50

（6）修改视图范围：点击"完成"，Revit 将会弹出"警告"对话框，如图 3-52 所示。关闭此对话框，选择"楼层平面"属性中"范围"工具中的"视图范围"编辑选项框，将会弹出"视图范围"对话框，修改主要范围，顶为"相关标高（标高2）"，修改"剖切面"的"偏移量（E）"为"4000.0"，如图 3-53 所示。点击"确定"，梁的布置将在平面视图中显示，如图 3-54 所示。

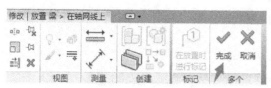

图 3-51

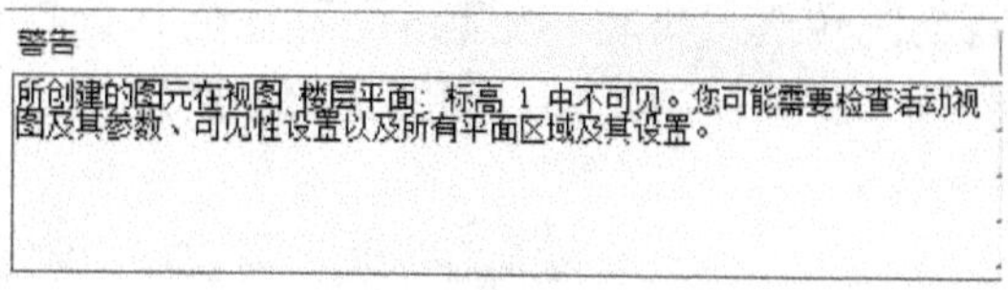

警告

所创建的图元在视图 楼层平面: 标高 1 中不可见。您可能需要检查活动视图及其参数、可见性设置以及所有平面区域及其设置。

图 3-52

图 3-53

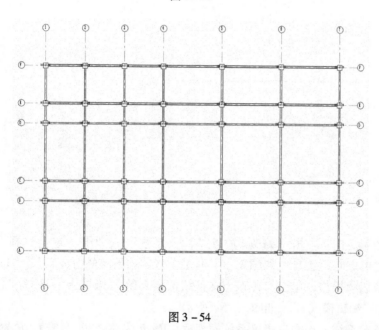

图 3-54

3.3.4 梁系统

（1）梁系统（命令为 BS）：可以创建一个用于控制一系列平行梁的数量和间距的布局，梁系统边界可以随设计改变而调整，可以使用限制条件和"拾取支座"工具来定义梁系统的边界。打开资料文件夹中"第三章"→"第三节"→"练习文件夹"→"RVT"→"梁系统.rvt"项目文件，进行以下练习。

（2）绘制梁系统：单击"结构"选项卡→"结构"面板→▓（梁系统），Revit 将会

自动跳转至"修改|放置结构梁系统"选项卡→单击选择"绘制"面板→点击选择"边界线"下的绘图工具，如图3-55所示。

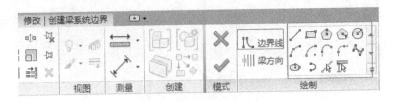

图3-55

（3）定义梁系统边界线：选择绘制工具中的"直线"或"拾取"定义梁系统边界线，如图3-56所示。

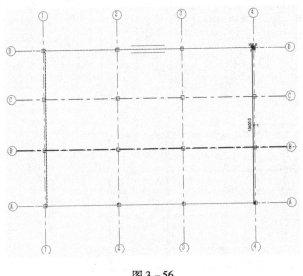

图3-56

图3-57

（4）修改梁方向：点击"修改|放置结构梁系统"选项卡→单击选择"绘制"面板→点击选择"梁方向"工具，如图3-57所示。指定梁系统的方向，如图3-58所示。

（5）完成以上操作，单击"修改|放置结构梁系统"选项卡→选择"模式"面板中的"✔（完成编辑模式）"，如图3-59所示。

（6）删除梁系统：点击选择梁系统框架框，Revit将跳转至"修改|放置结构梁系统"选项卡→选择"梁系统"面板中的"删除梁系统"，如图3-60所示。梁系统将会被删除，但并没有删除梁系统里的梁框架图元，只是删除梁与梁系统之间的关系，如图3-61所示。

支撑会将其自身附着到梁和柱，并根据建筑设计中的修改进行参数化调整，通过在两个结构图元之间绘制线来创建支撑，可以在平面视图或框架立面视图中添加支撑。

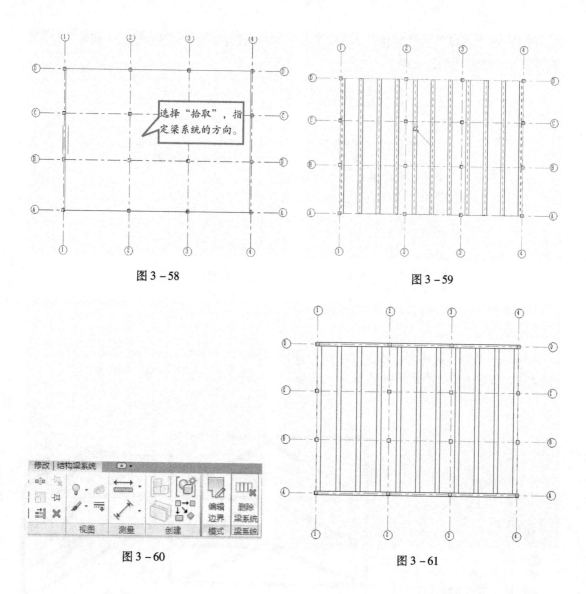

图 3 - 58

图 3 - 59

图 3 - 60

图 3 - 61

3.3.5　支撑

打开资料文件夹中"第三章"→"第三节"→"练习文件夹"→"RVT"→"结构支撑.rvt"项目文件，进行以下练习。

（1）添加结构支撑：切换视图至南立面视图，点击选择"结构"选项卡→选择"结构"面板中的"支撑"工具，如图 3 - 62 所示，Revit 将跳转至"修改|放置 支撑"选项卡。

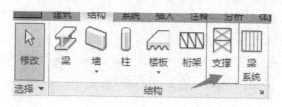

图 3 - 62

（2）在"支撑"的"属性"选项板上的"类型选择器"下拉列表中，如图3-63中箭头所示，选择适当的支撑。

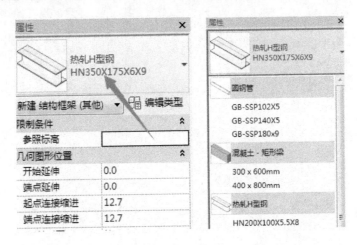

图3-63

（3）切换南立面视图，选择"绘制"面板，如图3-64所示，绘制工具"直线"，放置支撑，放置完成，右击选择"取消"或是按 Esc 键两次，结果如图3-65所示。

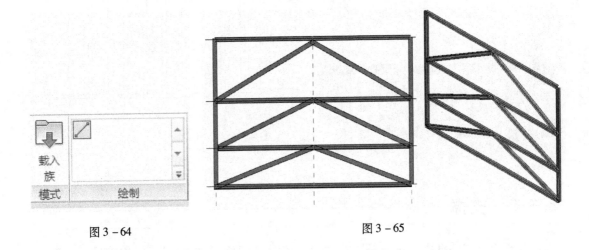

图3-64   图3-65

课后练习

1. 打开资料文件夹中"第三章"→"第三节"→"练习文件夹"→"RVT"→"一层梁.rvt"项目文件，进行练习，完成其他层梁的绘制。

2. 打开资料文件夹中"第三章"→"第三节"→"练习文件夹"→"RVT"→"轴网放梁.rvt"项目文件，进行练习。

3. 打开资料文件夹中"第三章"→"第三节"→"练习文件夹"→"RVT"→"梁系统.rvt"项目文件、"结构支撑.rvt"，进行练习。

第4章

创建墙体

课程概要：

　　本章将学习 Revit 如何创建墙和编辑墙，了解墙的类型属性，对幕墙进行创建和编辑，了解墙体与幕墙应用中需要注意的事项。根据项目的设计需要，在实际项目中的应用并对其进行创建。在图纸中放置墙后，如何添加墙饰条或分隔缝、编辑墙的轮廓？

课程目标：

- 了解墙的基本属性。
- 如何绘制墙体？
- 如何创建幕墙？
- 墙饰条的创建与基本属性。

4.1 墙体

墙属于预定义系统族类型，需要综合考虑墙功能、组合和厚度的标准变化，墙体的高度、构造做法及其墙身大样详图；墙体图形的粗略比例填充图案与填充颜色，可统计墙的防火等级、材料成本、各种分析属性、结构用途。幕墙是属于墙的一种类型，自定义放置竖梃的位置、嵌板和竖梃，修改网格规则。了解复合墙、叠层墙的基本属性及其类型。

4.1.1 墙体的基本操作

通过修改墙的类型属性来添加或删除层、将层分割为多个区域，以及修改层的厚度或指定的材质，Revit 可以自定义这些特性。

（1）单击"墙"工具，选择所需的墙类型，并将该类型的实例放置在平面视图或三维视图中，可以将墙添加到建筑模型中。打开 Revit ，切换至楼层平面视图或三维视图。

① 如图 4 - 1 所示，单击选择"建筑"选项卡→"构建"面板→"墙"下拉列表的"墙：建筑"，单击"确定"之后，Revit 将跳转至"修改 | 放置 墙"选项卡，同时将会跳转至选项栏，如图 4 - 2 所示。

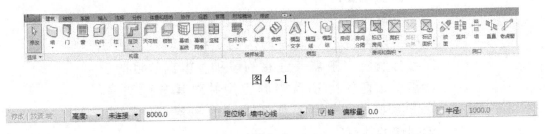

图 4 - 1

图 4 - 2

② 高度：为墙的墙顶定位标高选择标高，或为默认设置"未连接"输入值。指定标高向上绘制墙、墙高度，在平面视图中创建墙时，"墙底定位标高"是与视图关联的标高。

③ 深度：指定标高向下绘制墙、墙高度，用结构平面查看从当前标高向下延伸的墙，或修改楼层平面的视图范围以使其可见。

④ 定位线：选择在绘制时要与光标对齐的墙的垂直平面，或要将哪个垂直平面与将在绘图区域中选定的线或面对齐。

⑤ 链：选择此选项，以绘制一系列在端点处连接的墙分段。

⑥ 偏移：（可选）输入一个距离，以指定墙的定位线与光标位置或选定的线或面之间的偏移。

（2）在"绘制"面板中，选择一个绘制工具，可使用以下方法之一放置墙：

① 绘制墙：使用默认的"线"工具可通过在图形中指定起点和终点来放置直墙分段，或者可以指定起点，沿所需方向移动光标，然后输入墙长度值。使用"绘制"面板中的其他工具，可以绘制矩形布局、多边形布局、圆形布局或弧形布局。使用任何一种工具绘制

墙时，可以按空格键相对于墙的定位线翻转墙的内部/外部方向。

②沿着现有的线放置墙：使用"拾取线"工具可以沿在图形中选择的线来放置墙分段。线可以是模型线、参照平面或图元（如屋顶、幕墙嵌板和其他墙）边缘。

注意	要在整个线链上同时放置多个墙，请将光标移至一条线段上，按 Tab 键将它们全部高亮显示，然后单击。

③将墙放置在现有面上：使用"拾取面"工具，可以将墙放置于图形中选择的体量模型面或常规模型面上。

注意	要在体量模型或常规模型中的所有垂直面上同时放置多个墙，请将光标移至某个面上，按 Tab 键将它们全部高亮显示，然后点击。

④退出墙绘制：点击"修改|放置 墙"选项卡→选择"面板"中的"修改"工具。

4.1.2 编辑墙体

（1）修改墙体图元属性，点击选择墙体，Revit 将会自动跳转至墙体属性对话框，将对墙体进行编辑；点击"修改|放置 墙"选项卡中的"属性"面板下的"属性"工具，同样可以对墙进行修改与编辑，如图4-3所示。

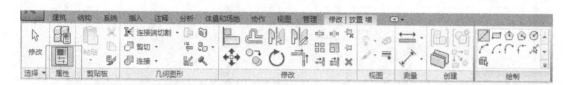

图4-3

（2）墙体的实例属性：可以通过属性设置，控制墙的定位线、底部限制条件、底部偏移、顶部约束、无连接高度、房间界限、结构用途等特性，如图4-4所示。

（3）设置墙的类型参数：墙的类型参数通过设置其构造、图形、材质和装饰等的参数化设置，如图4-5所示。

（4）点击"结构"编辑选项框，Revit 将会弹出"编辑部件"对话框，可以根据需要点击"插入"按钮，自定义增加结构功能，按照"向上"或"向下"按钮调整结构功能的位置，如图4-6所示。

（5）绘制墙技巧：绘制墙时，尺寸大小的控制可以通过鼠标拖拽墙的端点，还可以通过墙的"修改方向符号"，调整墙的方向位置，点击一侧墙，将会显示墙的临时尺寸标记，移动尺寸标记框时，将会显示"编辑尺寸标记长度"，点击时，可以修改其尺寸，如图4-7所示。

（6）通过"修改|墙"选项卡中"修改"面板中的"对齐、移动、旋转、修剪、阵列、镜像、偏移"等修改工具修改墙，如图4-8所示。

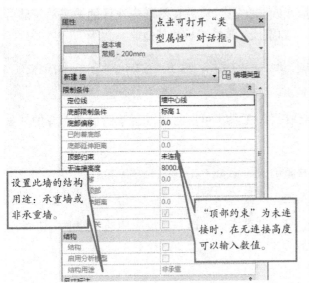

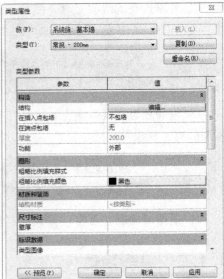

图 4－4

图 4－5

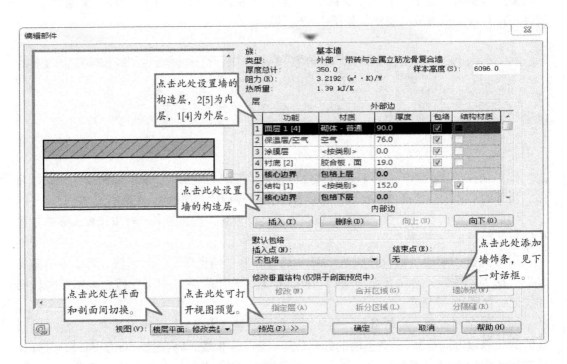

图 4－6

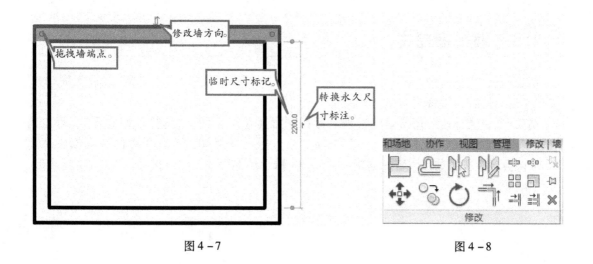

图4-7   图4-8

4.1.3 将墙附着到其他图元

放置墙之后，通过将其顶部或底部附着到同一个垂直平面中的其他图元，可以替换其初始墙顶定位标高和墙底定位标高。通过将墙附着到其他图元，可以避免在设计修改时必须手动编辑墙的轮廓。其他图元可以是楼板、屋顶、天花板、参照平面，或位于正上方或正下方的其他墙。墙的高度随后会增大或减小（如有必要），以便与附着图元所表示的边界一致。

打开资料文件夹中"第四章"→"第一节"→"练习文件夹"→"墙附着屋顶.rvt"项目文件，进行以下练习。

（1）将墙附着到屋顶：打开项目文件后，切换至三维视图，选择全部的墙，Revit将会切换至"修改|墙"选项卡→选择"修改墙"面板中的"附着顶部/底部"工具，如图4-9所示。

选择选项栏中"附着墙"的"顶部"或"底部"，如图4-10所示。选择完成后，鼠标点击"屋顶"，墙将会自动附着到屋顶。

图4-9   图4-10

                                        图4-11

（2）将墙分离屋顶：打开项目文件，切换至三维视图，选择全部的墙，Revit将会切换至"修改|墙"选项卡→选择"修改墙"面板中的"附着顶部/底部"工具。选择选项栏中"修改墙"的"全部分离"，如图4-11所示。选择完成后，鼠标点击"屋顶"，墙将会自动附着到屋顶。

4.1.4 编辑墙轮廓

打开资料文件夹中"第四章"→"第一节"→"练习文件夹"→"编辑墙轮廓.rvt"项目文件,进行以下练习。

打开项目文件后,切换至项目浏览器:立面(建筑立面),选择"南立面",点击南立面视图中的墙,选择"修改|墙"选项卡→点击选择"模式"面板中的"编辑轮廓",Revit 将会切换至"修改|墙 > 编辑轮廓",选择"绘制"面板中的绘制工具,绘制图形,如图 4 – 12 所示。

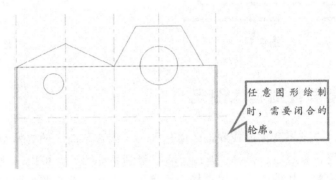

任意图形绘制时,需要闭合的轮廓。

图 4 – 12

图形尺寸任意,绘制完成后,点击"修改|墙 > 编辑轮廓"选项卡中的"模式"面板,"完成"工具,绘制时需要闭合的轮廓。

课后练习

1. 打开资料文件夹中"第四章"→"第一节"→"练习文件夹"→"墙附着屋顶.rvt"项目文件,进行练习。

2. 打开资料文件夹中"第四章"→"第一节"→"练习文件夹"→"编辑墙轮廓.rvt"项目文件,进行练习。

4.2 绘制别墅项目墙体

打开资料文件夹中"第四章"→"第二节"→"练习文件夹"→"绘制架空层墙.rvt"项目文件,进行以下练习。

4.2.1 绘制架空层墙体

(1)链接 CAD:打开"绘制架空层墙.rvt"项目文件,切换至"插入"选项卡,选择"链接"面板中的"链接 CAD",Revit 将会弹出"链接 CAD 格式"对话框,如图

4-13所示，选择资料文件夹中"建筑施工图"→"平面图施工图"→"架空层平面图.dwg"文件，点击"打开"。

（2）选择要导入的图层：点击"打开"之后，将会弹出"选择要导入/链接的图层/标高"，点击选择确定，如图4-14所示。

图4-13   图4-14

（3）对齐底图：导入完成底图，切换至"修改"选项卡，选择"修改"面板中的"对齐"工具，进行对齐底图操作。

（4）选择项目浏览器中"楼层平面"视图，切换至"架空层平面图"视图，点击选择"建筑"选项卡→选择"构建"面板中的"墙"工具，选择下拉列表中"墙：建筑"工具，如图4-15所示。Revit将会切换至"修改│放置 墙"选项卡，点击选择"墙属性"对话框，选择本项目的外墙为200厚的墙体，如图4-16所示。

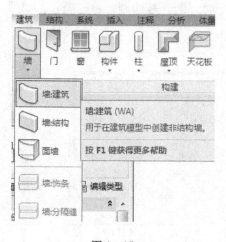 

图4-15   图4-16

（5）修改墙类型：点击墙"编辑类型"弹出"类型属性"对话框，如图4-17所示，选择"复制"按钮，将弹出"名称"对话框，将其修改为"施工图—外墙—200mm"，点击"确定"。点击"类型参数"下结构"编辑"按钮，将会弹出"编辑部件"对话框，如图 4 - 18 所示。

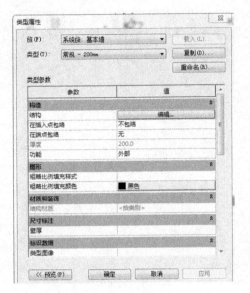

图 4 - 17　　　　　　　　　　　　　图 4 - 18

（6）设置选项栏：完成确定之后，Revit 切换至"修改│放置 墙"选项栏，选择："高度"，连接到："一层平面图"，定位为：墙中心线，设置墙属性底部偏移为"- 150"，顶部偏移"- 500"，如图 4 - 19、图 4 - 20 所示。

图 4 - 19

（7）绘制外墙：如底图所示，沿着"1"号轴与"A"号轴相交线，Revit 将会自动捕捉交点，沿着外墙顺时针绘制一圈。注意遇到柱子时，断开柱绘制，将柱隔开，如图 4 - 21 所示。

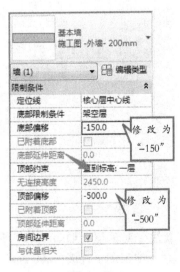

图 4 - 20

图 4 - 21

4.2.2 绘制弧墙、内墙

（1）弧墙：如底图中在"C"号轴、"D"号轴与"7"号轴、"8"号轴相交的弧墙，点击选择"建筑"选项卡→选择"构建"面板中"墙"工具，选择下拉列表中"墙：建筑"工具，Revit 将会切换至"修改│放置 墙"选项卡，选择"绘制"面板的绘制工具"起点－终点－半径弧"，在选项栏中，点击选择定位线为"面层面：内部"进行绘制，如图 4－22 所示。

（2）修改墙体：点击 7 号轴上的墙体，拖拽墙端点至弧墙，Revit 将会自动连接，如图 4－23 所示。

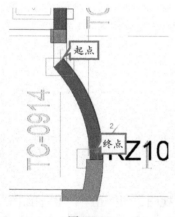

图 4－22

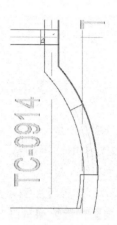

图 4－23

（3）绘制内墙：点击选择"建筑"选项卡→选择"构建"面板中"墙"工具，选择下拉列表中"墙：建筑"工具，Revit 将会切换至"修改│放置 墙"选项卡，点击墙的"编辑类型"，弹出"类型属性"对话框，选择"复制"按钮，将弹出"名称"对话框，将其修改为"施工图—内墙—200mm"，点击"确定"，如图 4－24 所示。点击"类型参数"下的结构"编辑"按钮，将会弹出"编辑部件"对话框，如图 4－25 所示。

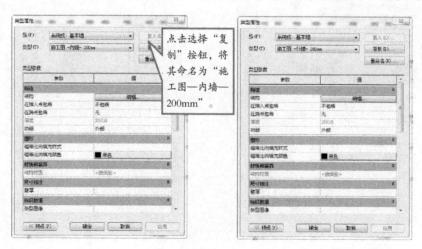

图 4－24

（4）绘制方法与绘制外墙相同，如图4-26所示。

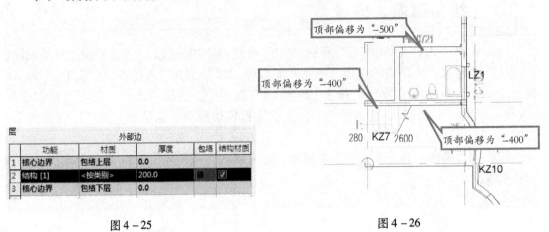

层		外部边			
	功能	材质	厚度	包络	结构材质
1	核心边界	包络上层	0.0		
2	结构 [1]	<按类别>	200.0		☑
3	核心边界	包络下层	0.0		

图4-25

图4-26

4.2.3　绘制一层至阁楼层墙体

（1）绘制一层的墙体。

打开资料文件夹中"第四章"→"第二节"→"练习文件夹"→"绘制一层墙.rvt"项目文件，进行以下练习。

① 链接CAD：方法与绘制架空层操作一致。

② 选择墙类型：选择项目浏览器中"楼层平面"视图，切换至"一层平面图"视图，点击选择"建筑"选项卡→选择"构建"面板中"墙"工具，选择下拉列表中"墙：建筑"工具，Revit将切换至"修改|放置 墙"选项卡，点击选择墙，弹出"墙属性"对话框，选择本项目的外墙为"施工图—外墙—200mm"的墙体，如图4-27所示。

③ 设置选项栏：选择之后，Revit切换至"修改|放置 墙"选项栏，选择："高度"、连接到："二层平面图"，定位为：墙中心线，设置墙属性底部偏移为"0"，顶部偏移"-500"，如图4-28、图4-29所示。

图4-27

图4-28

| 修改 \| 放置 墙 | 高度: ▼ | 二层 ▼ | 3100.0 | | 定位线: 墙中心线 ▼ | ☑ 链 | 偏移量: 0.0 | | ☐ 半径: 1000.0 |

图 4 – 29

④ 绘制外墙：如导入底图所示，绘制外墙，绘制到柱子时断开绘制。绘制时，顺时针绘制，选择墙之后，Revit 将会切换至"修改|放置 墙"选项卡，选择"绘制"面板中的"直线"工具，绘制外墙，当绘制到弧墙时，选择"绘制"面板中的"起点—终点—半径弧"工具，此时绘制时，修改选项栏，定位线为"面层内部"，如图 4 – 30所示。

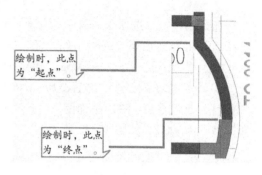

⑤ 图 4 –31 所示为绘制的一层墙体。

图 4 –30

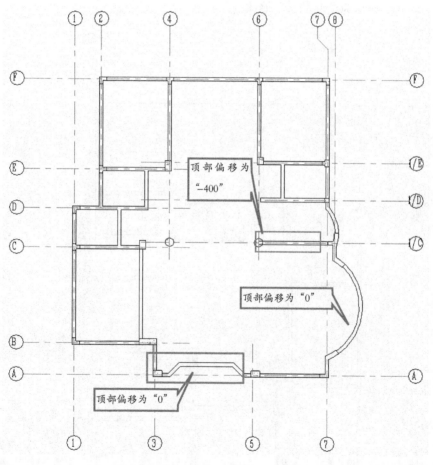

图 4 –31

（2）绘制二层的墙体。

打开资料文件夹中"第四章"→"第二节"→"练习文件夹"→"绘制二层墙.rvt"项目文件，进行以下练习。

① 链接 CAD：方法与其他楼层操作一致。

② 选择墙类型：选择项目浏览器中"楼层平面"视图，切换至"二层平面图"视图，点击选择"建筑"选项卡→选择"构建"面板中"墙"工具，选择下拉列表中"墙：建筑"工具，Revit 将切换至"修改|放置 墙"选项卡，点击选择"墙属性"对话框，选择本项目的外墙为"施工图—外墙—200mm"的墙体，内墙为"施工图—内墙—200mm"的墙体。

③ 设置选项栏：选择之后，Revit 将会自动切换至"修改|放置 墙"选项栏，选择："高度"、连接到："三层平面图"，定位线为墙中心线，设置墙属性底部偏移为"0"，顶部偏移"–500"，如图 4 – 32 所示。

修改 | 放置 墙	高度 ▾	一层 ▾	8000.0	定位线: 墙中心线 ▾	☑ 链	偏移量: 0.0	☐ 半径:	1000.0

图 4 – 32

④ 图 4 – 33 所示为绘制的二层墙体。

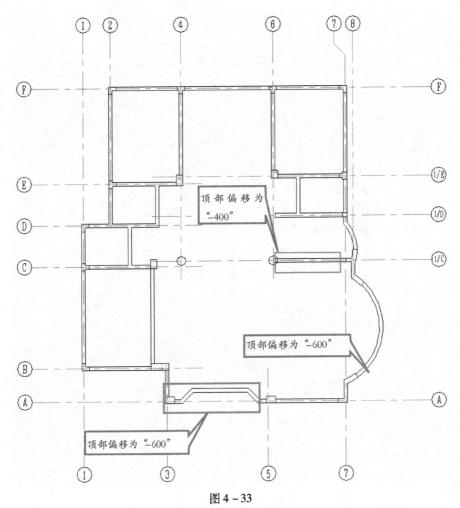

图 4 – 33

（3）绘制三层的墙体。

打开资料文件夹中"第四章"→"第二节"→"练习文件夹"→"绘制三层墙.rvt"项目文件，进行以下练习。

① 链接 CAD：方法与其他楼层操作一致。

② 选择墙类型：选择项目浏览器中"楼层平面"视图，切换至"三层平面图"视图，点击选择"建筑"选项卡→选择"构建"面板中"墙"工具，选择下拉列表中"墙：建筑"工具，Revit 将切换至"修改│放置 墙"选项卡，点击选择"墙属性"对话框，选择本项目的外墙为"施工图—外墙—200mm"的墙体，内墙为"施工图—内墙—200mm"的墙体。

③ 设置选项栏：选择完成之后，Revit 将会自动切换至"修改│放置 墙"选项栏，选择："高度"、连接到"阁楼层平面图"，定位线为墙中心线，如图 4-34 所示，分别设置墙属性底部偏移为"0"，顶部偏移"-500"。

| 修改│放置 墙 | 高度： | ▾ | 阁楼层 | ▾ | 3100.0 | | 定位线： | 核心层中心线 | ▾ | ☑ 链 | 偏移量： | 0.0 | | ☐ 半径： | 1000.0 |

图 4-34

④ 图 4-35 所示为绘制的三层墙体。

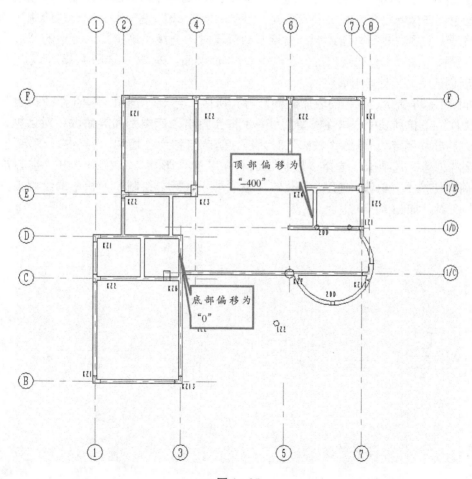

图 4-35

（4）绘制阁楼层的墙体。

打开资料文件夹中"第四章"→"第二节"→"练习文件夹"→"绘制阁楼层墙.rvt"项目文件，进行以下练习。

① 链接CAD：方法与其他楼层操作一致。

② 选择墙类型：选择项目浏览器中"楼层平面"视图，切换至"阁楼层平面图"视图，点击选择"建筑"选项卡→选择"构建"面板中"墙"工具，选择下拉列表中"墙：建筑"工具，Revit将切换至"修改|放置 墙"选项卡，点击选择"墙属性"对话框，选择本项目的外墙为"施工图—外墙—200mm"的墙体。

③ 设置选项栏：选择完成之后，Revit将会自动切换至"修改|放置 墙"选项栏，选择："高度"、连接到："17.000"，定位线为："面层面：外部"（如图4-36所示），设置墙属性底部偏移为"0"，顶部偏移"-500"（如图4-28所示）。

| 修改\|放置 墙 | 高度： | ▼ | 17.000 ▼ | 2900.0 | | 定位线：面层面：外部 ▼ | ☑链 | 偏移量：0.0 | | □半径：1000.0 |

图 4 - 36

④ 绘制墙：如导入底图所示，绘制外墙，绘制到柱子时，断开绘制。绘制墙时，顺时针绘制，选择墙之后，Revit将切换至"修改|放置 墙"选项卡，选择"绘制"面板中的"直线"工具，进行外墙绘制。当绘制到弧墙时，选择"绘制"面板中的"起点-终点-半径弧"工具，修改选项栏，定位线为："面层面：外部"，如图4-37所示。

⑤ 创建空心拉伸修剪墙体。

如图4-38所示，此处的墙体需要修剪，切换"建筑"选项卡→选择"构建"面板的"构件"下拉列表中"内建模型"，Revit将会弹出"族类别和族参数"对话框，选择"墙"，点击"确定"，弹出"名称"对话框，修改名称为"墙洞"，点击"确定"。将会切换至"创建"选项卡，选择"形状"面板中"空心形状"下拉列表中"空心拉伸"，Revit将会切换至"修改|创建空心拉伸"选项卡，选择"绘制"面板中的绘制工具"拾取线"工具，如图4-39所示。

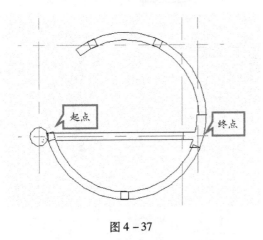

图 4 - 37　　　　　　　　　　　　　　　　图 4 - 38

选择"修改"面板中的"修剪/延伸为角"工具，修改完成，如图 4 – 40 所示。设置拉伸终点为2900，如图 4 – 41 所示。点击"模式"面板下"完成"。点击切换为三维视图，Revit 将会切换为"修改"选项卡，选择"几何图形"中的"剪切"工具，点击"空心拉伸体"，再点击"墙体"，Revit 将会自动剪切部分墙体，与底图相同。点击"修改"选项卡中"在位编辑器"中的"完成模型"，完成所有操作。

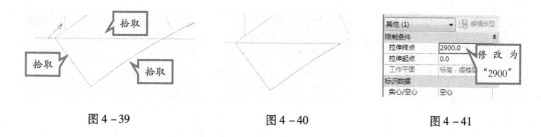

图 4 – 39   图 4 – 40   图 4 – 41

课后练习

1. 打开资料文件夹中"第四章"→"第二节"→"练习文件夹"→"绘制架空层墙、绘制一层墙、绘制二层墙、绘制三层墙、绘制阁楼层墙 . rvt"项目文件，进行练习。

2. 练习创建空心拉伸，修剪"阁楼层平面图"的墙体。

4.3 幕墙的绘制

幕墙是一种外墙，附着到建筑结构，而且不承担建筑的楼板或屋顶荷载。幕墙在 Revit 中默认的有三种类型，即幕墙、外部玻璃、店面，如图 4 – 42 所示。

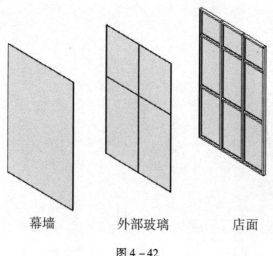

幕墙   外部玻璃   店面

图 4 – 42

打开资料文件夹中"第四章"→"第三节"→"练习文件夹"→"绘制幕墙 . rvt"项目文件，进行以下练习。

4.3.1 绘制幕墙

（1）单击打开项目文件，切换楼层平面至"一层平面图"视图，如底图"7"号轴与"A""B"号轴相交之处，标有"GC－明框弧形幕墙窗"，原先绘制项目时都绘制成墙体，如图4－43所示。

（2）方法一：将原先的二层此处的墙体删除，将原先的一层此处墙体顶部约束为"直到标高：三层"，顶部偏移为"－600"，如图4－44所示。

图4－43

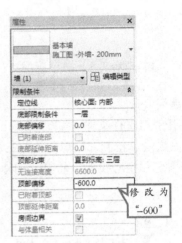

图4－44

（3）方法二：更换墙体为"幕墙—店面"幕墙：选择该墙体，Revit自动切换至"修改｜墙"选项卡，在视图左侧的"属性"对话框中，在"类型选择器"下拉列表中选择"幕墙—店面"，如图4－45所示，更换完成后，Revit在平面显示，如图4－46所示。

图4－45

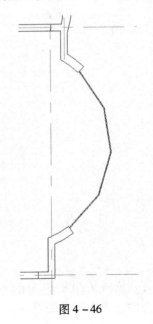

图4－46

（4）修改幕墙图元属性：选择幕墙，Revit 将会自动切换至"修改｜墙"选项卡，在视图左侧的"属性"对话框中，点击选择"编辑类型"按钮，Revit 将弹出"类型属性"对话框，如图 4-47 所示。点击"复制"按钮，将会弹出"名称"对话框，将其名称修改为"GC-明框弧形幕墙窗"，同时将类型注释修改为"GC-明框弧形幕墙窗"，点击"确定"，完成所有操作，如图 4-48 所示。

图 4-47　　　　　　　　　　　　　　　图 4-48

4.3.2　幕墙网格

（1）选择项目浏览器，切换"立面（建筑立面）"于"东立面"视图，将其从视图中隔离，点击选择幕墙，选择"视图控制栏"中的"临时隐藏/隔离（ ）"，单击选择"隔离图元"，如图 4-49 所示。幕墙将被从建筑中隔离出来，如图 4-50 所示。

图 4-49

（2）修改幕墙网格。

① 绘制辅助线：点击"建筑"选项卡，选择"工作平面"面板中的"参照平面"，在幕墙下方绘制 8 条"参照平面"，如图 4-51 所示。切换"注释"选项卡，选择"尺寸标注"中的"对齐"工具，将标注参照平面之前的距离，如图 4-52 所示，点击标注上方的"EQ"，将其参照平面等分化。

② 添加幕墙网格：点击"建筑"选项卡，选择"构建"面板中的"幕墙网格"，Revit 将会自动切换至"修改｜放置 幕墙网格"选项卡，选择"放置"面板中"全部分段"

工具,如图4-53所示。添加网格,如图4-51所示。

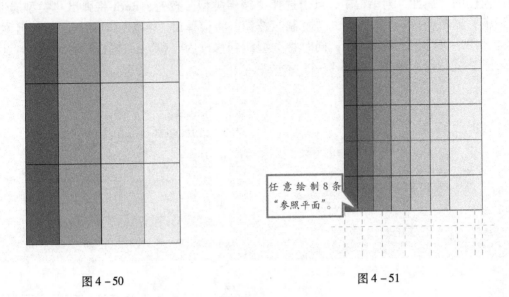

图4-50   图4-51

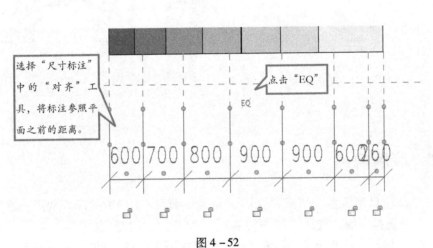

图4-52

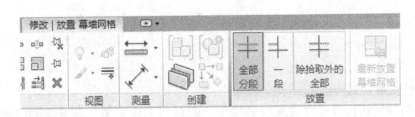

图4-53

③ 对齐幕墙网格:在"修改|放置 幕墙网格"选项卡,选择"修改"面板中的"移动"工具,对齐下方的参照平面。与①的绘制方法一样,在纵方向绘制参照平面,距离如图4-54所示。

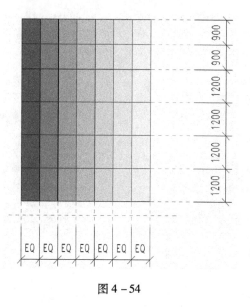

图 4 - 54

4.3.3 幕墙竖梃

（1）切换至"建筑"选项卡，选择"构建"面板中的"幕墙网格"，Revit 将切换至"修改 | 放置 竖梃 "选项卡，选择"放置"面板中的"网格线"工具，如图 4 - 55 所示。

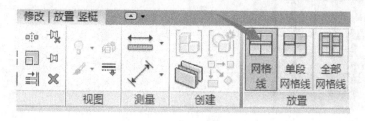

图 4 - 55

（2）编辑竖梃：点击属性对话框中的"编辑类型"，Revit 将会弹出"类型属性"对话框，如图 4 - 56 所示。点击"复制"按钮，复制两种分别为"40mm × 200mm"和"100mm × 200mm"的矩形竖梃类型，并且在"构造"下拉列表中修改厚度为 200，在"尺寸标注"下拉列表中修改宽度为"20"和"50"，如图 4 - 57 所示。点击"确定"，完成所有操作。

（3）添加矩形竖梃：在"属性"对话框的"类型选择器"中选择"矩形竖梃 40mm × 200mm"，鼠标移至中间的幕墙中间 5 条横向网格添加矩形竖梃，点击"完成"，切换回选择"属性"对话框中的"类型选择器"中选择"矩形竖梃 100mm × 200mm"，分别给幕墙外框和纵方向添加矩形竖梃，点击"完成"，如图 4 - 58 所示。注意，切换至"一层平面图"，对齐幕墙，如图 4 - 59 所示。

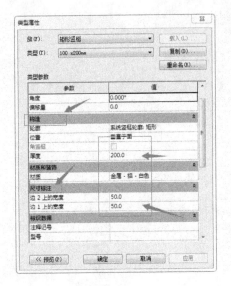

图 4 - 56

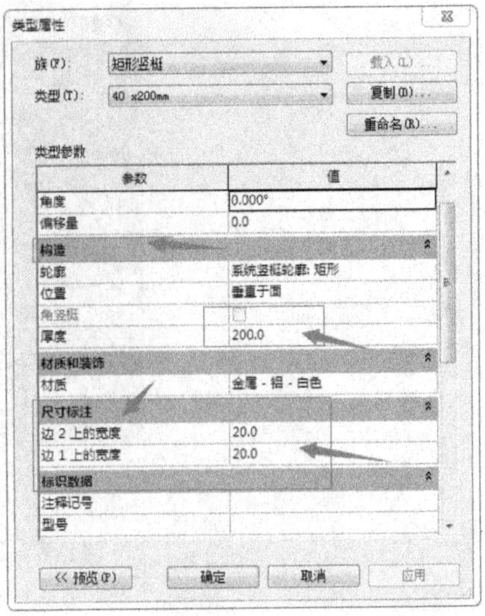

图 4 - 57

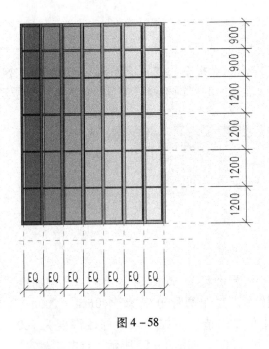

图 4 - 58

图 4 - 59

课后练习

打开资料文件夹中"第四章"→"第三节"→"练习文件夹"→"绘制幕墙 . rvt"
项目文件，进行练习。

第 5 章

创建构件

课程概要：

本章将学习 Revit 如何在项目中插入门窗，掌握门窗的放置方法，以及位置的调整，对门窗进行编辑，如何给项目绘制楼板，楼板的标准要求以及对其进行编辑，掌握楼板边缘的运用，如何创建与编辑屋顶与天花板，掌握墙饰条的添加与编辑。

课程目标：

- 如何插入门、窗？
- 如何绘制楼板？
- 如何绘制屋顶？
- 如何绘制天花板？
- 如何创建墙饰条、楼板边缘？

5.1 插入门

门是基于主体的构件，可以添加到任何类型的墙上。可以在平面视图、剖面视图、立面视图或三维视图中添加门，选择要添加的门类型，然后指定门在墙上的位置。Revit 将自动剪切洞口并放置门。

5.1.1 门的类型属性

（1）打开项目文件，切换至项目中的一个平面、剖面、立面或三维视图。单击"建筑"选项卡→选择"构建"面板中的 🚪（门）工具。Revit 将跳转至"修改 | 放置 门"，如图 5 - 1 所示。选择项目中需要的门族。当载入门族时，根据项目的需要，必须修改其类型属性。

图 5 - 1

（2）载入门族：点击"属性"对话框中的"编辑类型"按钮，Revit 将弹出"类型属性"对话框，如图 5 - 2 所示。点击"载入"之后，Revit 将会弹出"China"对话框，选择"建筑"文件夹→"门"文件夹，选择适合自己的门族，Revit 将会载入的门族出现在"类型选择器"中。

图 5 - 2

（3）修改类型属性：点击属性对话框中的"编辑类型"按钮，Revit 将弹出"类型属性"对话框，如图 5 - 3 所示。点击类型属性对话框中的"复制"按钮，将会弹出"名称"对话框，如图 5 - 4 所示。输入项目中"门"的编号，修改其尺寸大小："长度""高度"，如图 5 - 5 所示。在"标识数据"列表中的类型标记输入其门的编号，修改其类型标记是为后期在出图时标记门类型。

（4）门标记：门标记是一种注释，通常用于通过显示门的"标记"属性值来列举项目中的门实例。在上一步的类型标记完成之后，在"类型属性"确定完成后，在"修改 | 放置 门"选项卡中，选择"标记"面板中"在放置时进行标记"，如图 5 - 6 所示，再进行门构件放置。

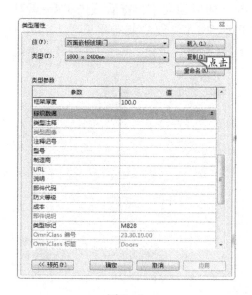

图 5 - 3

图 5 - 4

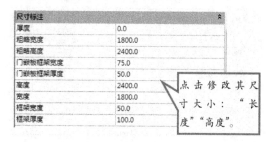

图 5 - 5

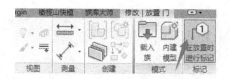

图 5 - 6

5.1.2　放置别墅门

（1）插入架空层的门。

打开资料文件夹中"第五章"→"第一节"→"练习文件夹"→"插入门．rvt"项目文件，进行以下练习。

① 打开项目文件之后，将平面视图切换至"架空层平面图"，通过单击"建筑"选项卡→选择"构建"面板中的 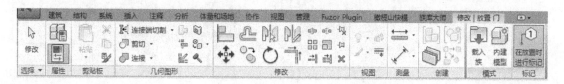（门）工具，Revit 将会自动跳转至"修改｜放置门"选项卡，如图 5 - 7 所示。

图 5 - 7

② 载入门族：查看项目文件对门的尺寸要求与门的属性类别，查看底图 PM – 0721（硬木装饰平开门）、PM – 2021（双开平开门）、PM – 1021（硬木装饰平开门）、JM – 3327（电动车库卷帘门）。点击属性对话框中的"编辑类型"按钮，Revit 将弹出"类型属性"对话框，如图 5 – 8 所示。

点击"载入"之后，Revit 将会弹出"China"文件夹，如图 5 – 9 所示。

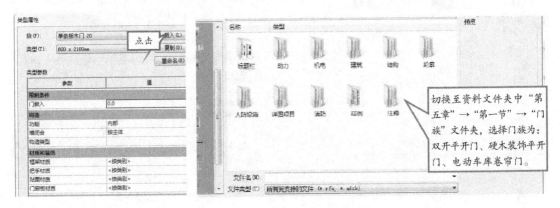

图 5 – 8   图 5 – 9

注意 在每一次载入门族都需要重新点击"编辑类型"按钮，载入门族，Revit 将会把载入的门族出现在"类型选择器"中。

③ 编辑门族：在项目中需要修改门族的高度、宽度、底高度，如图 5 – 10 所示。在门的编号中"PM – 2021"的含义为："20"表示宽度为2000，"21"表示高度为2100。在修改门的类型属性时，单击确定完成之后，修改类型标记为"PM – 1021"，如图 5 – 11 所示。Revit 自动跳转至"修改|放置 门"选项卡下的"标记"面板中的"在放置时进行标记"工具，在放置门族时，将自动标记。将门族移动至墙体，门族将会自动剪切洞口并放置门。

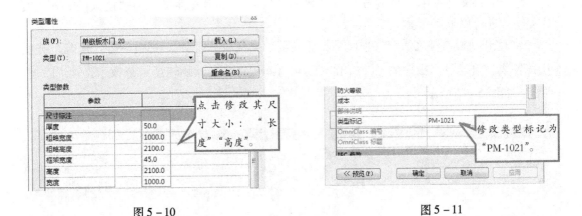

图 5 – 10   图 5 – 11

④ 放置门族：移动门族至墙体，单击鼠标左键放置门族，如图 5 – 12 所示。在放置门族后，没点击左键确认之前，按 Shift 键可以调转门的左右方向，鼠标上下移动，Revit 会

自动调转门的开启方向（当插入门族时，点击门，按键盘上"空格"键时，同样可以调转门的开启方向）。

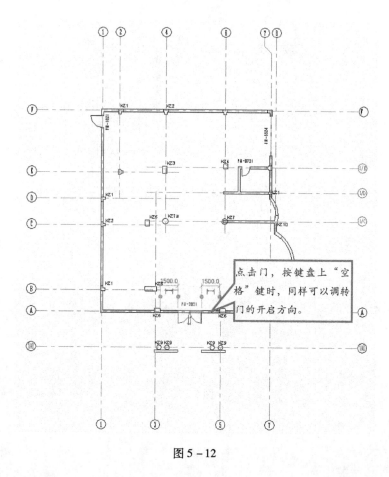

图 5 – 12

（2）插入一层的门。

将平面视图切换至"一层平面图"，单击"建筑"选项卡→选择"构建"面板中 （门）工具。Revit 将会跳转至"修改｜放置 门"选项卡，选择"门属性"对话框中的"编辑类型"，将会弹出"类型属性"对话框，点击"载入"按钮，切换至资料文件夹中"第五章"→"第一节"→"门族"文件夹，载入本层需要载入的门族为：阳台双扇双开平开门、入户豪华双开平开门，修改门族与"插入架空层平面图"的方法一致。门底高度为 0，完成放置门，如图 5 – 13 所示。

在完成放置门族之前，门会有临时尺寸出现。移动门族时，Revit 会自动捕捉门图元与最近图元的距离尺寸，点击鼠标左键确定完成门图元放置，如图 5 – 14 所示。

（3）插入二层的门。

将平面视图切换至"二层平面图"，单击"建筑"选项卡→选择"构建"面板中的 （门）工具，Revit 将会自动跳转至"修改｜放置 门"选项卡，点击"属性"对话框中"类型选择器"，选择适合门图元，门底高度为 0，完成放置门，如图 5 – 15 所示。

在选择门类型时，在"属性"对话框中的"类型选择器"中有之前载入的门族图元，

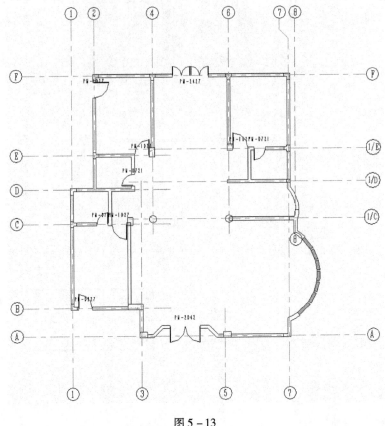

图 5 – 13

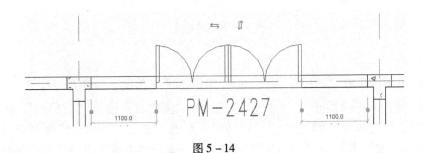

图 5 – 14

根据需要选择适合项目的门图元，如图 5 – 16 所示。

（4）插入三层的门。

将平面视图切换至"三层平面图"，通过单击"建筑"选项卡→选择"构建"面板中的 🚪（门）工具，Revit 将会自动跳转至"修改丨放置 门"选项卡。在选择门类型时，在"属性"对话框中的"类型选择器"中有之前载入的门族图元，根据需要选择适合项目的门图元，门底高度为 0，完成放置门，如图 5 – 17 所示。

在插入门（或窗）时，输入"SM"命令，Revit 将会自动捕捉到中点位置插入，激活了 Revit 的临时尺寸标注，点击鼠标左键确定完成门图元放置，如图 5 – 18 所示。

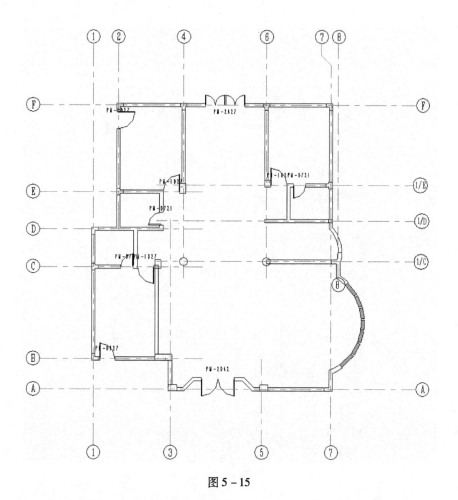

图 5 – 15

图 5 – 16

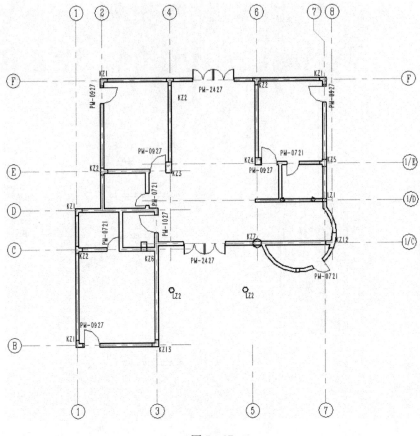

图 5 – 17

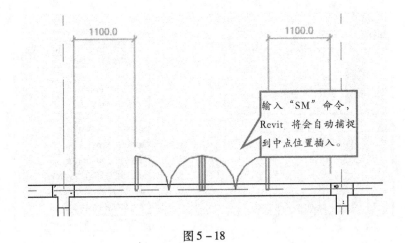

图 5 – 18

5.1.3　编辑门

（1）调整门位置（参考1.3节：基本工具的应用）。

① 完成放置门图元之后，点击放置好的门，激活临时尺寸，修改门距轴网之间的距离（根据底图标注的尺寸距离），切换至"架空层平面"视图，如图5-19所示，双击编辑临时尺寸标注文本框，输入尺寸数据，完成门在墙上的定位。

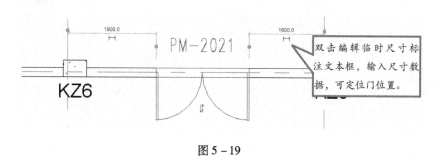

图5-19

② 利用对齐命令调整门位置定位，切换至"修改"选项卡→选择"修改"面板中的"对齐"工具，进行对齐。

（2）放置编号。

在放置门时，门编号会自动水平放置，有些需要调整为垂直放置，如图5-20所示，点击门编号，Revit将会自动跳转至"修改|门标记"选项卡，点击标记属性对话框中的"方向"，选择"垂直"，如图5-21所示。

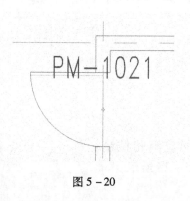

图5-20

图5-21

放置完成后，如图5-22所示，点击标记下的"十字光标"，移动至如图5-23所示的位置。

（3）门的方向设置。

① 点击放置完成的门，单击鼠标右键，然后单击所需选项：

• 修改门轴位置（右侧或左侧），选择"翻转开门方向"。此选项仅用于使用水平控制创建的门族。

• 修改门打开方向（内开或外开），选择"翻转面"。此选项仅用于使用垂直控制创建的门族，如图5-24所示。

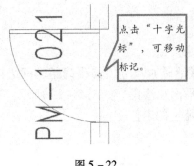

图 5 – 22 　　　　　　　　　　　　　　　　图 5 – 23

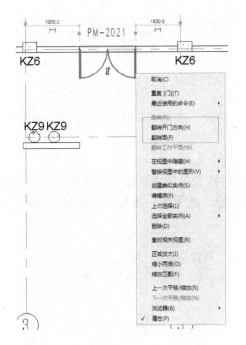

图 5 – 24 　　　　　　　　　　　　　　　　图 5 – 25

②点击放置完成的门，会出现门的控件，相应翻转控制（"翻转实例开门方向"或"翻转实例面"），如图 5 – 25 所示。

（4）拾取主体。

选择"门"，打开"修改 门"选项卡，单击"主体"面板中的"拾取主体"工具，可以更换放置门的主体，可以将门移动放置在其他墙上，如图 5 – 26 所示。

课后练习

打开资料文件夹中"第五章"→"第一节"→"练习文件夹"→"插入门 . rvt"项目文件，进行练习。

图 5 – 26

5.2 插入窗

　　窗是基于主体的构件，可以添加到任何类型的墙上（对于天窗，可以添加到内建屋顶），可以在平面视图、剖面视图、立面视图或三维视图中添加窗。选择要添加的窗类型，然后指定窗在主体图元上的位置，Revit 将自动剪切洞口并放置窗。

5.2.1　窗的类型属性

　　（1）打开项目文件，切换至项目中的一个平面、剖面、立面或三维视图。通过单击"建筑"选项卡→选择"构建"面板中的 ▦（窗）工具。Revit 将会跳转至"修改｜放置窗"，如图 5-27 所示。选择项目中需要的窗族，当载入窗族时，根据项目的需要，必须修改其类型属性。

图 5-27

　　（2）载入窗族：点击属性对话框中的"编辑类型"按钮，Revit 将会弹出"类型属性"对话框，如图 5-28 所示。点击打开之后，Revit 将会弹出"China"对话框，选择"建筑"文件夹→"窗"文件夹，选择适合的窗族，Revit 将会让载入的窗族出现在"类型选择器"中。

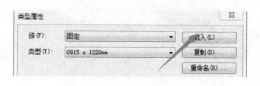

图 5-28

　　（3）修改类型属性：点击属性对话框中的"编辑类型"按钮，Revit 将会弹出"类型属性"对话框，如图 5-29 所示。点击类型属性对话框中的"复制"按钮，将会弹出"名称"对话框，如图 5-30 所示。输入项目中"窗"的编号，修改其尺寸大小："长度""高度""默认窗台高度"，如图 5-31 所示。在"标识数据"列表中的类型标记输入其窗的编号，修改完成其类型标记是为后期在平面标注中显示其"门"编号做的标记，如图 5-32 所示。

　　（4）门标记：门标记是一种注释，通常用于通过显示门的"标记"属性值来显示项目中的门实例。完成上一步的类型标记之后，在"类型属性"确定完成后，在"修改｜放置门"选项卡中，选择"标记"面板中"在放置时进行标记"，如图 5-33 所示，再插入墙体所在的位置。

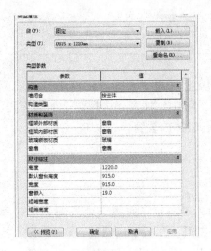

图 5 - 29

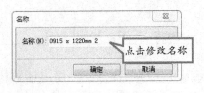

图 5 - 30

图 5 - 31

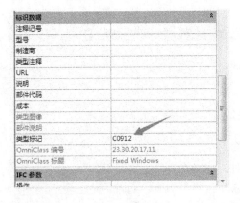

图 5 - 32

图 5 - 33

5.2.2　放置别墅窗

打开资料文件夹中"第五章"→"第二节"→"练习文件夹"→"插入窗.rvt"项目文件，进行以下练习。

（1）打开项目文件，将平面视图切换至"架空层平面图"，单击"建筑"选项卡→选择"构建"面板中的"窗"工具，如图 5 - 34 所示，Revit 将会自动跳转至"修改|放置窗"选项卡，如图 5 - 35 所示。

图 5 - 34

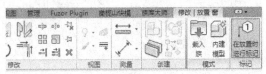

图 5 - 35

（2）载入窗族：查看项目文件对门尺寸要求与门属性类别，查看底图 TC – 1515（推拉窗）、TC – 2116（推拉窗）、TC – 1207（推拉窗）、TC – 1007（推拉窗）、TC – 2115（推拉窗）。点击属性对话框中的"编辑类型"按钮，Revit 将会弹出"类型属性"对话框，如图 5 – 36 所示。

图 5 – 36

点击"载入"按钮，打开之后，Revit 将会弹出"China"文件夹，如图 5 – 37 所示。切换至资料文件夹中"第五章"→"第二节"→"窗族"文件夹，选择门族为：TC – 1515（推拉窗）、TC – 2116（推拉窗）、TC – 1207（推拉窗）、TC – 1007（推拉窗）、TC – 2115（推拉窗）。

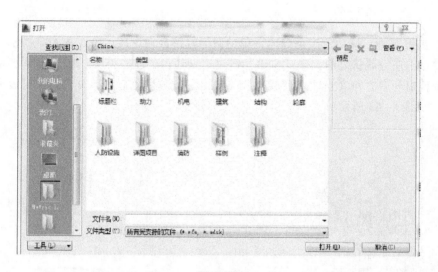

图 5 – 37

注意　在每一次载入门族都需要重新点击"编辑类型"按钮，载入门族，Revit 将会让载入的门族出现在"类型选择器"中。

（3）编辑门族：点击选择"窗属性"对话框中的"类型选择器"，选择系统默认载入的"固定窗"，点击"编辑类型"，Revit 将会弹出"类型属性"对话框，如图 5 – 38 所示。点击"复制"按钮，将会弹出"名称"对话框，如图 5 – 39 所示。修改名称对话框为"TC – 1007"，点击修改类型属性中"尺寸标注"高度为1700，宽度为1000，如项目底图立面所示，窗台高度为1700，如图 5 – 40 所示。完成修改，在"类型属性"对话框中"类型参数"中的"类型标记"编写将插入窗类型的类型名称，点击"确定"完成窗类型属性编辑，如图 5 – 41 所示。

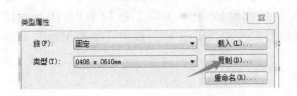

图 5 - 38

图 5 - 39

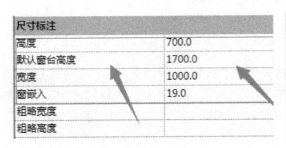

图 5 - 40

图 5 - 41

（4）放置窗族：移动窗族至墙体，单击鼠标左键放置窗族，如图 5 - 42 所示。在放置窗族，没点击左键确认之前，按"Shift"键可以调转窗的左右方向，鼠标上下移动，Revit 会自动调转窗开启方向（当插入窗族时，点击窗，按键盘上空格键时，同样可以调转窗开启方向，如图 5 - 43 所示）。

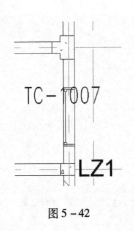

图 5 - 42

图 5 - 43

5.2.3 编辑窗（参考 1.3 节：基本工具的应用）

（1）墙体中心放置窗：在完成放置窗族之前，窗会有临时尺寸出现，移动窗族时，Revit 会自动捕捉门图元与最近图元的距离尺寸，点击鼠标左键确定完成门图元放置。

（2）选择窗类型时，在"属性"对话框中的"类型选择器"中有之前载入的窗族图元，根据需要选择适合项目的窗图元，如图 5 - 44 所示。

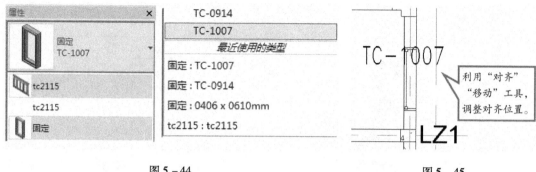

图 5 – 44　　　　　　　　　　　　图 5 – 45

（3）调整窗位置。

① 放置完成窗图元之后，点击放置好的窗，激活临时尺寸，修改窗距轴网之间的距离（根据底图标注的尺寸距离），切换至"架空层平面"视图，如图 5 – 45 所示，双击编辑临时尺寸标注文本框，输入尺寸数据，完成门在墙上的定位。

② 利用对齐命令调整门位置定位，切换至"修改"选项卡→选择"修改"面板中的"对齐""移动"工具，调整对齐位置。

（4）放置编号。

在放置窗时，窗编号会自动水平放置，有些需要调整为垂直放置，点击窗编号，Revit将会自动跳转至"修改 | 窗 标记"选项卡，如图 5 – 46 所示。点击标记属性对话框中的"方向"，选择"垂直"，如图 5 – 47 所示，放置完成后，调整好编号的位置。

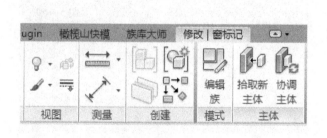

图 5 – 46

图 5 – 47

（5）窗的方向。

① 单击鼠标右键，然后单击所需选项：

• 水平翻转窗选择"翻转开窗方向"，此选项仅用于使用水平控制创建的窗族。

• 垂直翻转窗，选择"翻转面"，此选项仅用于使用垂直控制创建的窗族，如图 5 – 48 所示。

② 点击放置完成的窗，将会出现门的控件，相应翻转控制（"翻转实例开窗方向"或"翻转实例面"），如图 5 – 49 所示。

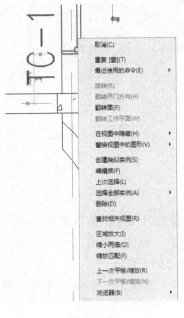

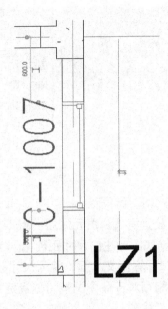

图 5-48   图 5-49

（6）拾取主体。

选择"窗"，打开"修改|窗"选项卡，单击"主体"面板中的"拾取新主体"工具，可以更换放置窗的主体，可以将窗移动放置到其他墙上，如图 5-50 所示。

图 5-50

课后练习

打开资料文件夹中"第五章"→"第二节"→"练习文件夹"→"插入窗.rvt"项目文件，进行练习。

5.3 绘制楼板

楼板可通过拾取墙或使用绘制工具定义楼板的边界创建，在平面视图或三维视图中绘制楼板。

楼板会沿绘制时所处的标高向下偏移，可以创建坡度楼板、添加楼板边缘至楼板或创建多层楼板。在 Revit 中，楼板可以设置构造层，默认楼层标高为楼板的面层标高，即建筑标高。

5.3.1 楼板的类型属性

在概念设计中，可使用楼层面积来分析体量，以及根据体量创建楼板。

（1）打开项目文件，切换至项目中的一个平面视图，通过单击"建筑"选项卡→选择"构建"面板中的"楼板 🔲（楼板：建筑）"工具。Revit 将会自动跳转至"修改｜创建楼板边界"，如图5-51所示。选择绘制面板中的绘制工具，绘制项目中的楼板。

图5-51

（2）创建楼板类型：点击属性对话框中"编辑类型"，Revit 将会自动跳出"类型属性"对话框，如图5-52所示。点击"复制"按钮，Revit 将会弹出"名称"对话框，输入所要创建楼板的名称与厚度，如图5-53所示。

图5-52

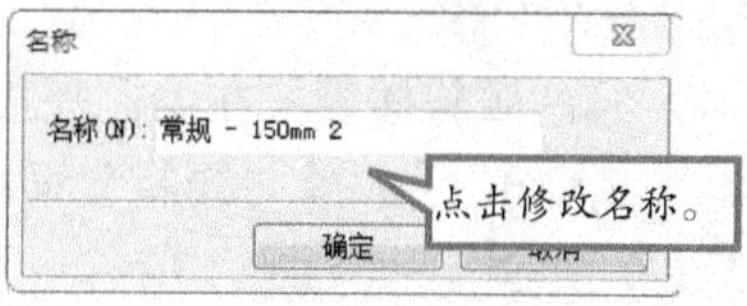

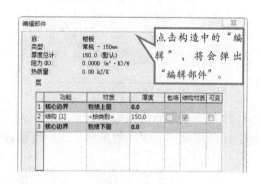

图5-53

图5-54

设置楼板构造层，选择"类型属性"对话框中"类型参数"中的"构造"，点击"结构"参数中的"编辑按钮"，Revit 将会弹出"编辑部件"对话框，如图5-54所示。设置功能面层，用户需要增加功能名称，点击对话框中的"插入"按钮，Revit 将会在功能下拉框中增加面层，点击新插入的名称，选择下拉列表中的功能，可以根据需要赋予材质、修改面层厚度，需要调整面层的顺序，只需选择面层，点击"向下"或"向上"，即可调整功能面层的顺序，点击"确定"完成结构编辑。

（3）根据项目需要，使用以下方法之一绘制楼板。

① 拾取墙：默认情况下，"拾取墙"处于活动状态。如果它不处于活动状态，单击"修改｜创建楼层边界"选项卡→"绘制"面板→拾取墙，在绘图区域中选择要用作楼板边界的墙。

② 绘制边界：要绘制楼板的轮廓，请单击"修改｜创建楼层边界"选项卡→"绘制"

面板，然后选择绘制工具，如图 5-55 所示。楼层边界必须为闭合环（轮廓），要在楼板上开洞，可在需要开洞的位置绘制另一个闭合环。

③ 在点击楼板时，Revit 将会启动选项栏。在选项栏中，输入偏移数据，指定楼板边缘偏移值，如图 5-56 所示。

图 5-55　　　　　　　　　　　　　　　　　图 5-56

④ 绘制完成之后，点击"修改 | 创建楼层边界"选项卡中"模式"面板中的 ✔（完成编辑模式）。

提示	使用"拾取墙"时，可选择"延伸到墙中（至核心层）"测量到墙核心层之间的偏移。

（4）绘制倾斜楼板：在绘制完成的楼板或编辑楼层边界草图时，点击"修改 | 创建楼层边界"选项卡，选择"绘制"面板中的"坡度箭头"，如图 5-57 所示。在草图上绘制坡度箭头，如图 5-58 所示。

图 5-57　　　　　　　　　　　　　　　　　图 5-58

绘制完成坡度箭头后，在"属性"对话框中的"限制条件"下，输入倾斜楼板的指定、最低处标高、尾高度偏移、头高度偏移，如图 5-59 所示。

图 5-59

（5）编辑楼板草图：创建楼板之后，可以更改其轮廓来修改其边界。

在平面视图中，选择点击已经绘制完成的楼板，Revit 将会切换到"修改 | 楼板"选项卡，如图 5-60 所示。选择"模式"面板中的 "编辑边界"工具，Revit 的"修改 | 楼板"选项卡将会变更为"修改 | 楼板 > 编辑边界"选项卡，如图 5-61 所示。选择"绘制"面板中的绘制工具对项目楼板进行编辑。

图 5 – 60

图 5 – 61

（6）添加楼板边缘：通过选取楼板的水平边缘来添加楼板边缘。可以将楼板边缘放置在二维视图（如平面或剖面视图）中，也可以放置在三维视图中。

① 点击"建筑"选项卡，选择楼板下拉列表中"楼板：楼板边"工具，Revit 将会切换至"修改│放置楼板边缘"，如图 5 – 62 所示。

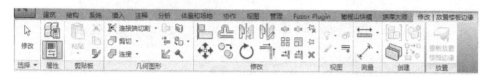

图 5 – 62

高亮显示楼板水平边缘，并单击鼠标以放置楼板边缘，在剖面中放置楼板边缘时，将光标靠近楼板的角部以高亮显示其参照。

> **注意**　观察状态栏以寻找有效参照。例如，如果将楼板边缘放置在楼板上，"状态栏"可能显示：楼板：基本楼板：参照。也可以单击模型线。

单击边缘时，Revit 会将其作为一个连续的楼板边缘，如果楼板边缘的线段在角部相遇，它们会相互斜接。

② 如果要重新放置楼板边缘，请单击"修改│放置楼板边缘"选项卡，选择"放置"面板（重新放置楼板边缘），如图 5 – 63 所示。

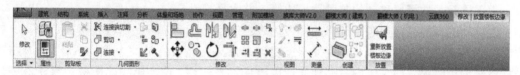

图 5 – 63

③ 载入楼板边缘，点击"属性"对话框中的"编辑类型"，Revit 将会弹出"类型属性"对话框，如图 5 – 64 所示。点击"载入"按钮将会弹出"China"文件夹，选择"轮廓"文件夹→选择"专项轮廓"文件夹，如图 5 – 65 所示→"楼板边缘"→打开文件夹，选择适合的楼板边缘。完成载入之后，在"类型属性"对话框中的"类型参数"下的"轮廓"选择所要的楼板边缘，再进行以上步骤操作，如图 5 – 66 所示。

④ 要完成楼板边缘的放置，请单击"修改│放置楼板边缘"选项卡→"选择"面板→"修改"。

⑤ 调整或翻转楼板边缘：在将楼板边缘添加到楼板后，可以更改楼板边缘的大小或方向，选择楼板时，其任一端都会出现一个拖拽控制柄，通过拖拽可以调整楼板边缘的尺寸。

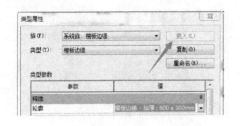

图 5-64　　　　　　　　　　　　　　　　图 5-65

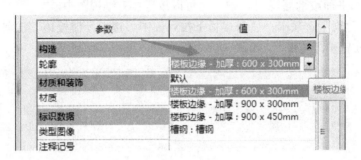

图 5-66

在三维视图中，可以应用视图中出现的翻转控制柄翻转板；而在二维视图（如剖面视图）中，可以在板上单击鼠标右键并选择"围绕水平轴翻转"或"围绕垂直轴翻转"。

⑥ 添加或删除楼板边缘的线段。选择现有的楼板边：要选择一个边，按 Tab 键一次或多次，直到所需的边高亮显示，然后单击。先将楼板边从楼板取消连接，这样在删除线段时就会有一个可选的边。

点击"修改｜楼板边缘"选项卡→"轮廓"面板→　"添加/删除线段"，单击边缘以添加或删除楼板边缘的线段。

⑦ 移动楼板边缘。

水平移动：选择要移动的单段楼板边缘，并水平拖动它。

要移动的多段楼板边缘，选择此楼板边缘的造型操纵柄，将光标放在楼板边缘上，并按 Tab 键高亮显示造型操纵柄，观察状态栏以确保高亮显示的是"造型操纵柄"，单击以选择该造型操纵柄，向左或向右移动光标以改变水平偏移，这会影响此楼板边缘所有线段的水平偏移，因为线段对称，如图 5-67 所示。

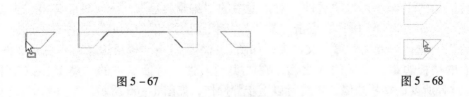

图 5-67　　　　　　　　　　　　　　　　　图 5-68

提示	移动左边的楼板边缘也会令右边的楼板边缘移动。

垂直移动：选择楼板边缘并上下拖拽，如果楼板边缘是多段的，那么所有段都会上下移动相同的距离，如图 5-68 所示，在剖面中垂直移动楼板边缘。

5.3.2　创建别墅楼板

打开资料文件夹中"第五章"→"第三节"→"练习文件夹"→"绘制楼板.rvt"项目文件，进行以下练习。

（1）隐藏 CAD 底图：打开项目文件之后，将平面视图切换至"架空层平面图"，在平面视图和立面视图隐藏参照底图，单击"视图"选项卡→"图形"面板下→点击"可见性/图形"，Revit 将会自动弹出"楼层/立面——楼层/立面的可见性/图形替换"→单击"导入的类别"→选择"将要隐藏的底图文件"下拉列表→在其名称前面取消勾选→点击"确定"按钮，视图将会隐藏参照底图，如图 5 –69 所示。

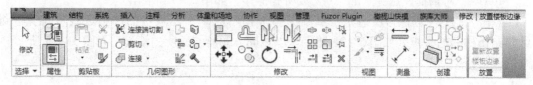

图 5 –69

（2）打开资料文件夹→"结构平面图"文件夹中的".dwg"文件，查看项目底图，设置楼板厚度再进行绘制。

（3）打开文件，本项目的"架空层平面"没有底图参照，在设计说明中给出了统一说明，项目中：厨房、卫生间、阳台的标高均降低 50mm，楼梯标高降低 20mm，板厚为 150mm。

5.3.3　编辑楼板

（1）绘制"架空层楼板"。

① 选择楼板工具：单击"建筑"选项卡→选择"构建"面板中的楼板（楼板：建筑）工具。Revit 将会自动跳转至"修改|放置楼板边缘"，如图 5 –70 所示。

图 5 –70

在"属性"对话框中的"类型选择器"中选择任意楼板类型，点击"编辑类型"，Revit将会自动弹出"类型属性"对话框，点击"复制"按钮，将弹出"名称"对话框，将名称修改为"架空层楼板－150mm"，点击结构"编辑"按钮，在弹出的"编辑部件"对话框中修改厚度为150，点击"确定"完成楼板类型的设置，如图5－71所示。

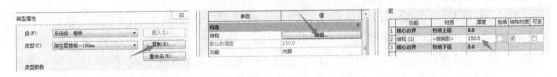

图5－71

②点击"修改 | 创建楼层边界"选项卡→选择"绘制"面板中的"（ ▣ ）拾取墙"工具在楼层平面，沿着内墙拾取，本层分成三部分进行绘制，如图5－72所示。

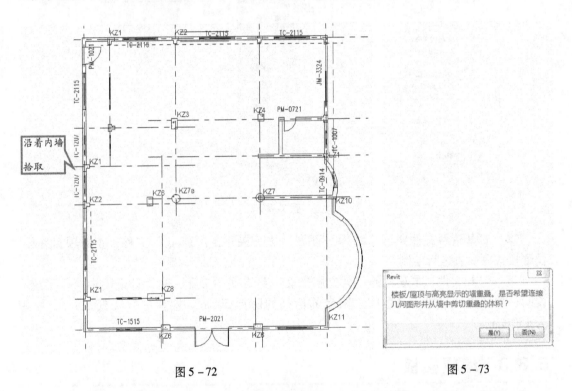

图5－72　　　　　　　　　　　　　　　　　图5－73

（2）拾取一部分外墙，"紫色"线标识，遇到柱时，绘制工具切换为"直线"进行绘制，切换"修改"面板中的"修剪/延伸为角（TR）"工具修改楼层边界线（参考1.3节：基本工具的应用），修改完毕，点击"模式"面板中的"完成"工具，Revit自动弹出"Revit"对话框，选择"否"，完成所有操作，如图5－73所示。

点击"修改 | 创建楼层边界"选项卡→选择"绘制"面板中的"拾取线"工具，继续绘制楼梯间的楼板，如图5－74所示。以相同方法绘制厕所的楼板，如图5－75所示。

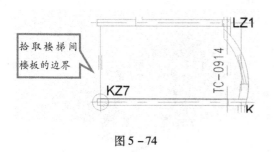

图5－74

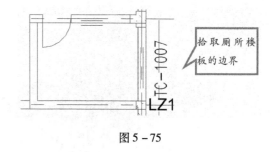

图5－75

5.3.4　楼板的属性

（1）设置楼板属性：楼板绘制完成，选择楼板，切换至"楼板属性"，修改"自标高的高度偏移"后的编辑文本框，输入数值，如图5－76所示。

（2）项目中"一层至阁楼层平面"的楼板绘制与"架空层"楼板的绘制方法一样，用户进行绘制练习，打开资料文件夹中"第五章"→"第三节"→"练习文件夹"→"绘制楼板.rvt"项目文件，进行对照练习。

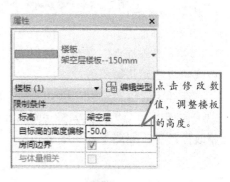

图5－76

5.3.5　楼板形状编辑

（1）修改子图元。

① 选择子图元工具：在三维视图中，选择点击已经绘制完成的楼板，Revit将会切换至"修改 | 楼板"选项卡，选择"形状编辑"面板中"修改子图元"工具，如图5－77所示。

图5－77

② 修改子图元：点击选择"修改子图元"工具，楼板边缘将会出现拖拽点，可以通过拖拽或边缘以修改位置或高程，如图5－78所示。

注意	如果将光标放置在楼板的上方，您可以按 Tab 键来拾取特定子图元。标准的选择方法同样适用；拖拽蓝色箭头可以将点垂直移动；拖拽红色正方形（造型操纵柄）可以将点水平移动。

③ 单击文字控制点可为所选点或边缘输入精确的高度值。高度值表示距原始楼板顶面的偏移。

图 5-78

（2）添加点。

使用"添加点"工具，可以向图元几何图形添加单独的点。形状修改工具可使用这些点来修改图元几何图形。

选择要修改的楼板，Revit 将会切换"修改｜楼板"选项卡，选择"形状编辑"面板中"添加点"工具。鼠标将会附带子图元点，将点放置在需要添加的位置，点击"点"，修改点高程，如图 5-79 所示。

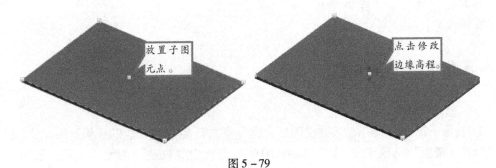

图 5-79

（3）添加分割线。

使用"添加分割线"工具，可以添加线性边，并将屋顶或结构楼板的现有面分割成更小的子面域。

选择要修改的楼板，Revit 将会切换"修改｜楼板"选项卡，选择"形状编辑"面板中的"添加分割线"。在结构楼板上的任意位置选择顶点、边、面或点，开始创建分割线。在楼板上的任意位置选择另一个顶点、边、面或点，结束分割线。选择边修改点高程，如图 5-80 所示。

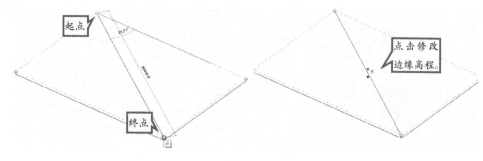

图 5 – 80

（4）拾取支座。

用于定义分割线，并在选择梁时为板创建恒定承重线。选择要修改的楼板，Revit 将会切换"修改 | 楼板"选项卡，选择"形状编辑"面板中的"拾取支座"。点击选择现有的梁，使用拾取参照中的端点高程新建分割边缘。使用结构楼板或屋顶厚度将高程从结构楼板或屋顶的底面向上移动到顶面，如图 5 – 81 所示。

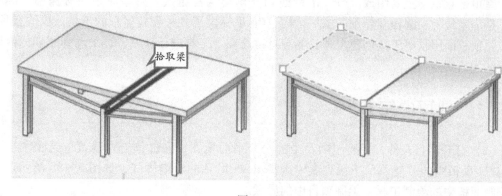

图 5 – 81

（5）重设形状。

使用"重设形状"工具删除楼板形状，修改并将图元几何图形重设为其原始状态。

选择要修改的楼板，Revit 将会切换"修改 | 楼板"选项卡，选择"形状编辑"面板中的"重设形状"。已修改的楼板，将会重新回复到原来的形状，如图 5 – 82 所示。

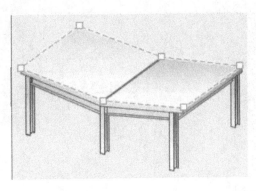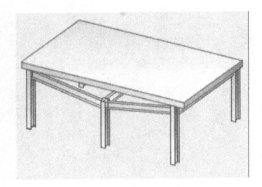

图 5 – 82

课后练习

打开资料文件夹中"第五章"→"第三节"→"练习文件夹"→"绘制楼板.rvt"项目文件，进行练习。

5.4 绘制屋顶

屋顶是建筑的重要组成部分，由屋面和支承结构等组成，有些屋顶还有保温或隔热层，是房屋最上层起覆盖作用的围护结构。Revit 提供了几种创建屋顶的工具：迹线屋顶、拉伸屋顶、面屋顶等工具创建屋顶。本节将对这几个工具进行介绍，详细地介绍如何修改屋顶。

5.4.1 屋顶的定义

（1）打开项目文件，切换至项目中的一个平面视图，通过单击"建筑"选项卡→在"构建"面板中的"屋顶"下拉列表中选择 Revit 默认的绘制样式，如图 5 – 83 所示。选择绘制面板中的绘制工具，绘制项目中的屋顶。

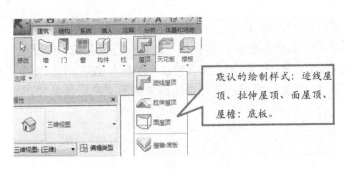

图 5 – 83

（2）创建迹线屋顶：打开项目文件，切换至项目中的一个平面视图或天花板投影平面视图。单击"建筑"选项卡→选择"构建"面板→"屋顶"下拉列表→ （迹线屋顶）。Revit 会自动跳转至"修改｜创建屋顶迹线"选项卡，如图5-84所示。选择绘制面板中的绘制工具，绘制项目中的屋顶迹线。

图 5-84

① 屋顶的类型属性：在绘制屋顶之前，点击属性对话框中的"编辑类型"，Revit 将会自动弹出"类型属性"，如图5-85所示。

② 点击"复制"按钮，Revit 将会弹出"名称"对话框，输入名称，如图5-86所示。点击类型属性下的"类型属性"中"结构"参数中的"编辑"按钮，如图5-87所示。Revit 将会弹出"编辑部件"对话框，修改"结构"中的"厚度"数据，修改完毕，点击"确定"完成修改屋顶类型属性，如图5-88所示。

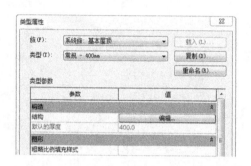

图 5-85

图 5-86

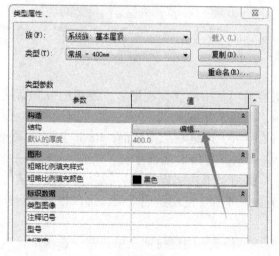

图 5-87

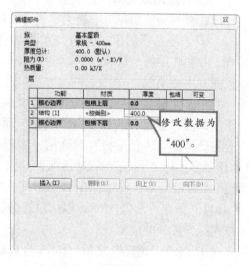

图 5-88

③ 屋顶选项栏：在屋顶的选项栏中，输入"悬挑"数值，此数值为屋顶屋檐的长度，如图 5 - 89 所示。

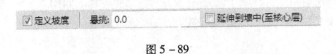

图 5 - 89

④ 指定坡度定义线，要修改某一线的坡度定义，请选择该线，在"属性"选项板上单击"定义屋顶坡度"，如图 5 - 90 所示，对其坡度值进行修改。如果将某条屋顶线设置为坡度定义线，它的旁边便会出现符号 △，如图 5 - 91 所示。

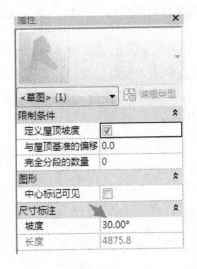

图 5 - 90

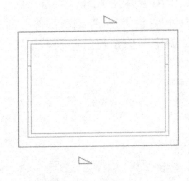

图 5 - 91

⑤ 绘制完成后，单击"成编辑模式"，然后打开三维视图。

⑥ 要应用玻璃斜窗，请选择"屋顶"，然后在"类型选择器"中选择"玻璃斜窗"，可以在玻璃斜窗的幕墙嵌板上放置幕墙网格，按 Tab 键可在水平和垂直网格之间切换。

⑦ 若要选择屋顶"构造"的截面样式，点击"属性"对话框中的"构造"下拉列表，并在其中的"椽截面"后的文本选项框：垂直截面、垂直双截面、正方形双截面中，选择其中一项。

（3）创建拉伸屋顶：打开项目文件，切换至项目中的立面视图、三维视图或剖面视图。单击"建筑"选项卡→"构建"面板→"屋顶"下拉列表→ ◢（拉伸屋顶）。Revit 会自动弹出"工作平面"对话框，如图 5 - 92 所示。指定好工作平面，Revit 会自动弹出"屋顶参照标高和偏移"对话框，如图 5 - 93 所示。在该对话框中为"标高"选择一个值。默认情况下，将选择项目中最高的标高。要相对于参照标高提升或降低屋顶，请为"偏移"指定一个值。Revit 以指定的偏移放置参照平面。使用参照平面，可以相对于标高控制拉伸屋顶的位置。

① 点击"确定"之后，Revit 会自动切换至"修改|创建拉伸屋顶轮廓"选项卡，选择"绘制"面板中的"样条曲线"来绘制开放环形式的屋顶轮廓，如图 5 - 94 所示。

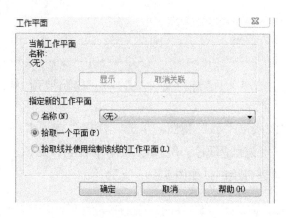

图 5 - 92　　　　　　　　　　　　　　　　　　　　图 5 - 93

② 点击"修改│创建拉伸屋顶轮廓"选项卡中"模式"面板中的"✔（完成编辑模式）"，然后打开三维视图，结果如图 5 - 95 所示。

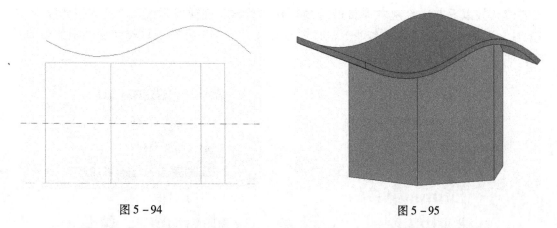

图 5 - 94　　　　　　　　　　　　　　　　　　　图 5 - 95

③ 墙附着到屋顶：点击选择墙，Revit 会自动弹出"修改│墙"选项卡，选择"修改墙"面板，"附着顶部/底部"点击屋顶，完成所有操作。

④ 点击"属性"对话框中"修改"，可以对拉伸屋顶进行调整，如图 5 - 96 所示。

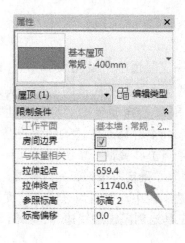

图 5 - 96

5.4.2 创建别墅屋顶

打开资料文件夹中"第五章"→"第四节"→"练习文件夹"→"绘制屋顶.rvt"项目文件,进行以下练习。

(1)打开项目文件,切换至项目中"阁楼层平面"视图。单击"建筑"选项卡→选择"构建"面板→"屋顶"下拉列表→ 🏳 (迹线屋顶)。Revit 会自动跳转至"修改│创建屋顶迹线"选项卡,选择面板的绘制工具进行绘制,如图 5-97 所示。

图 5-97

(2)按以下方法绘制本项目的屋顶:在"修改│创建屋顶迹线"选项卡中,点击"属性"对话框中的"编辑类型"设计屋顶厚度与做法。在本项目设计说明中的屋顶做法,如图 5-98 所示。

实铺地砖上人屋面(用于露台屋面)做法:	英式瓦斜屋顶(须按英式瓦的技术要求进行施工)
1. 8厚150X150砖红色铺地 缸砖面1:1水泥砂浆嵌缝	1. 420X332英式瓦贴面,海湾蓝彩影,枕口出挑50mm
2. 2~3厚高分子粘结层	瓦条间距为345(上下瓦搭接>75)
3. 20厚1:3水泥砂浆找平层	2. 1:2水泥细砂粘贴,水泥砂浆只敷设坐实在瓦片的沟底部
4. 保温层用挤塑聚苯乙烯泡沫板厚35mm	3. 20厚1:3水泥砂浆保护层
5. 20厚1:3水泥砂浆保护层	4. 1.5厚聚合物水泥基防水层
6. 2厚聚合物水泥基防水涂料	5. 现浇钢筋混凝土屋面板,坡度祥单项设计
7. 钢筋混凝土现浇屋面板	6. 当屋面坡度>60%时构造参照98ZJ211-3/22

图 5-98

① 实铺地砖上人屋面(用于露台屋面):

a. 单击"建筑"选项卡→选择"构建"面板→"屋顶"下拉列表→ 🏳 (迹线屋顶)。Revit 会自动跳转至"修改│创建楼层边界"选项卡,选择面板的绘制工具进行绘制,点击"属性"对话框中的"编辑类型"按钮,Revit 会自动弹出"类型属性"对话框,点击"复制"按钮,Revit 弹出"名称"对话框,将名称修改为"实铺地砖上人屋面(用于露台屋面)",点击"确定",在"类型属性"中点击"编辑"按钮,Revit 将会自动弹出"编辑部件"对话框,如图 5-99 所示。点击两次"确定"按钮,完成编辑。

b. 切换至"修改│创建屋顶迹线"选项卡,在选项栏中,取消勾选定义坡度,偏移量为 0,如图 5-100 所示。选择绘制面板中的绘制工具绘制屋顶迹线边界,如图 5-101 所示。

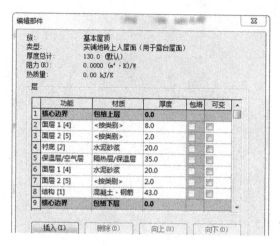

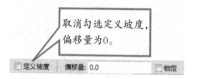

取消勾选定义坡度，
偏移量为0。

图 5 - 99　　　　　　　　　　　　　　　　　　图 5 - 100

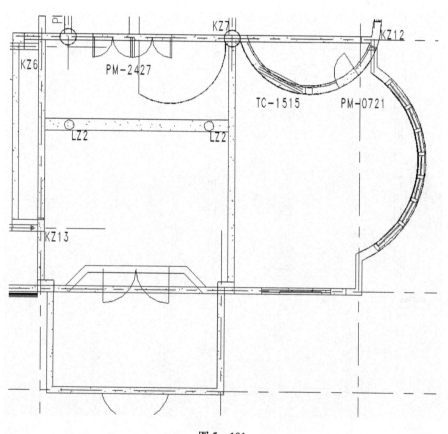

图 5 - 101

c. 在属性对话框中，在限制条件下拉列表中，修改"至标高的偏移量"为"－230"，其他选项保持不变。

d. 设置项目单位：切换"管理"选项卡，点击"项目单位"，选择"坡度"格式按钮，将会弹出"格式"对话框，修改单位为"百分比"，如图 5 - 102 所示。

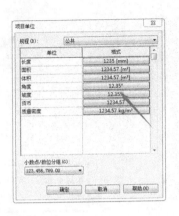

图 5 – 102

e. 绘制坡度箭头：切换至"修改｜屋顶 > 编辑迹线"选项卡，选择"绘制"面板中"坡度箭头"，如图 5 – 103 所示。

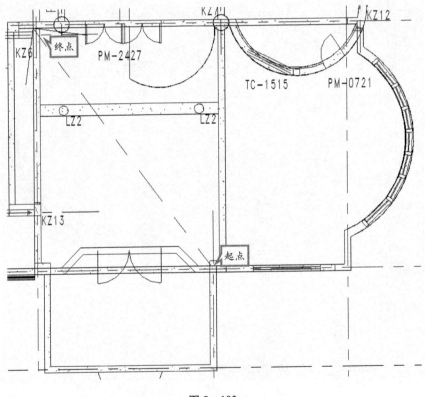

图 5 – 103

点击箭头，在"属性"对话框的"尺寸标注"中将坡度修改为"－1%"，如图 5 – 104 所示。点击"修改｜屋顶 > 编辑迹线"选项卡，"模式"面板中的"完成"工具，完成所有操作。

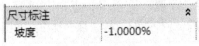

图 5 – 104

② 英式瓦斜屋顶：

a. 点击"属性"对话框中的"编辑类型"按钮，Revit 会自动弹出"类型属性"对话框，点击"复制"按钮，Revit 弹出"名称"对话框，将名称修改为"英式瓦斜屋顶"，点击"确定"，在"类型属性"中点击"编辑"按钮，Revit 将会自动弹出"编辑部件"对话框，如图 5-105 所示。完成编辑，点击两次"确定"按钮。

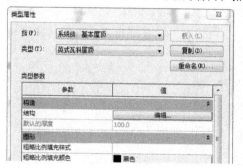 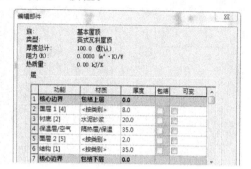

图 5-105

b. 切换至"修改 | 创建屋顶迹线"选项卡，在选项栏中，勾选"定义坡度"，偏移量为 0，如图 5-106 所示。选择绘制面板中的绘制工具绘制屋顶迹线边界，绘制屋顶的第一部分，如图 5-107 所示。绘制屋顶的第二部分，如图 5-108 所示。

| ☑定义坡度 | ☑链 | 偏移量: 0.0 | | □半径: 1000.0 |

图 5-106

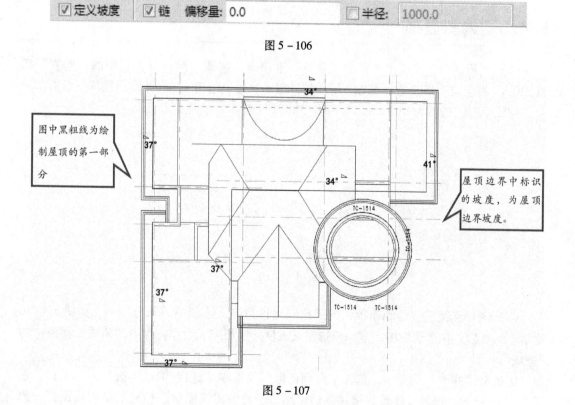

图中黑粗线为绘制屋顶的第一部分

屋顶边界中标识的坡度，为屋顶边界坡度。

图 5-107

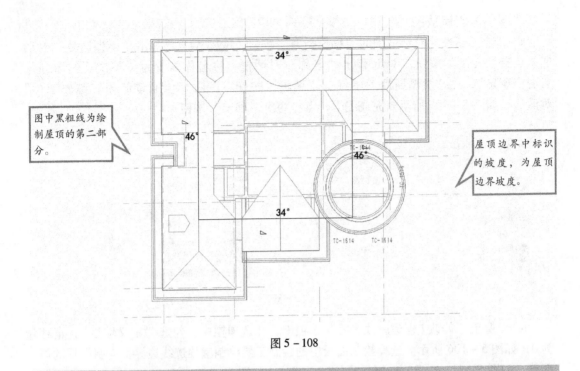

图中黑粗线为绘制屋顶的第二部分。

屋顶边界中标识的坡度，为屋顶边界坡度。

图5-108

| 提示 | 如果屋顶迹线边界无坡度，选择迹线边界，点击取消勾选定义坡度。 |

5.4.3 编辑屋顶

（1）利用洞口修改屋顶：点击"建筑"选项卡，选择"洞口"面板中的"垂直"工具，Revit将会自动切换至"修改｜屋顶洞口剪切＞编辑边界"，选择绘制工具绘制洞口边界，完成绘制，如图5-109所示，点击"模式"面板中"完成"工具。

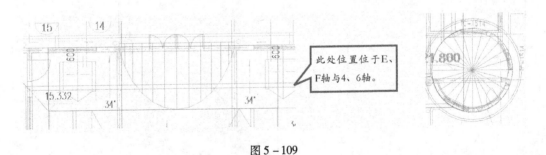

此处位置位于E、F轴与4、6轴。

图5-109

（2）利用连接屋顶绘制屋顶：继续绘制屋顶边界，绘制第三部分屋顶，如图5-110所示。无度数，在选项栏中，取消勾选定义坡度，绘制完成边界，点击"模式"面板中的"完成"。

切换至"修改"选项卡，选择"几何图形"面板中"连接/取消连接屋顶"工具，如图5-111所示。选择要连接的屋顶的边，然后选择要将该屋顶连接到的墙或屋顶，如图5-112所示。

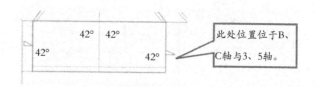

图 5 – 110

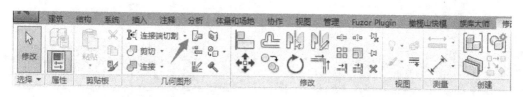

图 5 – 111

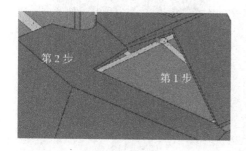
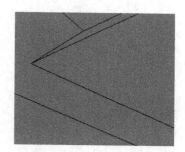

图 5 – 112

（3）切换视图至"北立面"视图，在阁楼层标高为"13.600"处，于第6号轴至3号轴之间绘制拉伸屋顶，点击"建筑"选项卡，选择"构建"面板→"屋顶"下拉列表中的"拉伸屋顶"，如图5–113所示。Revit将会弹出"工作平面"对话框，选择拾取一个平面确定，鼠标移至"北立面"视图选择任意平面，如图5–114所示。确定完成后，Revit将会自动跳出"屋顶参照标高和偏移"对话框，如图5–115所示。点击"确定"，Revit将会自动切换至"修改│创建拉伸屋顶轮廓"选项卡，选择"绘制"面板中的"起点－终点－半径弧"工具，绘制弧形线段，如图5–116所示。

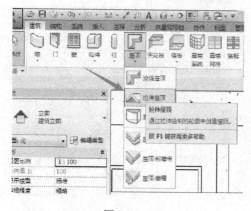
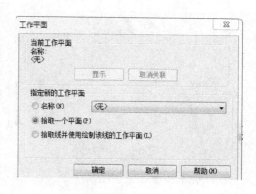

图 5 – 113　　　　　　　　　　　　　　　　　　图 5 – 114

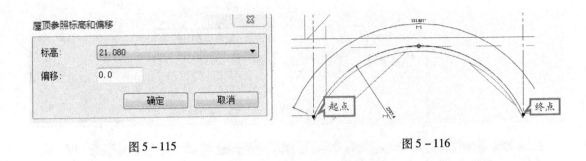

图 5 - 115　　　　　　　　　　　　　图 5 - 116

图 5 - 117

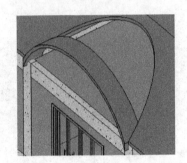

图 5 - 118

（4）绘制完成如图 5 - 118 所示，连接方法与本小节第"（2）"步修改一致。

（5）绘制锥型屋顶：切换视图至标高为"17.000"平面视图，单击"建筑"选项卡→选择"构建"面板→"屋顶"下拉列表→（迹线屋顶）。Revit 会自动跳转至"修改｜创建 屋顶迹线"选项卡，选择绘制面板中的"圆形"工具进行绘制，如图 5 - 119 所示。

设置锥型屋顶属性，修改限制条件：至标高的底部偏移为"- 245.9"，修改构造：椽截面为"垂直双截面"，如图 5 - 120 所示。

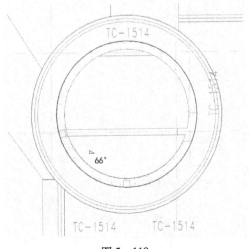

图 5 - 119

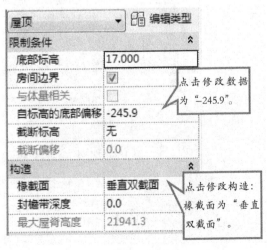

图 5 - 120

5.4.4　屋檐底板、封檐条、檐沟

（1）屋檐底板：使用"屋檐底板"工具来建模建筑图元的底面，可以将檐底板与其他图元（例如墙和屋顶）关联，如果更改或移动了墙或屋顶，檐底板也将相应地进行调整。

①单击"建筑"选项卡→"构建"面板→"屋顶"下拉列表→▽（屋顶：檐底板）工具，进入绘制轮廓草图模式。

②单击"修改│创建屋檐底板边界"选项卡→"绘制"面板→▥（拾取屋顶边），此工具将创建锁定的绘制线，高亮显示屋顶并单击选择，如图 5 - 121 所示。

③单击"修改│创建屋檐底板边界"选项卡→"绘制"面板→▥（拾取墙），高亮显示屋顶下的墙的外面，并单击进行选择，如图 5 - 122、图 5 - 123 所示。

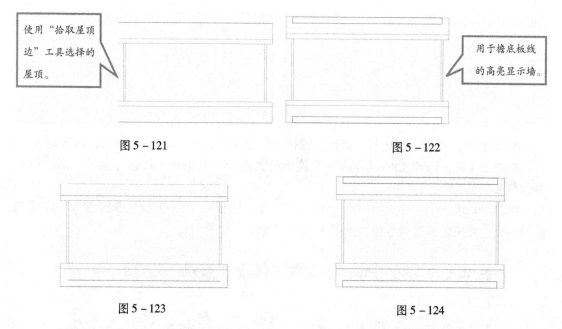

图 5 - 121　　　　　　　　　　　　　　图 5 - 122

图 5 - 123　　　　　　　　　　　　　　图 5 - 124

④单击"修改│创建屋檐底板边界"选项卡→选择"修改"面板中的"修改/延伸为角（TR）"工具，修剪超出的绘制线，并闭合绘制环，如图 5 - 124 所示。

⑤单击"修改│创建屋檐底板边界"选项卡，选择单击"模式"下✔（完成编辑模式），如图 5 - 125 所示。

图 5 - 125

提示	要更清楚地观察檐底板，可通过显示墙与屋顶相交的平面视图来创建剖面视图。

注意	"连接几何图形"工具用于连接前一图元中的檐底板和屋顶。为完成所有操作，请将檐底板连接到墙，然后将墙连接到屋顶。

（2）封檐条：使用"封檐带"工具添加屋顶、檐底板、模型线和其他封檐带的边。

① 单击"建筑"选项卡→"构建"面板→"屋顶"下拉列表→ （屋顶：封檐带），如图 5－126 所示。

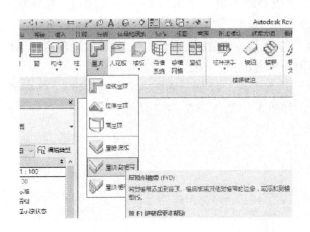 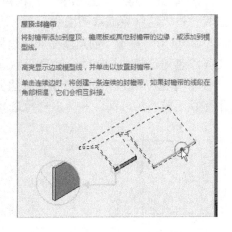

图 5－126

② 高亮显示屋顶、檐底板、其他封檐带或模型线的边缘，然后单击以放置此封檐带。

单击边缘时，Revit 会将其作为一个连续的封檐带，封檐带的线段在角部相遇，Revit 将会自动斜接。

单击"修改｜放置封檐带"选项卡→"放置"面板→ （重新放置封檐带）完成当前封檐带，并放置其他封檐带，如图 5－127 所示。

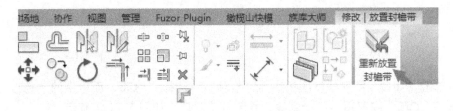

图 5－127

③ 将光标移到新边缘并单击放置，这个不同的封檐带不会与其他现有的封檐带相互斜接，即便它们在角部相遇。

④ 单击此视图的空白区域，以完成屋顶封檐带的放置。

打开资料文件夹中"第五章"→"第四节"→"练习文件夹"→"绘制屋顶 . rvt"项目文件，进行练习，绘制完成项目的屋顶后，为项目添加檐沟。

（3）檐沟：

① 单击打开"建筑"选项卡中"构建"面板，选择"屋顶"下拉列表中"屋顶：檐沟"工具，Revit 将会自动切换至"修改｜放置檐沟"选项卡，如图 5－128 所示。

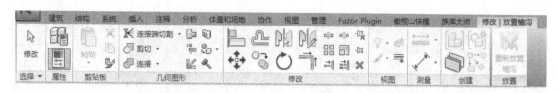

图 5 - 128

② 载入系统"檐沟"轮廓族：切换至"插入"选项卡，在"从库中载入"面板中选择"载入族"，如图 5 - 129 所示。Revit 将会自动弹出"China"文件夹，选择"轮廓"文件夹→选择"专项轮廓"文件夹→选择"檐沟"文件夹中"檐沟"轮廓族，选择完成后，点击"打开"，轮廓族将会载入项目中，重新打开"檐沟"工具，点击"属性"对话框，选择"编辑类型"按钮，Revit 将会自动弹出"类型属性"对话框，点击类型参数"轮廓"参数的"值"，载入的轮廓族将会出现在此。根据项目要求，选择适合的轮廓族，如图 5 -130 所示。

图 5 - 129

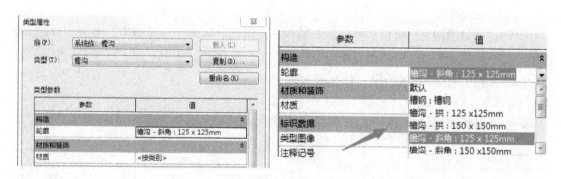

图 5 - 130

③ 载入项目檐沟轮廓族：打开资料文件夹中"第五章"→"第四节"→"练习文件夹"→"别墅项目檐沟轮廓 . rfa"项目文件，进行练习。

④ 选择完成轮廓，将视图切换至"三维视图"，鼠标移动至屋顶将要添加檐沟的屋顶边，Revit 将会高亮显示屋顶水平边缘，如图 5 -131 所示，并单击以放置檐沟，单击"边缘"时，Revit 会将其视为一条连续的檐沟，如图 5 -132 所示。

⑤ 单击"修改|放置檐沟"选项卡→Revit 选择"放置"面板中的→[图标]（重新放置檐沟）工具，完成当前檐沟，并放置不同的檐沟，如图 5 -133 所示。

⑥ 移动鼠标至新边缘并单击"放置"，完成放置檐沟的所有操作，点击视图中的空白区域，如图 5 -134 所示。

图 5 – 131 　　　　　　　　　　　　　　　　　　图 5 – 132

图 5 – 133

图 5 – 134

（4）修改檐沟：

① 在添加檐沟后，可以添加和删除檐沟，在绘图区域中，选择檐沟。单击"修改 | 檐沟"选项卡→选择"轮廓"面板中→（添加/删除线段）工具，如图 5 – 135 所示，点击所要增加或删除檐沟的边缘，修改檐沟。

图 5 – 135

② 调整屋顶檐沟的尺寸：在绘图区域中，选择需要调整檐沟的尺寸，将拖拽控制柄移动到所需的位置，如图 5 – 136 所示，Revit 将会自动改变檐沟的位置。

③ 翻转屋顶檐沟：在三维视图中，选择所要翻转的檐沟。点击翻转控制柄，以围绕垂直轴或水平轴进行檐沟的翻转，如图 5 – 137 所示。

在二维视图中，选择所要翻转的檐沟，在檐沟上单击鼠标右键，并选择"围绕水平轴翻转"或"围绕垂直轴翻转"。在二维视图中，有"围绕水平轴翻转"的翻转控制柄，对檐沟进行翻转，如图 5 – 138 所示。

在绘制完成屋顶项目文件的基础上绘制老虎窗。

图 5－136

图 5－137

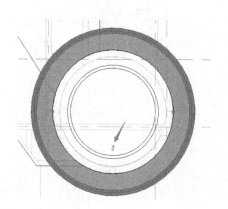

图 5－138

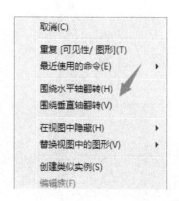

5.4.5 老虎窗

为项目创建老虎窗以增强和展开屋顶的造型，增加屋顶的美感。

打开资料文件夹中"第五章"→"第四节"→"练习文件夹"→"绘制老虎窗.rvt"项目文件，进行练习。

（1）使用坡度箭头创建老虎窗。

① 打开项目文件，选择屋顶，Revit 将会自动切换至"修改｜屋顶"选项卡，选择"模式"面板中的"编辑迹线"工具，Revit 将会切换至"修改｜屋顶＞编辑迹线"选项卡，选择"修改"面板下的"拆分图元（SL）"工具，在迹线中的两点处拆分其中一条线（如项目中的参照平面定位），创建一条中间线段（老虎窗线段），然后单击"修改"，如图 5－139 所示。

② 选择两点处拆分迹线，剩下中间的线段，选择该线，然后清除"属性"选项板上的"定义屋顶坡度"，如图 5－140 所示。

③ 放置坡度箭头：点击选择"修改｜屋顶＞编辑迹线"选项卡中的"绘制"面板中的"坡度箭头"，如图 5－141 所示，放置准确的坡度箭头。

④ 点击"修改｜屋顶＞编辑迹线"选项卡中的"模式"面板中的"完成"工具，切换三维视图查看效果，如图 5－142 所示。

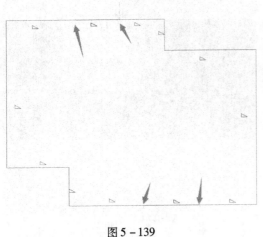

图5-139

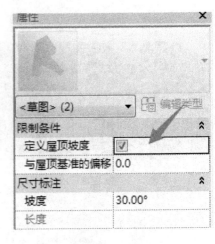

图5-140

图5-141

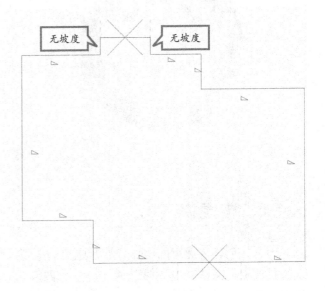

（2）在屋顶上创建老虎窗。

① 打开资料文件夹中"第五章"→"第四节"→"练习文件夹"→"老虎窗.rvt"文件，切换视图至"阁楼层"平面视图，绘制老虎窗的墙，采用拉伸屋顶绘制老虎窗屋顶，绘制完拉伸屋顶，切换至"修改"选项卡，选择"几何图形"中的"连接/取消连接屋顶"工具，进行修改绘制，如图5-143所示。

② 切换视图至"阁楼层"平面视图，切换至"建筑"选项卡中，选择"洞口"面板中的"老虎窗"工具，拾取主屋顶，进入"修改｜编辑草图"选项卡中的"拾取"面板中的"拾取屋顶/墙边缘"工具，如图5-144所示。

③ 创建内建空心屋顶模型：点击切换"建筑"选项卡，选择"构建"面板中的"构件"工具，选择"构件"下拉列表中的内建模型，Revit将会自动弹出"族类别和族参数"对话框，如图5-145所示。

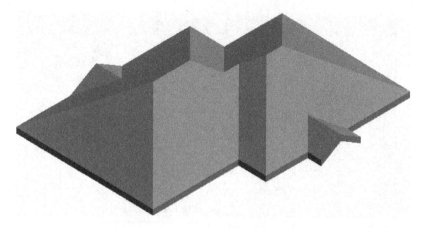

图 5 – 142

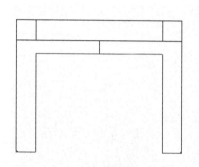

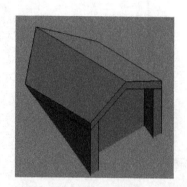

图 5 – 143

图 5 – 144

　　选择"族类别"中的"屋顶"，点击"确定"，如图 5 – 146 所示。Revit 将会切换至"创建"选项卡，选择"形状"面板中的"空心形状"工具，选择"空心形状"下拉列表中的"空心拉伸"。

　　Revit 将会自动切换至"修改｜创建空心拉伸"选项卡，选择"绘制"工具中的"矩形"绘制工具，绘制空心拉伸体，绘制完成后点击"模式"面板中的"完成"工具，如图5 – 147 所示。

　　Revit 将会再次跳转至"修改｜空心 拉伸"选项卡，切换至三维视图，点击拉伸体，调整好拉伸体的位置，点击"几何图形"面板中的"剪切"工具，点击"空心拉伸体"，再点击屋顶，修改完成后，点击"修改"选项卡中的"在位编辑器"中的"完成模型"工具，完成屋顶修改。

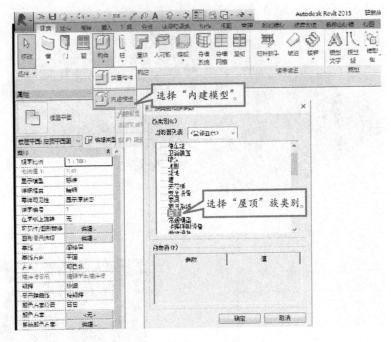

图 5 – 145

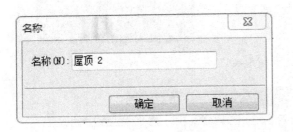

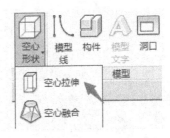

图 5 – 146

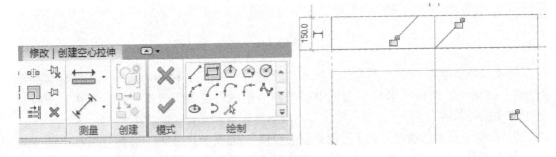

图 5 – 147

（3）添加老虎窗屋顶封檐带。

① 点击"插入"选项卡，选择"从库中载入"面板中的"载入族"，如图5－148所示。
Revit 将会自动弹出"载入族"对话框，切换至资料文件夹中"第五章"→"第四节"→
"练习文件夹"→"老虎窗屋顶封檐带.rfa"文件，点击"打开"，如图5－149所示。

图 5 – 148

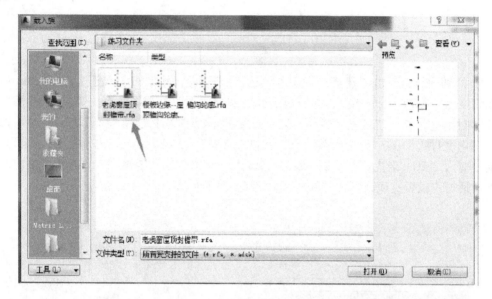

图 5 – 149

② 添加封檐带：点击"建筑"选项卡，选择"构建"面板中的"屋顶"工具，选择其下拉列表中的"屋顶|封檐带"工具，如图 5 – 150 所示。

a. 点击"编辑类型"，Revit 弹出"类型属性"对话框，选择轮廓类型值为"老虎窗屋顶封檐带"，点击"确定"，如图 5 – 151 所示。Revit 调转"修改|放置封檐带"选项卡，鼠标移动至老虎窗的屋顶边缘，点击将会生成老虎窗屋顶封檐带，如图 5 – 152 所示，点击"完成"。

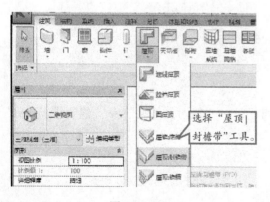

图 5 – 150

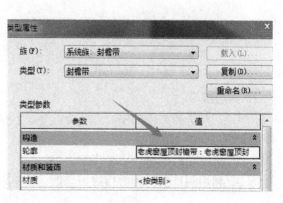

图 5 – 151

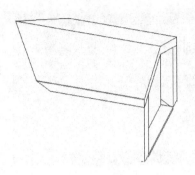

图 5 - 152

　　b. 添加窗族：点击"建筑"选项卡，选择"构建"面板中的"窗"工具，Revit 将会自动切换至"修改 | 放置 窗"，视图切换至"阁楼层平面"视图，点击窗属性中的"类型属性"对话框，点击"载入"按钮，对话框切换至资料文件夹中"第五章"→"第四节"→"练习文件夹"→"老虎窗族 . rfa"文件，点击"复制"按钮，在弹出的"名称"对话框中输入"TC - 老虎窗"，编写其"类型标记"为"TC - 老虎窗"，点击"确定"。在属性对话框中设置其底高度为"500"，如图 5 - 153 所示。

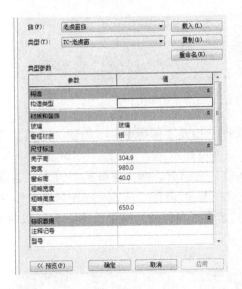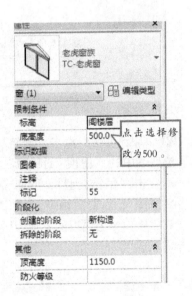

图 5 - 153

课后练习

　　1. 打开资料文件夹中"第五章"→"第四节"→"练习文件夹"→"绘制屋顶 . rvt"项目文件，进行练习。

　　2. 给屋顶添加檐沟、老虎窗。

　　3. 利用洞口工具对屋顶进行修改。

5.5 楼板边缘、墙饰条

使用"饰条"工具向墙中添加踢脚板、冠顶饰或其他类型的装饰用水平或垂直投影，可以在三维视图或立面视图中为墙添加墙饰条，在不同高度创建多个墙饰条，将墙饰条设置为同一高度，墙饰条将在连接处斜接。可以通过选取楼板的水平边缘来添加楼板边缘，将楼板边缘放置在二维视图（如平面或剖面视图）中，也可以在三维视图中放置。

5.5.1　楼板边缘

（1）打开项目文件，点击"建筑"选项卡，选择"构建"面板中的"楼板"工具，点击"楼板"按钮，有"建筑：楼板""楼板：结构""面楼板""楼板边"，选择"楼板边"，Revit 将会自动切换至"修改|放置 楼板边缘"，如图 5－154 所示。

图 5－154

（2）修改楼板边缘类型：选择"楼板边"，在"属性"对话框中修改"垂直轮廓偏移"与"水平轮廓偏移"等值，如图 5－155 所示。点击"编辑类型"按钮，Revit 将会自动弹出"类型属性"对话框，修改其楼板边缘的类型，如图 5－156 所示。

图 5－155

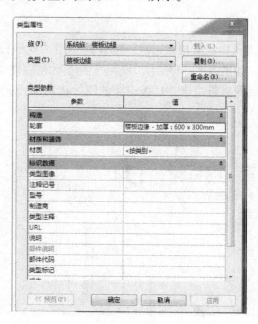

图 5－156

（3）载入"檐沟"轮廓族：切换至"插入"选项卡，在"从库中载入"面板中选择"载入族"，如图 5 – 157 所示。

图 5 – 157

Revit 将会自动弹出"China"文件夹，切换至资料文件夹中"第五章"→"第五节"→"练习文件夹"→"楼板边缘 – 屋顶檐沟轮廓 . rfa"文件，点击"属性"对话框中"编辑类型"按钮，Revit 将会自动弹出"类型属性"对话框，选择"类型参数"中的"轮廓"参数中的值为"楼板边缘 – 屋顶檐沟轮廓"，点击"确定"，如图 5 – 158 所示。

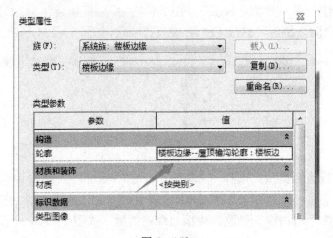

图 5 – 158

（4）放置楼板边缘：选择族类型，鼠标移至楼板的边缘，Revit 将会高亮显示其楼板边，如图 5 – 159 所示。鼠标点击需要添加楼板的边，单击边缘时，Revit 会将其作为一个连续的楼板边缘，楼板边缘的线段在角部相遇，会相互斜接，如图 5 – 160 所示。

图 5 – 159

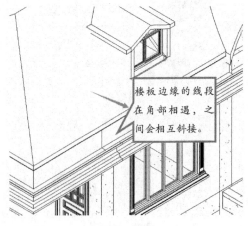

图 5 – 160

（5）要完成当前的楼板边缘，请单击"修改│放置楼板边缘"选项卡→"放置"面板→（重新放置楼板边缘）。要开始其他楼板边缘，请将光标移动到新的边缘并单击以放置，如图 5 – 161 所示。

图 5 – 161

（6）调整楼板边缘的尺寸：在绘图区域中，选择需要调整楼板边缘的尺寸，将拖拽控制柄移动到所需的位置，如图 5 – 162 所示，Revit 将会自动改变檐沟的位置。

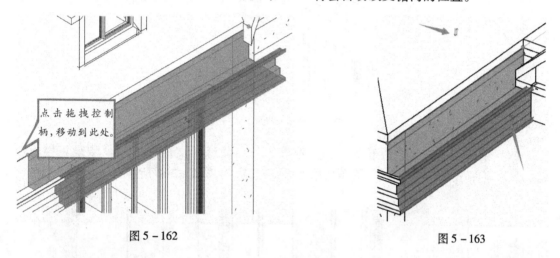

图 5 – 162

图 5 – 163

（7）翻转楼板边缘：在三维视图中，选择所要翻转的檐沟。点击翻转控制柄，以围绕垂直轴或水平轴进行檐沟的翻转，如图 5 – 163 所示。

在二维视图中，选择所要翻转的楼板边缘，在檐沟上单击鼠标右键，并选择"围绕水平轴翻转"或"围绕垂直轴翻转"。在二维视图中，有"围绕水平轴翻转"的翻转控制柄，对檐沟进行翻转，如图 5 – 164 所示。

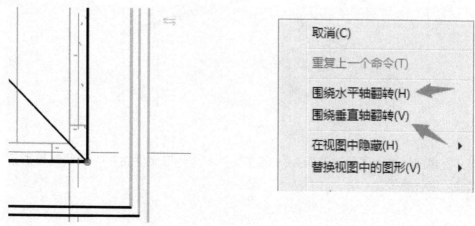

图 5 – 164

（8）请从资料文件夹中载入"第五章"→"第四节"→"练习文件夹"→"楼板边缘-阳台.rfa"文件，点击"打开"，为项目添加边缘构建，如图5-165所示。

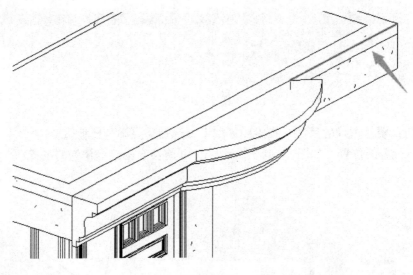

图5-165

（9）请从盘中载入"第五章"→"第五节"→"练习文件夹"→"腰线-楼板边缘.rfa"文件，点击"打开"，为项目添加边缘构建，如图5-166所示。

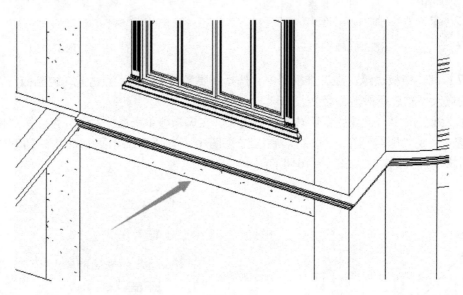

图5-166

打开资料文件夹中"第五章"→"第五节"→"练习文件夹"→"绘制墙饰条.rfa"项目文件，进行练习。

5.5.2 墙饰条的定义

（1）打开项目文件，选择打开一个三维视图或立面视图，其中包含要向其中添加墙饰条的墙。点击"建筑"选项卡，选择"构建"面板中的"墙"工具的下拉列表中（墙：饰条），Revit 将会自动切换至"修改 | 放置 装饰条"，如图 5 - 167 所示。

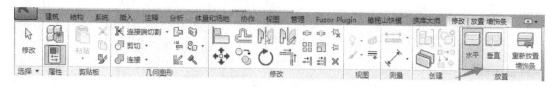

图 5 - 167

（2）载入墙饰条族：请从盘中载入"第五章"→"第五节"→"练习文件夹"→"墙饰条 . rfa"文件，点击"打开"，如图 5 - 168 所示。

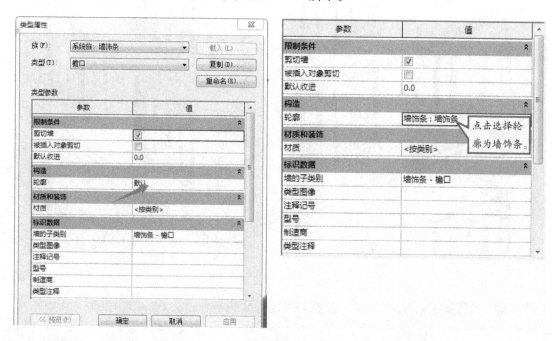

图 5 - 168

（3）放置墙饰条：单击"修改 | 放置墙饰条"→"放置"面板，并选择墙饰条的方向："水平"或"垂直"。点击三维视图，将光标放在墙上以高亮显示墙饰条位置，单击已放置墙饰条，如图 5 - 169 所示。

（4）在三维视图中，可通过使用 ViewCube 旋转该视图，为所有外墙添加墙饰条，为相邻墙体添加墙饰条，Revit 会在各相邻墙体上预选墙饰条的位置，如图 5 - 170 所示。

（5）要在不同的位置重新放置墙饰条，请单击"修改 | 放置墙饰条"选项卡→"放置"面板→重新放置墙饰条，将光标移到墙上所需的位置，单击鼠标以放置墙饰条，要完成墙饰条的放置，请单击"修改"，如图 5 - 171 所示。

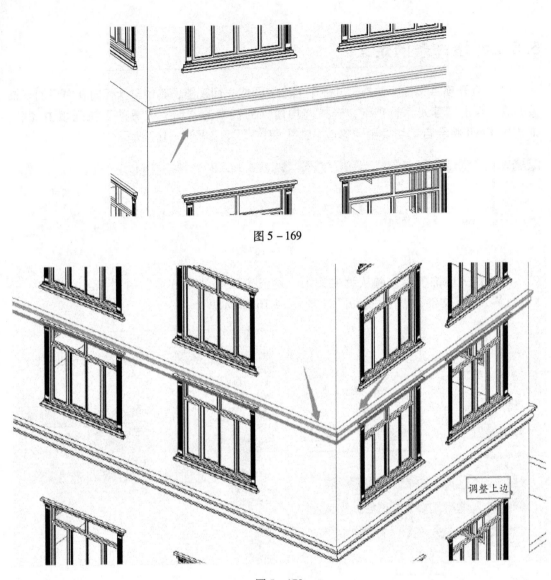

图 5 – 169

图 5 – 170

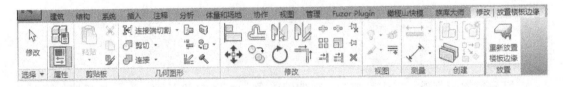

图 5 – 171

课后练习

1. 打开资料文件夹中"第五章"→"第五节"→"练习文件夹"→"绘制屋顶.rvt"项目文件,进行练习。

2. 为项目添加楼板边缘,添加老虎窗。

3. 打开资料文件夹中"第五章"→"第五节"→"练习文件夹"→"绘制墙饰条.rvt"项目文件,进行练习。

第6章

楼梯坡道与放置构件

课程概要：

本章将围绕 Revit 的放置构件、楼梯坡道进行详细的介绍，介绍楼梯与坡道的创建和编辑方法，结合项目案例对其进行应用。项目中添加室内外楼梯，楼梯的不同创建形式包括双跑楼梯、弧形楼梯、室外单跑楼梯。栏杆的创建与编辑，如何为项目放置构件。

课程目标：

● 了解楼梯的踏步数与层高的换算关系。

● 如何利用不同形式创建楼梯？

● 如何创建与编辑栏杆？

● 如何创建与编辑坡道？

● 掌握如何借助 CAD 图纸创建 Revit 楼梯模型的方法。

● 如何为项目放置构件？

6.1 楼梯

楼梯是建筑设计中一个非常重要的构件，是楼层间垂直交通用的构件。用于楼层之间和高差较大时的交通联系，楼梯由连续梯级的梯段（又称梯跑）、平台（休息平台）和围护构件等组成。楼梯的最低和最高一级踏步间的水平投影距离为梯长，梯级的总高为梯高。踏步又分为踏面（供行走时踏脚的水平部分）和踢面（形成踏步高差的垂直部分）。

6.1.1 楼梯（按构件）定义

（1）要创建基于构件的楼梯，将在楼梯部件编辑模式下添加常见和自定义绘制的构件。在楼梯部件编辑模式下，可以直接在平面视图或三维视图中装配构件。

（2）打开项目文件，切换至项目中的任一平面或三维视图。单击"建筑"选项卡→选择"楼梯坡道"面板中的"楼梯"工具，如图6-1所示。

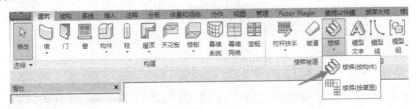

图6-1

点击其下拉列表中的楼梯（按构件），Revit将会自动跳转至"修改丨创建楼梯"选项卡，如图6-2所示。

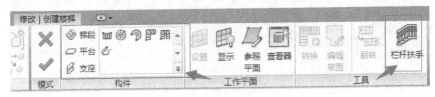

图6-2

（3）修改类型属性：点击属性对话框中的"编辑类型"按钮，Revit将会弹出"类型属性"对话框，如图6-3所示。

图6-3

点击"族"按钮，会出现选择楼梯族下拉列表，如图6-4所示。点击选择"系统族：组合楼梯，类型属性的"类型参数"会随之改变，如图6-5所示。

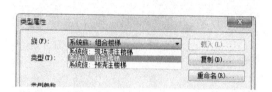

图6-4　　　　　　　　　　　　　　　　　　图6-5

① 选择完"组合楼梯"，在类型属性中，点击"构造"中的类型参数"梯段类型"值按钮，如图6-6所示。

图6-6

Revit将会自动跳转至下一个"类型属性"，将系统族更改为"非整体梯段"，如图6-7所示。当修改完成后，点击"确定"，Revit将会切换至系统族：组合楼梯类型。同样，点击"平台类型"值按钮也将会弹出平台"类型属性"对话框。

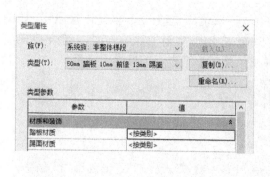

图6-7

②点击"楼梯族"为"系统族：现场浇注楼梯"，楼梯类型也会更改为"整体浇筑楼梯"，"类型参数"中的"类型"与"值"将会随之更改，如图6-8所示。

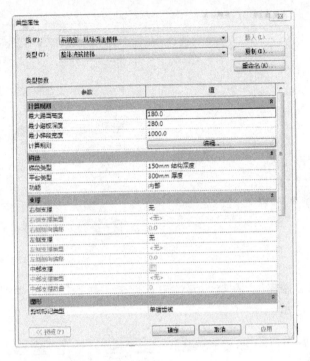

图6-8

③当点击"现场浇注楼梯"时，在类型属性中，"类型参数"中的"构造"如图6-9所示，点击"梯段类型"值按钮。

图6-9

Revit将会自动跳转至下一个"类型属性"，将系统族更改为"非整体梯段"，如图6-10所示。当修改完成后，点击"确定"，Revit将会切换至原先系统族：组合楼梯类型。同样，点击"平台类型"值按钮也将会弹出另外一个平台类型属性对话框。

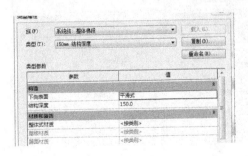

图6-10

④ 点击选择"楼梯族"为"系统族：现场浇注楼梯"，同样楼梯类型也会更改为"整体浇筑楼梯"，"类型参数"中的"类型"与"值"将会随之更改，如图6－11所示。

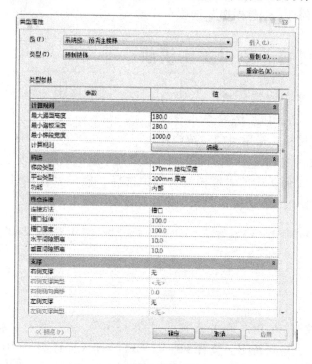

图6－11

⑤ 点击选择"预浇注楼梯"中的"类型参数"中的构造中的"梯段类型"值按钮，如图6－12所示。

图6－12

Revit 将会自动跳转至下一个"类型属性"，将系统族更改为"非整体梯段"，如图6－13所示。当修改完成后，点击"确定"，Revit 将会切换至系统族：组合楼梯类型。同样，点击"平台类型"值按钮也将会弹出另外平台类型属性对话框。

图6－13

选择完成，"系统族"楼梯类型之后，点击"类型属性"对话框中的"复制"按钮，将会弹出"名称"对话框，将其修改为所要创建的踏步深与踢步高，点击"确定"，Revit将会自动跳转至"修改|创建楼梯"选项卡。

6.1.2　绘制楼梯：别墅案例讲解

打开资料文件夹中"第六章"→"第一节"→"练习文件夹"→"绘制双跑楼梯.rvt"项目文件，进行以下练习。

（1）绘制双跑楼梯：采用楼梯（按构件）。

① 打开项目文件之后，将平面视图切换至"架空层平面图"，通过单击"建筑"选项卡→在"楼梯坡道"面板中的"楼梯"工具中选择"楼梯（按构件）"创建楼梯，Revit将会自动跳转至"修改|创建楼梯"选项卡，如图6-14所示。

图6-14

② 打开资料文件夹中"第六章"→"第一节"→"练习文件夹"→"楼梯详图.dwg"项目文件，进行练习。查看TB1与TB2楼梯大样详图，TB1楼梯大样：踏步深260mm，踢步高为166.67mm。TB2楼梯大样：踏步深为260mm，踢步高为163.63mm。

③ 绘制参照平面：在选择完成楼梯，Revit将会自动跳转至"修改|创建楼梯"选项卡，选择"工作平面"面板中的"参照平面"工具，如图6-15所示。

图6-15

点击完成，Revit的"上下文选项卡"将会增加"放置|参照平面"选项卡，并跳转至其选项卡，如图6-16所示。

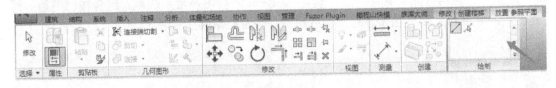

图6-16

> **提示**　选择"绘制"面板中的"直线"工具，打开资料文件夹中"第六章"→"第一节"→"练习文件夹"→"楼梯详图.dwg"项目文件，查看打开的"楼梯详图.dwg"项目文件。

在打开的dwg文件中，按照CAD图纸绘制参照平面，如图6-17所示。

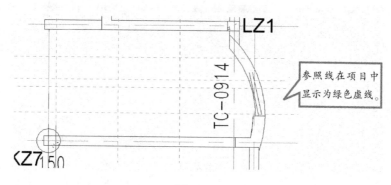

图 6-17

水平绘制 4 条参照平面，点击第 1 条参照平面，将会出现临时尺寸标注，点击临时标注尺寸拖拽操作夹点拉至第 3 条参照平面，切换至"注释"选项卡，选择"尺寸标注"面板中的"对齐"工具，标注第 1/D 轴内墙与第 1 条参照平面，第 1 条与第 2 条参照平面之间的距离，如图 6-18 所示。

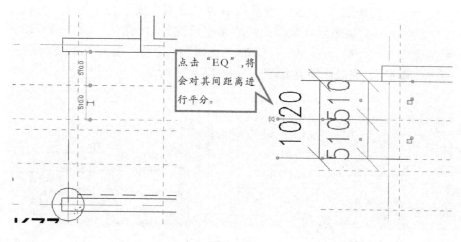

图 6-18

点击图中的尺寸标注中的" EQ "工具，Revit 将会自动对其间距离进行平分（第 3 条与第 4 条参照平面，第 4 条与第 1/C 号轴线之间的距离，方法同上），删除其标注。

④ 垂直参照平面：按照上步操作，点击查看"楼梯详图 . dwg"项目文件，按照 CAD 图纸绘制参照平面，点击参照平面，修改临时尺寸，修改完成，如图 6-19 所示。

⑤ 创建楼梯类型：点击"建筑"选项卡中，选择"楼梯坡道"面板中"楼梯"下拉列表中的"楼梯（按构件）"工具，Revit 将会自动跳转至"修改|创建楼梯"选项卡，如图 6-20 所示。

同时面板下将会出现选项栏，根据项目需要

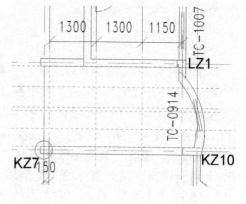

图 6-19

图 6 – 20

进行设置，如图 6 – 21 所示。

定位线：梯段：中心　　　　　偏移量：0.0　　　　实际梯段宽度：1000.0　　　☑自动平台

图 6 – 21

点击"属性"对话框中的"编辑类型"按钮，将会弹出"类型属性"对话框，选择楼梯族为：系统族：预浇注楼梯，点击"复制"按钮，Revit 将会自动弹出"名称"对话框，修改名称为"TB1：166.67×260"，修改"类型参数"中的"最大踢面高度的值为166.67mm、最小踏板深度为260mm、最小梯段宽度为1020mm"，点击"构造"中的"梯段类型"值中的按钮，将会跳转至"整体楼梯"的类型属性对话框，点击"复制"按钮，修改为"100mm 结构深度"修改类型参数中的"下侧表面"为平滑式，修改"结构深度"为100，Revit 将会切换至原来楼梯的"类型属性"对话框中，如图 6 – 22 所示。修改"平台类型"为"100mm 厚度"，修改"支撑"：点击"右与左侧支撑"值，选择"无"，点击"确定"，完成楼梯类型修改，如图 6 – 23 所示。

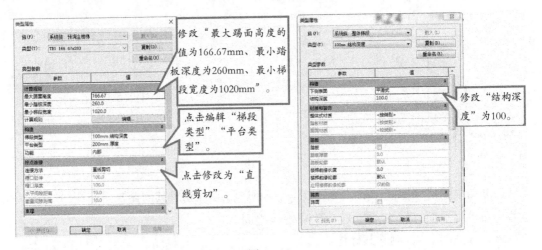

图 6 – 22

设置完成 TB1 类型楼梯，点击"复制"按钮，将会弹出名称对话框，将其修改为"TB2：163.63×260"，修改"类型参数"中的"最大踢面高度的值为163.63mm、最小踏板深度为260mm、最小梯段宽度为1020mm"，点击"构造"中的"梯段类型"值中的按钮，将会跳转至"整体楼梯"的类型属性对话框，点击"复制"按钮，修改为"100mm 结构深度"，修改"类型参数"中的"下侧表面"为平滑式，修改"结构深度"为100，Revit 将会切换至原来楼梯的"类型属性"对话框中，修改"平台类型"为"200mm 厚度"，修改"支撑"：点击"右与左侧支撑"值，选择"无"，点击"确定"，完成楼梯类型修改，如图 6 – 24 所示。

图 6 – 23

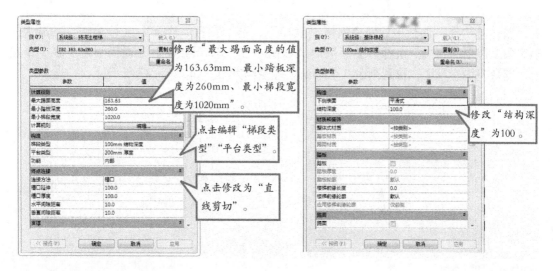

图 6 – 24

（2）绘制楼梯。

① 绘制 TB1 类型楼梯，切换视图至"架空层"视图。选择设置完成楼梯，设置属性对话框中，楼梯的限制条件、尺寸标注如图 6 – 25 所示。

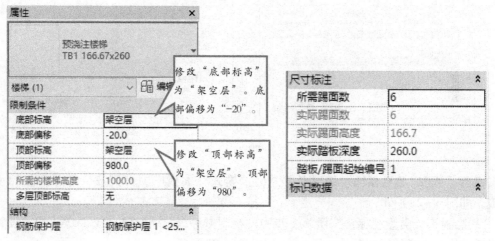

图 6 – 25

注意	绘制楼梯梯段时，注意修改"属性"中的"尺寸标注"中"所需踢面数"。

修改完成后 Revit 将会自动跳转至"修改 | 创建楼梯"选项卡，如图 6-26 所示。

图 6-26

选择"构件"面板中的楼梯创建"直梯"工具，参考大样详图进行绘制，点击水平第 1 条参照平面与第 2 条垂直参照平面从右向左拉，Revit 会在下方提醒创建了多少个踏面，剩余多少个踏面，拉到剩余 0 个踏面，即绘制完成，如图 6-27 所示。

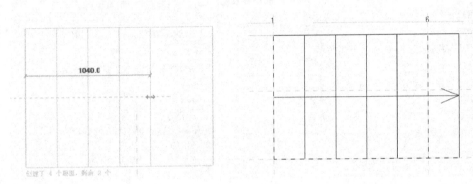

图 6-27

绘制完成楼梯踏面，点击选择选项卡中的"栏杆扶手"，Revit 将会弹出"栏杆扶手"对话框，选择扶手样式为"1100mm"栏杆，点击"确定"，如图 6-28 所示。

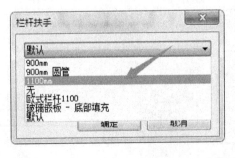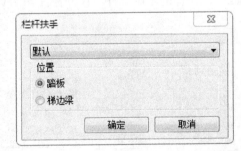

图 6-28

点击"修改 | 创建楼梯"选项卡，弹出"模式"面板中的"完成"工具，楼梯创建完成，如图 6-29 所示。

② 绘制 TB2 类型楼梯：按照第①步中的绘制方法，选择设置完成 TB2 楼梯，设置属性对话框中，楼梯的限制条件、尺寸标注如图 6-30 所示。

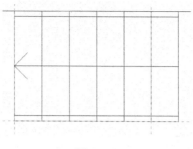

图 6 - 29

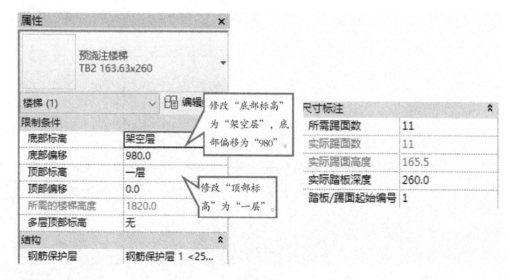

图 6 - 30

设置完成创建的 TB2 楼梯，Revit 将会自动跳转至"修改 | 创建楼梯"选项卡，如图 6 - 31 所示。

图 6 - 31

选择"构件"面板中的楼梯创建工具，选择"直梯"工具，参考大样详图进行绘制，点击水平第 4 条，参照平面与第 3 条垂直参照平面从右向左拉，Revit 会在下方提醒创建了多少个踏面，剩余多少个踏面，拉到剩余 0 个踏面，完成绘制，如图 6 - 32 所示。

放置栏杆如第①步所表示，点击"修改 | 创建楼梯"选项卡，"模式"面板中的"完成"工具，结果如图 6 - 33 所示。

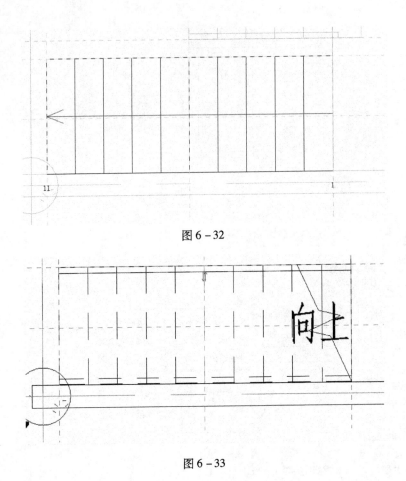

图 6 - 32

图 6 - 33

6.1.3 修改楼梯

（1）创建楼梯休息平台。

①点击楼梯 TB1，Revit 将会切换至"修改｜楼梯"选项卡，点击"编辑"面板中的"编辑楼梯"工具，Revit 将会切换至"修改｜创建楼梯"，点击"构件"面板中的"平台"工具，如图 6 - 34 所示。

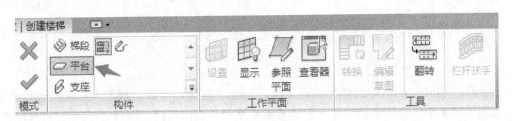

图 6 - 34

②点击选择创建草图，Revit 将会切换至"修改｜创建楼梯 > 绘制平台"选项卡，点击选择"绘制"面板中的"拾取线"工具，如图 6 - 35 所示，设置平台属性，修改平台的限制条件，相对标高的距离。

地场地
协作
视图
管理
Fuzor Plugin
橄榄山快模
族库大师
修改 | 创建楼梯 > 绘制平台
边界
楼梯路径
修改
视图
测量
创建
模式
绘制

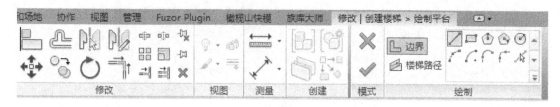

图 6－35

③点击拾取所要绘制的平台边界，选择“修改 | 创建楼梯 > 绘制平台”选项卡，拾取绘制完成，点击“模式”面板中的“完成”工具，如图 6－36 所示，删除平台默认创建的栏杆扶手。

整体平台
200mm 厚度
平台
编辑类型
限制条件
相对高度
980.0
尺寸标注
总厚度
100.0
标识数据
图像
注释
标记
LZ1
向上
TC-0914

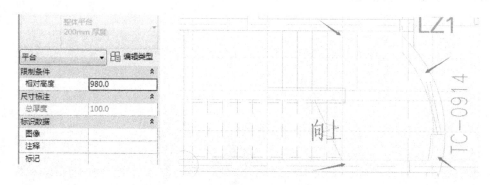

图 6－36

注意	在拾取线时，拾取的线会相交，需要通过点击“修改”选项卡，选择“修改”面板中的“修剪/延伸为角（TR）”工具，进行修改。

（2）创建 1 层与 2 层之间的楼梯。

① 切换平面视图至“一层平面视图”，点击“建筑”选项卡中“楼梯坡道”面板中“楼梯”下拉列表中的“楼梯（按构件）”工具，Revit 将会自动跳转至“修改 | 创建楼梯”选项卡，在属性对话框中，选择 TB2 类型楼梯，设置楼梯属性的限制条件、尺寸标注，如图 6－37 所示。

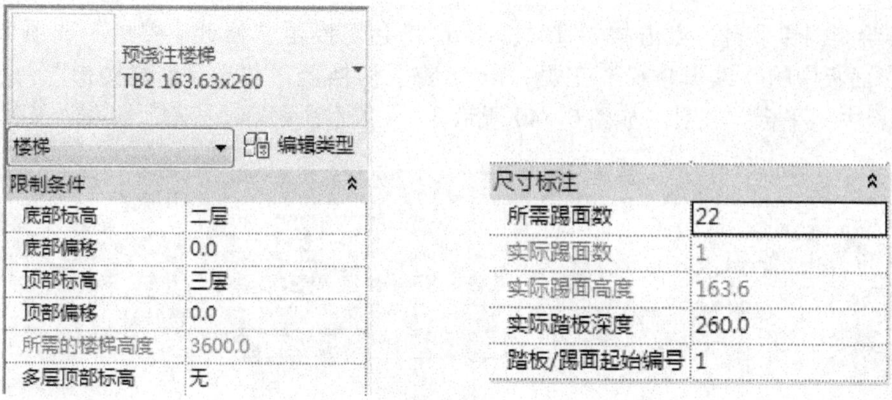

预浇注楼梯
TB2 163.63x260
楼梯
编辑类型
限制条件
底部标高
二层
底部偏移
0.0
顶部标高
三层
顶部偏移
0.0
所需的楼梯高度
3600.0
多层顶部标高
无
尺寸标注
所需踢面数
22
实际踢面数
1
实际踢面高度
163.6
实际踏板深度
260.0
踏板/踢面起始编号
1

图 6－37

② 设置楼梯选项栏：设置楼梯的定位线、实际梯段宽度的尺寸，取消勾选"自动平台"选项，如图6-38所示。

定位线：梯段：中心   ▼   偏移量：0.0   实际梯段宽度：1020.0   □自动平台

图6-38

③ 绘制楼梯：点击"修改｜创建楼梯"选项卡，选择"构件"面板中"梯段"工具，选择"直梯"工具，点击第1条垂直参照平面与第1条水平参照平面，从左向右拉，创建11踏步，转弯从第3条垂直参照平面与第4条水平参照平面，拉至创建22踏步，剩余0个踏面，即绘制完成，如图6-39所示。

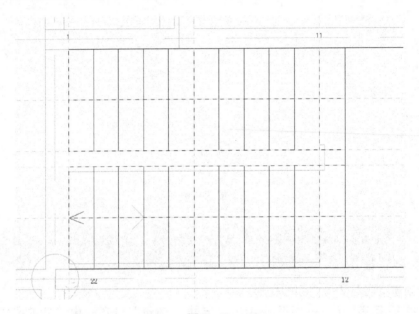

图6-39

| 提示 | 放置栏杆扶手，点击选项卡中的"工具"面板中"栏杆扶手"工具，具体操作如"6.1.2 绘制楼梯：别墅案例讲解"中⑥所示。 |

④ 绘制楼梯平台：点击楼梯TB2，Revit将会切换至"修改｜楼梯"选项卡，点击"编辑"面板中的"编辑楼梯"工具，Revit将会切换至"修改｜创建楼梯"，点击"构件"面板中"平台"工具，如图6-40所示。

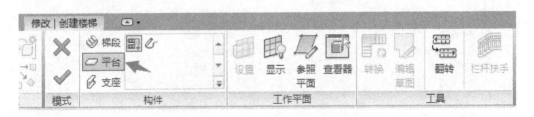

图6-40

　　点击选择创建草图，Revit 将会切换至"修改｜创建楼梯＞绘制平台"选项卡，点击选择"绘制"面板中的"拾取线"工具按钮，如图 6－41 所示，设置平台属性，修改平台的"限制条件""相对标高"的距离。点击拾取所要绘制的平台边界，选择"修改｜创建楼梯＞绘制平台"选项卡，拾取绘制完成，点击"模式"面板中的"完成"工具，如图 6－42 所示，删除平台默认创建的栏杆扶手。

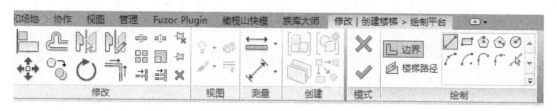

图 6－41

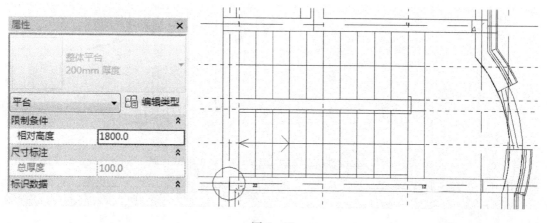

图 6－42

　　（3）修改栏杆扶手。

　　① 点击切换至"架空层平面"视图，删除楼梯靠墙的栏杆扶手，点击修改 TB1 楼梯"栏杆"，点击"栏杆"，Revit 将会切换至"修改｜栏杆扶手"，如图 6－43 所示。

图 6－43

　　点击"工具"面板中"编辑路径"，将其路径拉至第三条参照平面，点击"修改｜栏杆扶手＞绘制路径"选项卡中的"模式"面板→"完成"工具，如图 6－44 所示。

　　② 点击架空层的 TB2 段楼梯扶手，Revit 将会切换至"修改｜栏杆扶手"，点击"工具"面板中的"编辑路径"，如图 6－45 所示，点击"修改｜栏杆扶手＞绘制路径"选项卡中的"模式"面板→"完成"工具。

　　③ 点击切换视图至"一层平面图"，删除楼梯靠墙的栏杆扶手，如图 6－46 所示。

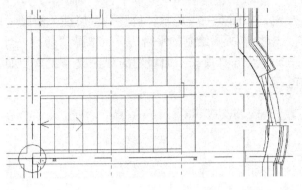

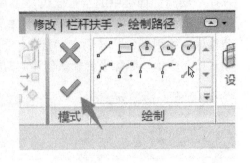

图 6 – 44

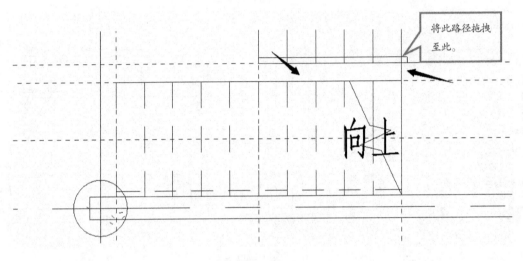

图 6 – 45

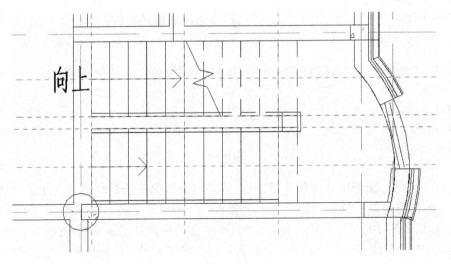

图 6 – 46

（4）由于二层、三层的楼梯与一层的楼梯是一样的，切换至"修改"选项卡，选择二层到三层的楼梯、栏杆扶手、休息平台，点击选择"剪贴板"面板中的"复制到剪贴板"工具，如图6-47所示。此时"剪贴板"面板中的"粘贴"工具将会高亮显示，点击"粘贴"工具，下拉列表中，选择"与选定的标高对齐"工具，Revit将会弹出"选择标高"对话框，点击选择"二层"+"Ctrl"键，加选"三层"，点击"确定"，如图6-48所示。

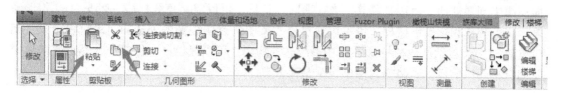

图6-47

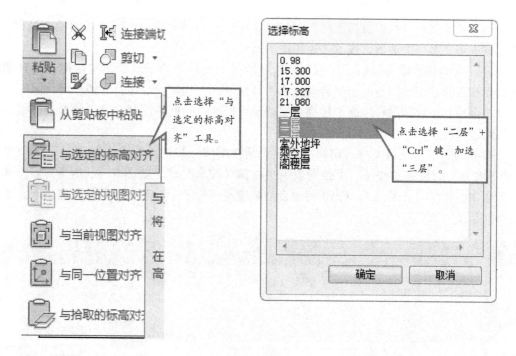

图6-48

课后练习

打开资料文件夹中"第六章"→"第一节"→"练习文件夹"→"绘制双跑楼梯.rvt"项目文件，进行练习，绘制别墅项目的双跑楼梯。

6.2 按草图创建楼梯

本节将通过别墅项目的弧形楼梯与室外异形楼梯的创建,介绍按草图创建楼梯的工具。在不同项目中,各种独特的楼梯,可通过定义楼梯梯段或绘制踢面线和边界线,在平面视图中创建楼梯。使用"楼梯(按草图)"工具,可以定义直线梯段、带平台的 L 形梯段、U 形楼梯和螺旋形楼梯,也可以通过修改草图来改变楼梯的外边界。踢面和梯段会相应更新。Revit 自动生成栏杆扶手,在多层建筑物中,可以只设计一组楼梯,然后为其他楼层创建相同的楼梯,到楼梯属性中定义最高标高。

6.2.1 楼梯(按草图)定义

一个楼梯梯段的踏板数基于楼板与楼梯属性定义的最大踢面高度之间的距离确定,绘图区域中将显示一个矩形,表示楼梯梯段的迹线。

(1)在创建楼梯(按草图)时,绘制梯段是最简单的方法。绘制梯段时,将自动生成边界和踢面。完成绘制后,将自动生成栏杆扶手,"梯段"工具会将楼梯设计限制为直梯段、带平台的直梯段和螺旋形楼梯。了解设计楼梯时的更多控制,通过绘制边界线和踢面线绘制梯段。

(2)打开一个项目文件,切换项目至平面视图或三维视图,单击"建筑"选项卡→"楼梯坡道"面板→"楼梯"下拉列表→"楼梯(按草图)",如图 6-49 所示。点击其下拉列表中的楼梯(按草图),Revit 将会自动跳转至"修改|创建楼梯草图"选项卡,如图6-50 所示。

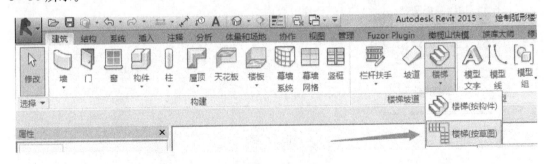

图 6-49

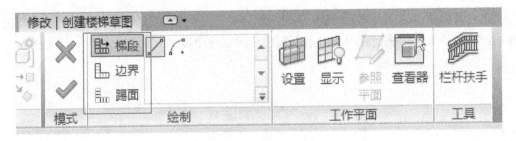

图 6-50

（3）设置楼梯类型属性：点击属性对话框中的"编辑类型"，Revit 将会自动跳出"类型属性"，草图楼梯的族只有"系统族：楼梯"，在草图楼梯中，具备了"楼梯（按构件）"中的"类型参数"，如图 6-51 所示。

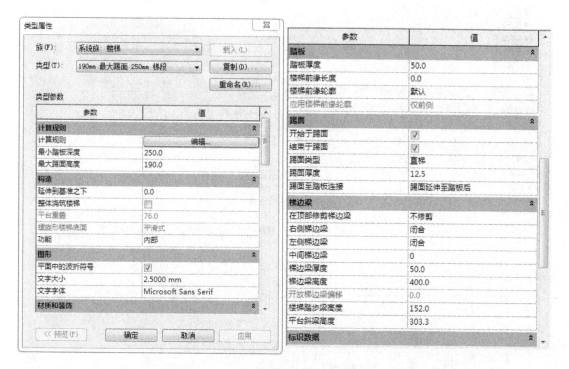

图 6-51

在草图楼梯中，需要修改其计算规则：最小踏板深度、最大踢面高度的大小；对构造进行修改，勾选"整体浇筑楼梯"，Revit 的类型属性对话框中，构造类型参数都会高亮显示，类型参数中梯边梁只有"在顶部修改梯边梁"会高亮显示，点击下拉列表，可以进行选择。取消勾选构造中的"整体浇筑楼梯"类型参数，Revit 的类型属性对话框中，构造类型参数：平台重叠、螺旋形楼梯底面将会不可选择，不会高亮显示。而梯边梁中，"在顶部修剪梯边梁""左（右）侧梯边梁""中间梯边梁"将会高亮显示，其他将不会高亮显示，如图 6-52 所示。

（4）属性对话框：草图楼梯的类型属性对话框中，在通常的项目中，必须设置的有"限制条件""尺寸标注"，在标注样式中，显示楼梯的注释需要通过"图形"属性进行设置，如图 6-53、图 6-54 所示。

参数	值
计算规则	⌃
计算规则	编辑...
最小踏板深度	260.0
最大踢面高度	150.0
构造	
延伸到基准之下	0.0
整体浇筑楼梯	✓
平台重叠	76.0
螺旋形楼梯底面	阶梯式
功能	内部
图形	⌄
材质和装饰	⌄
踏板	⌄
踢面	⌄
梯边梁	⌃
在顶部修剪梯边梁	不修剪
左侧梯边梁	无
右侧梯边梁	无
中间梯边梁	0
梯边梁厚度	50.0
梯边梁高度	400.0

参数	值
延伸到基准之下	0.0
整体浇筑楼梯	☐
平台重叠	76.0
螺旋形楼梯底面	阶梯式
功能	内部
图形	⌄
材质和装饰	⌄
踏板	⌄
踢面	⌄
梯边梁	⌃
在顶部修剪梯边梁	不修剪
左侧梯边梁	无
右侧梯边梁	无
中间梯边梁	0
梯边梁厚度	50.0
梯边梁高度	400.0
开放梯边梁偏移	0.0
梯边踏步高度	100.0
平台斜梁高度	100.0
标识数据	⌃

图 6 - 52

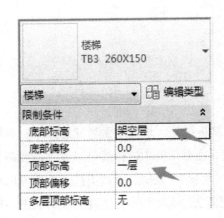

结构	
	楼梯 TB3 260X150 ▼
楼梯 ▼	🔲 编辑类型
限制条件	⌃
底部标高	架空层
底部偏移	0.0
顶部标高	一层
顶部偏移	0.0
多层顶部标高	无

图形	⌃
文字(向上)	向上
文字(向下)	向下
向上标签	✓
向上箭头	✓
向下标签	✓
向下箭头	✓
在所有视图中显...	☐
结构	⌃
钢筋保护层	钢筋保护层 1 <...

图 6 - 53

尺寸标注	⌃
宽度	1000.0
所需踢面数	19
实际踢面数	0
实际踢面高度	147.4
实际踏板深度	260.0
标识数据	⌃
图像	
注释	
标记	
阶段化	⌃
创建的阶段	新构造
拆除的阶段	无

图 6 - 54

（5）在需要设置建筑的阶段化时，应在属性对话框中"阶段化"进行设置，阶段化分为：创建的阶段（新构造、现有）、拆除的阶段（新构造、现有、无）。阶段设置：打开"管理"选项卡，选择"阶段化"面板中的"阶段"工具，Revit将会自动弹出"阶段化"对话框，需要进行设置：工程阶段、阶段管理器、图形替换，如图6-55所示。（本阶段化设置是工程的设置，并非楼梯专有，是后期工程管理设置，接下来将会详细进行操作设置。）

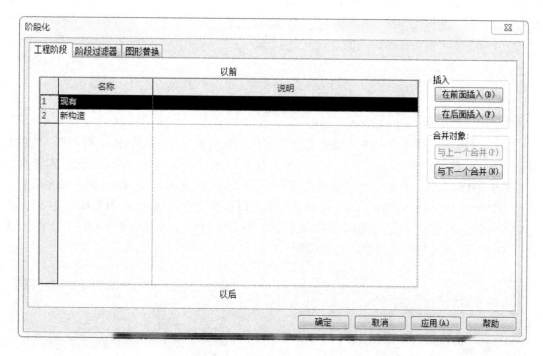

图6-55

打开资料文件夹中"第六章"→"第二节"→"练习文件夹"→"绘制弧形楼梯+室外异形楼梯.rvt"项目文件，进行以下练习。

6.2.2　按草图创建楼梯

（1）绘制弧形楼梯。

① 打开项目文件之后，将平面视图切换至"一层平面图"，通过单击"建筑"选项卡→在"楼梯坡道"面板中的"楼梯"工具中选择"楼梯（按草图）"进行创建楼梯，Revit将会自动跳转至"修改│创建楼梯"选项卡，如图6-56所示。

图6-56

② 打开资料文件夹中"第六章"→"第一节"→"练习文件夹"→"楼梯详图.dwg"项目文件，进行练习。查看楼梯 B 与 TB3 楼梯大样详图，楼梯 B 大样：踏步宽为 260mm，踢步高为 150mm，TB3 楼梯大样：踏步宽：260mm，踢步高为 150mm。

③ 创建楼梯类型：点击"建筑"选项卡，选择"楼梯坡道"面板中"楼梯"下拉列表中的"楼梯（按草图）"工具，Revit 将会自动跳转至"修改｜创建楼梯草图"选项卡，如图 6－57 所示。

图 6－57

点击"属性"对话框中的"编辑类型"按钮，将会弹出"类型属性"对话框，"系统族：楼梯"，点击"复制"按钮，Revit 将会自动弹出"名称"对话框，修改其名称为"楼梯 B 260×150"，点击修改"类型参数"中的：最小踏板深度为 260，最大踢面高度为 150，勾选"整体浇筑楼梯"，修改踏板类型参数厚度为 30、踢面类型参数厚度为 30，梯边梁平台斜梁高度为 100，如图 6－58 所示。由于 TB3 与楼梯步楼梯参数相同，点击"复制"按钮，修改其名称为"TB3 260×150"。

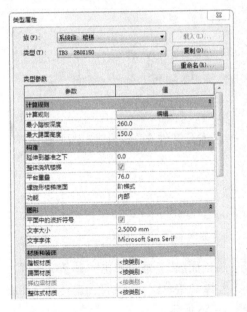

图 6－58

④ 设置楼梯属性：点击楼梯属性对话框，修改其楼梯的限制条件"底部标高为一层，顶部标高为二层"，设置楼梯的尺寸标注"所需踢面数为 24，宽度为 1000"，实际踏板深度为 260，如图 6－59 所示。

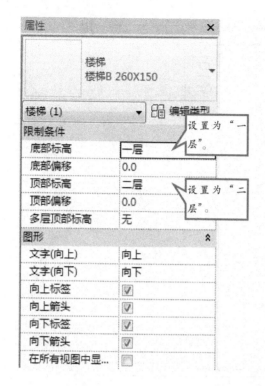

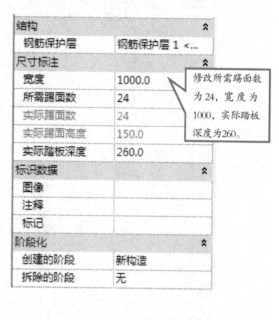

图 6 – 59

⑤ 绘制弧形楼梯：设置完成楼梯属性后，切换至"修改｜创建楼梯草图"，选择"绘制"面板中的"边界"工具，选择"拾取"绘制工具，如一层平面视图所示的底图，楼梯 B 所在的位置，拾取楼梯的边界，对于拾取超出的边界需通过修改面板中的"修剪/延伸为角（TR）"工具进行修改，如图 6 – 60 所示，Revit 通常显示边界为绿色，拾取绘制完楼梯边界完成后，选择绘制面板中的"踢面"工具，进行踢面绘制，同样采取"拾取线"进行绘制，Revit 通常显示边界为黑色，同样地每拾取一踢面，楼梯下方将会显示"创建多少个踢面，剩余多少个"，等剩余为 0 时，表示全部绘制完成，如图 6 – 61 所示。

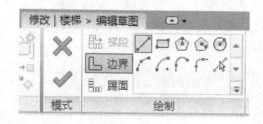

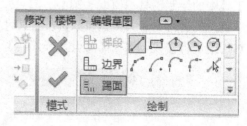

图 6 – 60

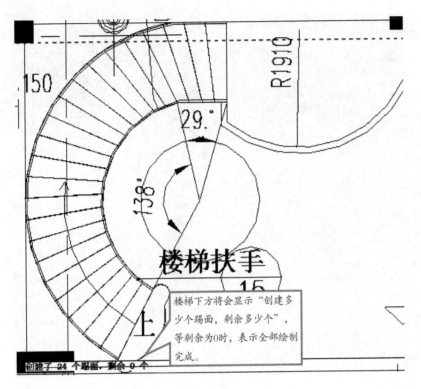

图6-61

⑥ 选项栏：在上下文选项卡中，偏移量为0，其他不需进行任何修改，如图6-62所示。

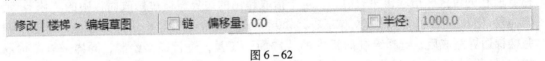

图6-62

⑦ 采用草图楼梯除了通过"边界"与"踢面"创建异形楼梯，还可以通过"梯段"工具中的绘制工具"直线、圆心－端点弧，进行创建直梯、弧形楼梯、旋转楼梯"，工具项目需要进行设置其类型参数，设置其计算规则"最小踏板深度、最大踢面高度的大小"；对构造进行修改，根据需要设置好其类型属性参数，如图6-63所示。

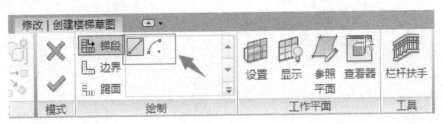

图6-63

⑧ 楼梯的栏杆扶手类型，将会自动默认生成。

⑨ 绘制楼梯踏板：在楼梯B处，楼梯的底部造型踏板，采用楼板进行绘制，采用拾取

线进行创建踏板，点击"建筑"选项卡中的"构建"面板，选择"楼板"工具，点击"编辑类型"，Revit 将会弹出"类型属性"对话框，点击"复制"按钮，修改名称为"一层踏板－50mm"，点击"编辑"按钮，修改其厚度为50，点击"确定"，如图 6－64 所示。

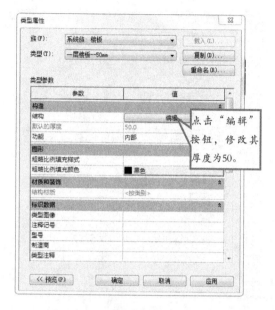

图 6－64 　　　　　　　　　　　　　　　图 6－65

设置完成后，Revit 将会弹出"修改｜创建楼层边界"选项卡，选择"绘制"面板中"拾取线"，拾取踏板。超出的边界，需要利用"修改"选项卡中的"修剪/延伸为角（TR）"工具进行修改，如图 6－65 所示。绘制完成，点击"修改｜创建楼层边界"选项卡中的"模式"面板中的"完成"工具，点击完成绘制。

（2）室外异形楼梯。

① 点击鼠标中键，移动视图至"楼梯－TB3"类型楼梯，在绘制弧形楼梯时，已经设置完成楼梯的，点击"建筑"选项卡→在"楼梯坡道"面板中的"楼梯"工具中选择"楼梯（按草图）"创建楼梯，Revit 将会自动跳转至"修改｜创建楼梯草图"选项卡，如图 6－66 所示。

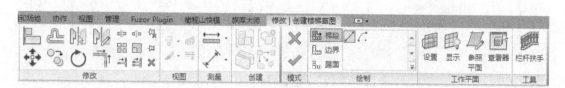

图 6－66

② 选择楼梯类型：点击楼梯属性对话框中的类型选择器，选择"楼梯－TB3－260×150"楼梯类型，设置其限制条件"底部高度为一层，顶部高度为二层"，设置其尺寸标注"所需踢面数、宽度等"，如图 6－67、图 6－68 所示。

图 6 – 67

图 6 – 68

尺寸标注		⊗
宽度	1000.0	
所需踢面数	19	
实际踢面数	19	
实际踢面高度	147.4	
实际踏板深度	260.0	
标识数据		⊗
图像		
注释		
标记		
阶段化		⊗
创建的阶段	新构造	
拆除的阶段	无	

注意   在设置楼梯参数时，需要查看属性中的"尺寸标注"选项，根据项目要求，修改其梯段宽度、所需踢面数，实际的踏板深度，Revirt 将会根据设置，自动调整"实际踢面高度"。

③ 绘制室外楼梯：设置完成楼梯属性后，切换至"修改|创建楼梯草图"，选择"绘制"面板中的"边界"工具，选择"拾取"绘制工具，如图 6 – 69 所示。

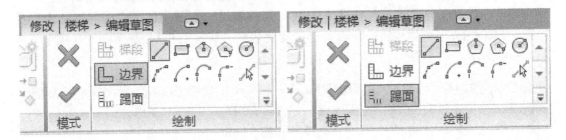

图 6 – 69

④ 如一层平面视图所示的底图，楼梯 TB3 所在的位置，工具底图拾取楼梯的边界，对于拾取出超出的边界，需通过修改面板中的"修剪/延伸为角（TR）"工具进行修改，Revit 通常显示边界为绿色。拾取绘制楼梯边界完成后，选择绘制面板中的"踢面"工具，绘制踢面，同样采取"拾取线"进行绘制，Revit 通常显示边界为黑色，如图 6 – 70 所示。

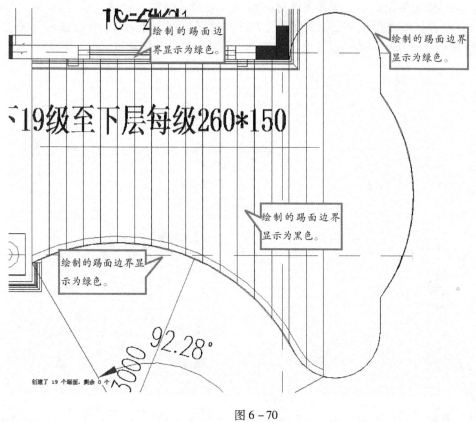

图 6 - 70

绘制的踢面边界显示为绿色。

提示	注意楼梯下方将会显示"创建多少个踢面,剩余多少个",等剩余为 0 时,表示全部绘制完成。如果没有下方显示的剩余多少个,项目却已经绘制完成时,证明楼梯属性设置不正确,需要进行修改最小踏板深度、最大踢面高度。

6.2.3 多层楼梯

当项目楼层的层高相同时,只需要绘制一层的楼梯即可,通过设置 Revit 楼梯属性面板即可全部绘制完成,然后新建建筑样板文件,进行绘制。

(1)点击"建筑"选项卡→在"楼梯坡道"面板中的"楼梯"工具中选择"楼梯(按草图)"创建楼梯,Revit 将会自动跳转至"修改│创建楼梯草图"选项卡,如图 6 - 71 所示。

图 6 - 71

（2）选择楼梯类型：点击楼梯属性对话框中的类型选择器，选择"楼梯 – 260 × 150"
楼梯类型，设置其限制条件"底部高度为标高1，顶部高度为标高2，多层顶部标高为标
高9"；设置其尺寸标注"所需踢面数、宽度等"，如图6 – 72所示。

图6 – 72

（3）点击"修改｜创建楼梯草图"选项卡，选择"绘制"面板中的"梯段"工具，
进行绘制，绘制完成，点击"模式"面板中的"完成"工具，如图6 – 73所示。

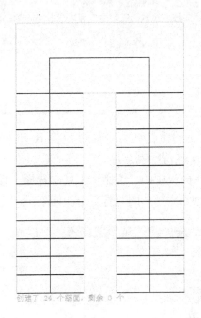
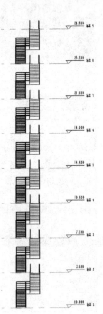

图6 – 73

课后练习

打开资料文件夹中"第六章"→"第二节"→"练习文件夹"→"绘制弧形楼梯 + 室外异形楼梯 . rvt"项目文件，进行练习。

6.3 栏杆

使用栏杆扶手工具，Revit 可以将栏杆扶手作为独立构件添加到楼层中、将栏杆扶手附着到主体（如楼板、坡道或楼梯）、在创建楼梯时自动创建栏杆扶手、在现有楼梯或坡道上放置栏杆扶手、绘制自定义栏杆扶手路径。

6.3.1　栏杆扶手

创建栏杆扶手时，扶手和栏杆将自动按相等间隔放置在栏杆扶手上。有关编辑栏杆和支柱位置的信息，扶手和栏杆的造型由项目中载入的轮廓族决定。可以编辑栏杆扶手系统的连续扶栏构件（顶部扶栏和扶手），并且可以根据需要添加和修改扩展。

（1）打开项目文件之后，将平面视图切换至"一层平面图"，通过单击"建筑"选项卡→在"楼梯坡道"面板中的"栏杆扶手"工具中选择："绘制路径""放置在主体上"创建楼梯，如图 6－74 所示。

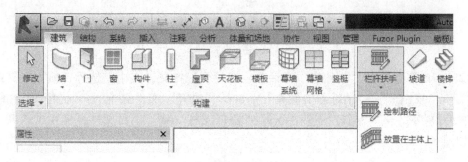

图 6－74

点击"绘制路径"，Revit 将会自动弹出"修改｜创建栏杆扶手路径"，根据项目需要，选择"绘制"面板中的绘制工具，创建栏杆，如图 6－75 所示。

图 6－75

根据项目需要，在栏杆属性对话框设置其限制条件。当点击"放置在主体上"工具时，Revit 将会弹出"修改｜创建主体的栏杆扶手位置"选项卡，设置其属性对话框，设置其限制条件，如图 6 – 76 所示。

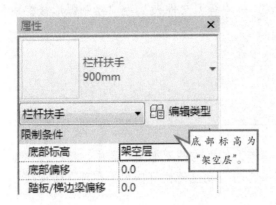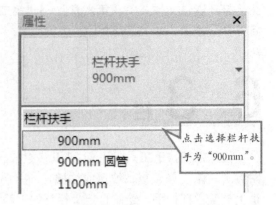

图 6 – 76

打开资料文件夹中"第六章"→"第三节"→"练习文件夹"→"添加栏杆 . rvt"项目文件，进行以下练习。

（2）设置别墅项目栏杆扶手。

① 载入项目所需要的栏杆族：点击"插入"选项卡，选择"从库中载入"面板中的"载入族"工具，如图 6 – 77 所示。

图 6 – 77

② Revit 将会弹出"载入族"对话框，切换至资料文件夹中，选择资料文件夹中"第六章"→"第三节"→"练习文件夹"→选择"栏杆"文件夹中的："栏杆 50 轮廓 . rfa""栏杆 200 轮廓 . rfa""栏杆构造柱 . rfa""栏杆支柱 . rfa"项目文件，将 4 个族载入项目中，如图 6 – 78 所示。

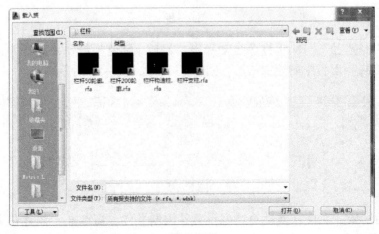

图 6 – 78

③ 点击"建筑"选项卡→选择"楼梯坡道"面板中的"栏杆扶手"工具任意选择："绘制路径"或"放置在主体上"创建楼梯，点击拉杆扶手属性对话框中的"编辑类型"，Revit 将会弹出"类型属性"对话框，如图 6−79 所示。

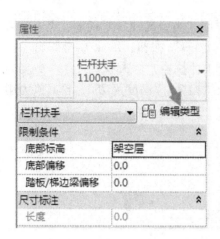

图 6−79

④ 在弹出的"类型属性"对话框中，点击"复制"并修改名称为"欧式栏杆 1100"，点击对话框中的"类型参数"中"栏杆位置"的值"编辑"按钮，Revit 将会弹出"编辑栏杆位置"对话框，如图 6−80 所示。

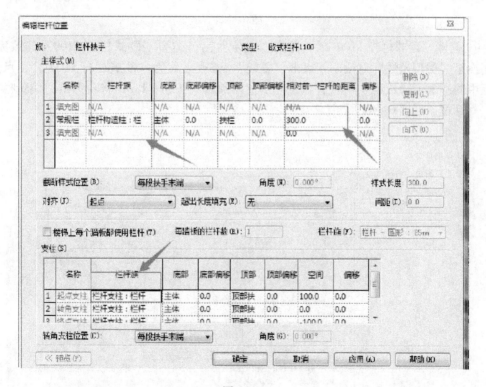

图 6−80

a. 修改主样式：在栏杆族中选择载入的"栏杆构造柱"；

b. 修改支柱：在起点支柱、转角支柱、终点支柱的栏杆族中修改为载入的"栏杆支柱"；点击"确定"，修改其顶部扶栏的"高度"值为1100，类型为"矩形 -50×50mm"，单击"确定"，完成此类型设置。

⑤ 修改完成后，点击"确定"按钮，Revit 将会弹回"类型属性"对话框，点击对话框中的"类型参数"中"栏杆结构（非连续）"的值"编辑"按钮，Revit 将会弹出"栏杆结构（非连续）"对话框，在本项目中只需要设置2种扶栏，修改扶栏1："高度为1100、轮廓族为刚载入的族：栏杆50轮廓"族；修改扶栏2："高度为750、轮廓族为刚载入的族：栏杆200轮廓"族，如图6-81所示。

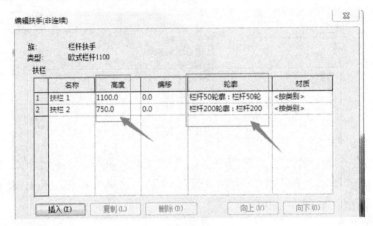

图 6-81

⑥ 创建"欧式栏杆 1100 2"：点击"确定"后，类型"欧式栏杆 1100"修改完成，将切换至"类型属性"对话框，点击"复制"，修改名称为"欧式栏杆 1100 2"，点击对话框中的"类型参数"中"栏杆位置"的值"编辑"按钮，Revit 将会弹出"编辑栏杆位置"对话框，如图6-82所示。

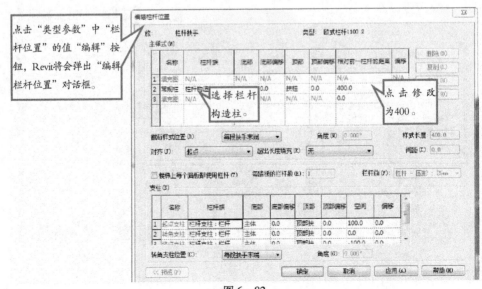

图 6-82

修改主样式：在常规栏，栏杆族中选择载入的"栏杆构造柱""相对前一栏杆的距离"为400，单击"确定"，完成编辑栏杆位置。修改其顶部扶栏的"高度"值为1100，类型为"矩形－50×50"，单击"确定"，完成类型设置，"栏杆结构（非连续）"不做修改。

⑦ 创建"欧式栏杆1100 3"：点击"确定"后，类型"欧式栏杆1100 2"修改完成，将切换至"类型属性"对话框，点击"复制"修改名称为"欧式栏杆1100 3"，点击对话框中的"类型参数"中"栏杆位置"的值"编辑"按钮，Revit将会弹出"编辑栏杆位置"对话框，如图6-83所示。

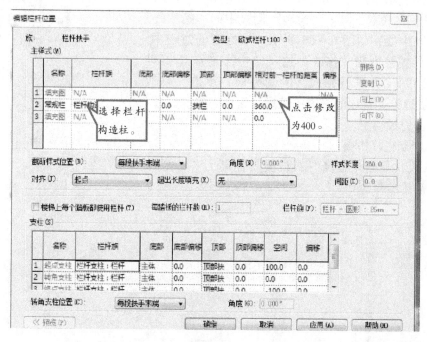

图6-83

修改主样式：在常规栏，栏杆族中选择载入的"栏杆构造柱""相对前一栏杆的距离"为360，单击确定，完成编辑栏杆位置。修改其顶部扶栏的"高度"值为1100，类型为"矩形－50×50mm"，单击"确定"，完成类型设置，"栏杆结构（非连续）"不做修改。

6.3.2　创建栏杆扶手

（1）切换视图至"一层平面图"，单击"建筑"选项卡→选择"楼梯坡道"面板中的"栏杆扶手"工具中的"绘制路径"工具创建楼梯，Revit将会自动弹出"修改|创建栏杆扶手路径"，根据项目需要，选择"绘制"面板中的绘制工具，创建栏杆，如图6-84所示。

根据项目需要，在栏杆属性对话框，设置其限制条件，如图6-85所示，选择栏杆类型为"栏杆扶手－欧式栏杆1100"。

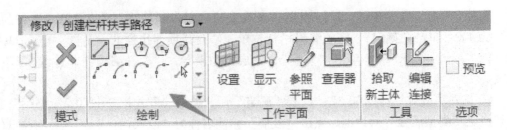

图 6 – 84

（2）绘制阳台栏杆：位于 3 号与 5 号轴和 A 号与 1/OA 号轴之间的位置，点击"绘制"面板中的"拾取线"工具，拾取中线，如图 6 – 86 所示。在拾取的过程中，超出的边界需要利用"修改"选项卡中的"修剪/延伸为角（TR）"工具进行修改，绘制完成，点击"修改｜创建楼层边界"选项卡中的"模式"面板中的"完成"工具，点击完成绘制。

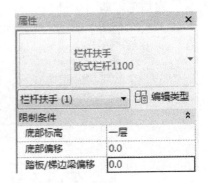

图 6 – 85

（3）绘制栏杆垫板：

① 修改其属性限制条件：设置其标高为"一层"，自标高的高度偏移为 0。

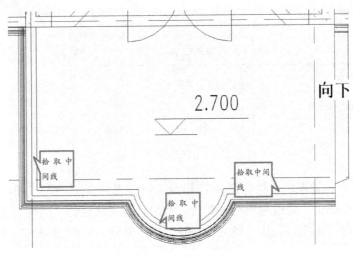

图 6 – 86

② 在创建完成的栏杆扶手，需要创建其垫板，点击"建筑"选项卡，选择"构建"面板中的"楼板"工具，Revit 将会切换至"修改｜创建楼层边界"选项卡，选择"绘制"面板中的"拾取线"工具，进行绘制，在拾取的过程中，超出的边界需要利用"修改"选项卡中的"修剪/延伸为角（TR）"工具进行修改，绘制完成，点击"修改｜创建楼层边界"选项卡中的"模式"面板中的"完成"工具，点击完成绘制，如图 6 – 87 所示。

（4）阳台栏杆都用以上方法进行绘制，绘制完成栏杆，垫板按以上绘制方法，采用楼板进行绘制，在每个栏杆下方都需要绘制垫板，请打开资料文件夹中"第六章"→"第三节"→"完成文件夹"查看。

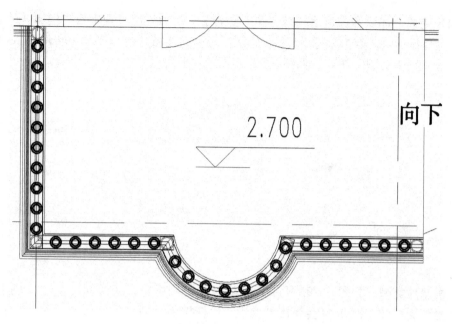

图 6 – 87

6.3.3 编辑栏杆扶手

（1）创建楼梯 A 栏杆扶手：将平面视图切换至"三维视图"，通过单击"建筑"选项卡→在"楼梯坡道"面板中的"栏杆扶手"工具中选择："放置在主体上"进行创建楼梯，如图 6 – 88 所示。

图 6 – 88

点击"放置在主体上"，Revit 将会自动切换至"修改│创建主体上的栏杆扶手位置"工具，如图 6 – 89 所示。根据项目需要，在栏杆属性对话框，设置其限制条件：底部标高、底部偏移，选择栏杆类型为"栏杆扶手 – 欧式栏杆 1100"。

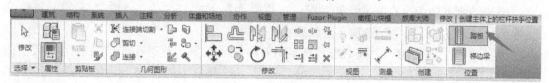

图 6 – 89

（2）完成上述设置，移动鼠标（光标变为手掌图标）移动至项目中楼梯A，当楼梯A为全部蓝色显示时，点击鼠标，Revit将会自动生成楼梯，会弹出"Autodesk Revit"对话框，点击"删除类型"按钮，如图6-90、图6-91所示。

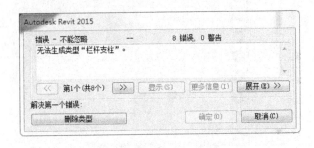

图6-90

图6-91

点击删除类型，如图6-92所示。删除靠墙内侧栏杆，切换视图至"一层平面"视图，点击外侧栏杆，Revit将会弹出"修改｜栏杆扶手"对话框，选择"模式"面板中的"编辑路径"，Revit将会切换至"修改｜栏杆扶手＞绘制路径"选项卡，如图6-93所示。将路径修改成5段，重复上述操作，每段都重新生成一次，再分别进行：如图6-94～图6-98（需要切换至"架空层"视图）所示修改。

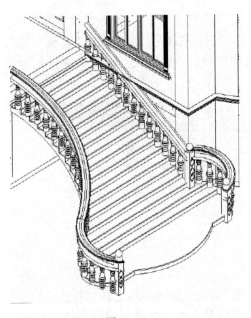

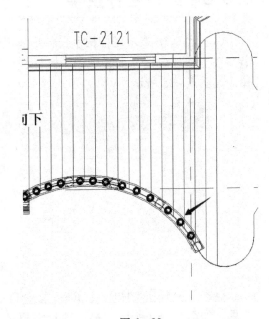

图6-92

图6-93

（3）绘制其他阳台栏杆，绘制完成"一层平面"的栏杆之后，点击栏杆，Revit将会切换至"修改｜栏杆扶手"选项卡，如图6-99所示。

（4）选择"剪贴板"面板中的"复制到剪贴板"工具，此时在"剪贴板"面板中的"粘贴"工具将会高亮显示，选择"粘贴"工具下拉列表中的"与选定的标高对齐"工具，如图6-100所示。

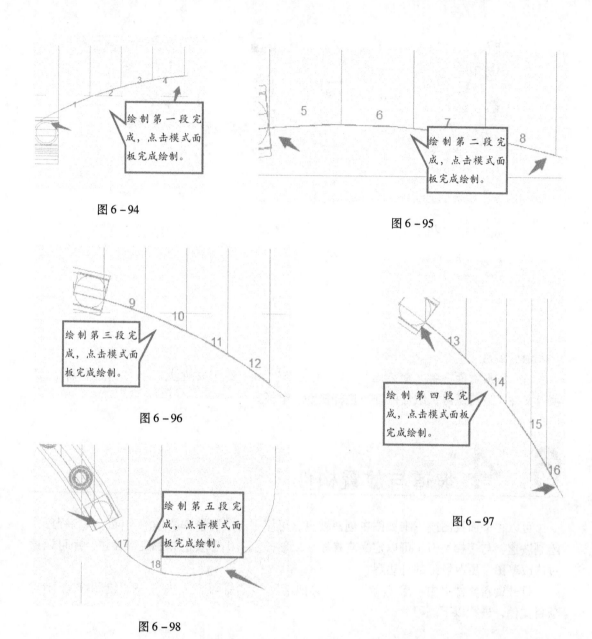

图 6 – 94

图 6 – 95

图 6 – 96

图 6 – 97

图 6 – 98

图 6 – 99

（5）创建完成栏杆后，按照"6.3.2 创建栏杆扶手"中的第 3 点创建垫板进行创建，在每个栏杆下方都需要绘制垫板，请打开资料文件夹中"第六章"→"第三节"→"完成文件夹"查看。

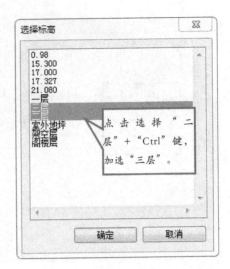

图 6 – 100

课后练习

打开资料文件夹中"第六章"→"第三节"→"练习文件夹"→"添加栏杆.rvt"项目文件,进行练习,添加栏杆、栏杆扶手、垫板。

6.4 坡道与放置构件

可以在平面视图或三维视图中创建坡道,可使用与绘制楼梯所用的相同工具和程序来绘制坡道。与楼梯类似,可以定义直梯段、L 形梯段、U 形坡道和螺旋形坡道,还可以通过修改草图来更改坡道的外边界。

打开资料文件夹中"第六章"→"第四节"→"练习文件夹"→"绘制坡道.rvt"项目文件,进行以下练习。

6.4.1 坡道定义与绘制

(1)打开项目文件之后,将平面视图切换至"架空层平面图",通过单击"建筑"选项卡→"楼梯坡道"面板,选择"坡道(◇)"工具,如图 6 – 101 所示。

图 6 – 101

Revit 将会自动切换至"修改 | 创建坡道草图"选项卡，选择"绘制"面板中的绘制工具，如图 6 – 102 所示。

图 6 – 102

（2）设置坡道属性：在"坡道"属性对话框中，设置其限制条件：底部标高为室外地坪，底部偏移为0，顶部标高为无，顶部偏移为150。设置其"尺寸标注"宽度为4200，点击勾选"向上标签""向下标签"，如图 6 – 103 所示。

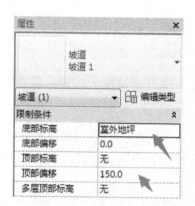

图 6 – 103

> **注意** "顶部标高"和"顶部偏移"属性的默认设置可能会使坡道太长。尝试将"顶部标高"设置为当前标高，并将"顶部偏移"设置为较低的值。

（3）绘制参照平面：在项目中创建参照平面，有起跑位置线、休息平台位置、坡道宽度位置。

（4）点击"绘制"面板中的"直线"工具，在项目中的车库门绘制其坡道边界，将光标放置在绘图区域中，并拖拽光标从右往左进行拉伸绘制坡道梯段。点击属性对话框中的"编辑类型"，Revit 将会自动弹出"类型属性"对话框，选择"类型参数"中的"其他"的"造型"值，修改为"实体"，设置其"构造"类型参数的值为"外部"，其他值均为默认，如图 6 – 104 所示。

> **提示** 在绘制梯段草图时，在梯段草图下方的提示：XXX 创建的倾斜坡道，XXX 剩余。

（5）绘制完成后，选择"修改 | 坡道 > 编辑草图"选项卡中的"模式"面板中的"完成"工具，Revit 将会自动生成栏杆扶手，在本项目中不需要进行创建坡道栏杆扶手。

（6）利用楼板创建坡道。

① 点击选择"建筑"选项卡，选择"构建"面板中的"楼板"工具，Revit 将会自动切换至"修改 | 创建楼层边界"中的"绘制"面板中的"矩形"工具，进行绘制，如图

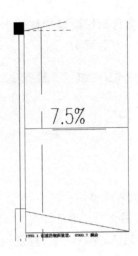

图 6－104

6－105所示。

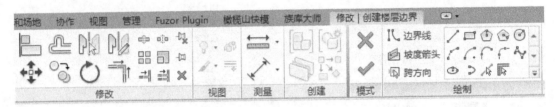

图 6－105

② 设置属性：绘制完成"楼板"，点击"绘制"面板中的"坡度箭头"工具，将光标放置在绘图区域中，并拖拽光标从右往左进行拉伸绘制箭头，修改"属性"对话框，设置其限制条件：最低处标高为室外地坪，尾高度偏移为150，最高处标高为默认，头高度偏移为0，如图6－106所示。绘制完成，点击"模式"面板中的"完成"工具。

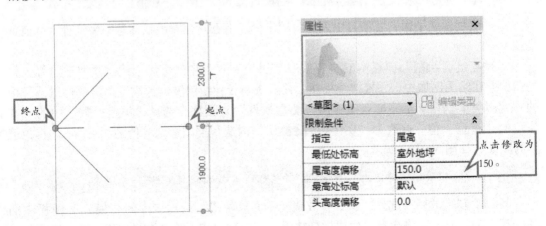

图 6－106

（7）绘制弧形坡道：

① 点击选择"建筑"选项卡，选择"构建"面板中的"楼板"工具，Revit 将会自动

切换至"修改｜创建坡道草图"中的"绘制"面板中的"圆心－端点弧"工具，进行绘制，如图6－107所示。

图6－107

② 设置属性。在"坡道"属性对话框中设置其限制条件：底部标高为室外地坪，底部偏移为0，顶部标高为无，顶部偏移为150。设置其"尺寸标注"宽度为4200，点击勾选"向上标签""向下标签"，绘制完成，点击"模式"面板中的"完成"工具，结果如图6－108所示。

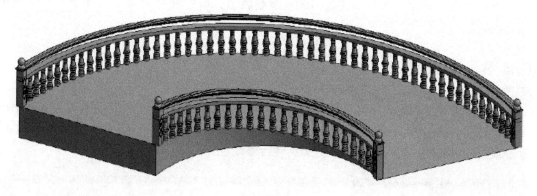

图6－108

6.4.2 创建坡道栏杆扶手

（1）绘制新坡道时，可以指定要使用的栏杆扶手类型，要开始新的坡道，请单击"建筑"选项卡→"楼梯坡道"面板→◇（坡道）。单击"创建坡道草图"选项卡→"工具"面板→"栏杆扶手类型"工具，如图6－109所示。

图6－109

（2）在"栏杆扶手类型"对话框中，选择项目中现有栏杆扶手类型之一，或者选择"默认"来添加默认栏杆扶手类型，或者选择"无"来指定不添加任何栏杆扶手，如图6－110所示。

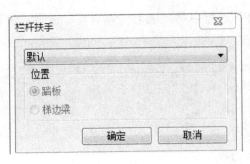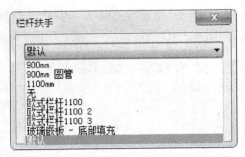

图 6 – 110

| 注意 | 选择"默认值",则 Revit 将激活"栏杆扶手"工具,然后选择"栏杆扶手属性"时显示的栏杆扶手类型。通过在"类型属性"对话框中选择新的类型,可以修改默认的栏杆扶手。 |

(3) 点击"确定"按钮,在绘图区域绘制坡道,新栏杆再附加了栏杆扶手的新坡道就完成绘制。

6.4.3 编辑坡道

点击"坡道",Revit 将会自动切换至"修改|坡道"选项卡,点击"模式"面板中的"编辑草图",Revit 将会再次跳转至"修改|坡道 > 编辑草图"选项卡,如图 6 – 111 所示。根据项目需要,选择选项卡中的工具进行修改。

图 6 – 111

(1) 要修改其坡道的草图,需选择"绘制"面板中的绘制数据进行修改。
(2) 修改属性对话框:修改限制条件、尺寸标注。

6.4.4 旋转室外构件

(1) 放置装饰雕花:
① 载入族。载入项目所需要的栏杆族:点击"插入"选项卡,选择"从库中载入"面板中的"载入族"工具,如图 6 – 112 所示。

图 6 – 112

② Revit 将会弹出"载入族"对话框，切换至资料文件夹，选择资料文件夹中"第六章"→"第四节"→"练习文件夹"→选择"构件"文件夹中的"白色外墙漆欧式装饰山花.rvt"项目文件，将其族载入项目中，如图 6 – 113 所示。

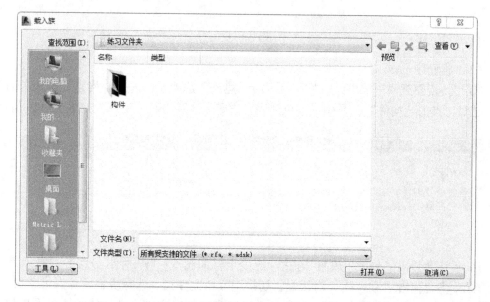

图 6 – 113

③ 放置装饰雕花：打开三维视图，点击"建筑"选项卡，选择"构建"面板中的"构件"工具，点击"构件"工具中的下拉列表，选择"放置构件"工具，如图 6 – 114 所示。

图 6 – 114

④ Revit 将会弹出"修改│放置 构件"选项卡，修改构件的选项栏，修改标高为"阁楼层"，如图 6 – 115 所示。在属性对话框中修改构件的"限制条件：标高、偏移量"，根据项目需要对其进行设置修改，如图 6 – 116 所示。

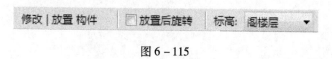

图 6 – 115

调整其构件位置：切换视图至"南立面"，采用键盘上的移动键，点击构件，调整位置。也可以点击"修改"选项卡，如图 6 – 117 所示。选择"修改"面板中的"移动"工具，选择构件对其进行调整。

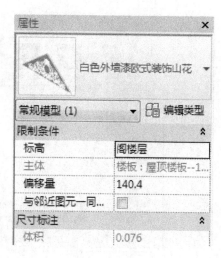

图 6 – 116

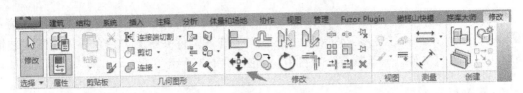

图 6-117

（2）放置柱子：

① 切换视图至"一层平面"视图，点击"建筑"选项卡，选择"构建"面板中的"构件"工具，点击"构件"工具中的下拉列表，选择"放置构件"工具，如图 6-118 所示。

图 6-118

Revit 将会弹出"修改｜放置 构件"选项卡，如图 6-119 所示。点击"载入族"工具，Revit 将会弹出"载入族"对话框，切换至资料文件夹，选择资料文件夹中"第六章"→"第四节"→"练习文件夹"→选择"构件"文件夹中的："科林斯柱 + 爱奥尼柱头.rvt"项目文件，将其族载入项目中，如图 6-120 所示。

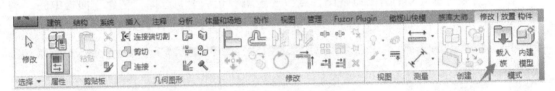

图 6-119

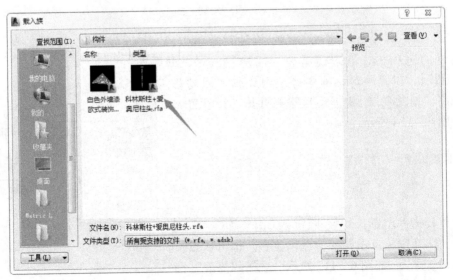

图 6-120

② 选择构件类型：点击"构件"属性对话框中的"类型选择器"，点击其下拉列表，选择其"科林斯柱 + 爱奥尼柱头"构件，设置修改其构件的"限制条件：标高、偏移量"，如图 6 – 121 所示。

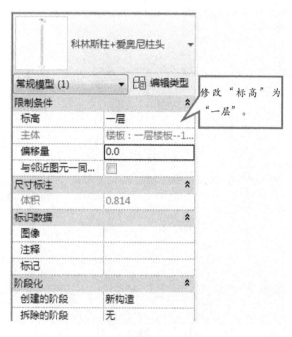

图 6 – 121

6.4.5　放置室内构件

（1）放置厕所构件：

① 切换视图至"架空层平面"视图，点击"建筑"选项卡，选择"构建"面板中的"构件"工具，点击"构件"工具中的下拉列表，选择"放置构件"工具，Revit 将会弹出"修改｜放置 构件"选项卡，点击"载入族"工具，Revit 将会弹出"载入族"对话框，如图 6 – 122 所示。

点击选择"建筑"文件夹→"卫生器具"文件夹→"3D"文件夹→"常用卫浴"文件夹，选择适合项目的构件，如图 6 – 123 所示。

② 放置构件：点击"构件"属性对话框中的"类型选择器"，点击其下拉列表，选择其构件，放置在平面中，Revit 将会自动拾取主体，构件会在鼠标上，点击放置，才会脱离鼠标，在没点击确定放置之前，可以对其构件进行方向调整，点击"空格"即可对其进行调整（在点击确认之后，也可以根据此操作，进行调整构件的操作）。

（2）放置家具：

① 切换视图至"一层平面"视图，点击"建筑"选项卡，选择"构建"面板中的"构件"工具，点击"构件"工具中的下拉列表，选择"放置构件"工具，Revit 将会弹出"修改｜放置 构件"选项卡，点击"载入族"工具，Revit 将会弹出"载入族"对话

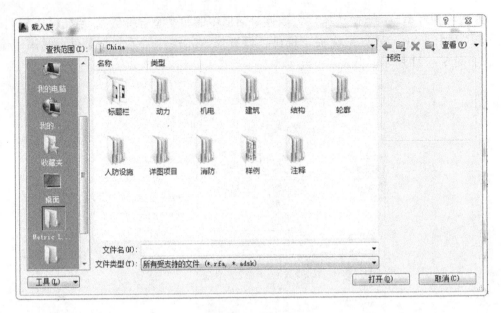

图 6 – 122

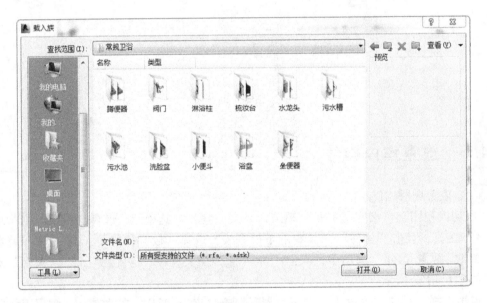

图 6 – 123

框，如图6 – 124所示。点击选择"建筑"文件夹→"家具"文件夹→"3D"文件夹，选择适合项目的构件。

② 放置其家具，与上个步骤放置构件方法相同。

③ 设置饭厅的餐桌的类型属性：点击餐桌，点击其"编辑类型"按钮，将会弹出"类型属性"对话框，修改其"构造"的类型参数"椅子"的值为10，修改其"尺寸标注"类型参数，半径为800，如图6 – 125所示。

（3）放置厨房构件：

① 切换视图至"一层平面"视图，点击"建筑"选项卡，选择"构建"面板中的

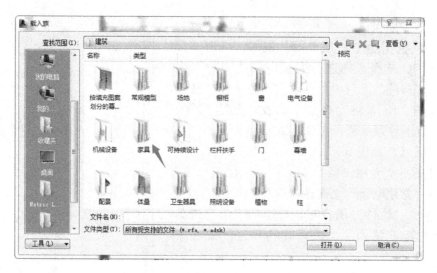

图 6 – 124

"构件"工具，点击"构件"工具中的下拉列表，选择"放置构件"工具，Revit 将会弹出"修改|放置 构件"选项卡，点击"载入族"工具，Revit 将会弹出"载入族"对话框，点击选择"建筑"文件夹→"橱柜"文件夹→"家用厨房"文件夹，如图 6 – 126 所示。

　　② 选择其"家用厨房"文件中的"台面 – L 形 – 带水槽"构件，放置在项目中适合的位置，点击"确定"，点击构件，将会出现构件的造型操纵柄以及垂直、水平方向的控件，进行修改，如图 6 – 127 所示。

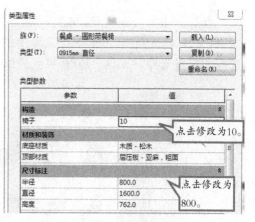

图 6 – 125

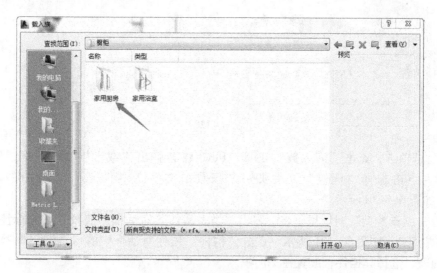

图 6 – 126

（4）放置冰箱：

① 切换视图至"一层平面"视图，点击"建筑"选项卡，选择"构建"面板中的"构件"工具，点击"构件"工具中的下拉列表，选择"放置构件"工具，Revit 将会弹出"修改|放置 构件"选项卡，点击"载入族"工具，Revit 将会弹出"载入族"对话框，如图 6 – 128 所示。点击选择"建筑"文件夹→"专用设备"文件夹→"住宅设施"文件夹→"常用电器"文件夹→选择冰箱构件。

② 点击"构件"属性对话框中的"类型选择器"，点击其下拉列表，选择其构件，放置在平面中。

（5）放置客厅家具：

① 放置电视地柜：切换视图至"二层平面"视图，点击"建筑"选项卡，选择"构建"面板中的"构件"工具，点击"构件"工具中的下拉列表，选择"放置构件"工具，Revit 将会弹出"修改|放

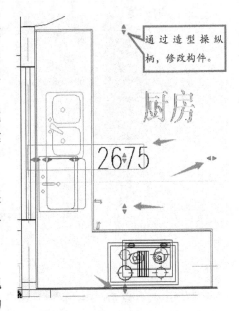

图 6 – 127

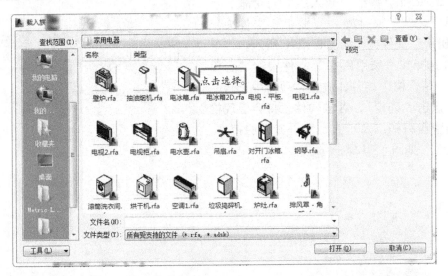

图 6 – 128

置 构件"选项卡，点击"载入族"工具，Revit 将会弹出"载入族"对话框，如图 6 – 129 所示。点击选择"建筑"文件夹→"家具"文件夹→"柜子"文件夹→"地柜 4. rvf"，如图 6 – 130 所示。

点击"编辑类型"对话框，将会弹出"类型属性"对话框，修改"尺寸标注"，w 为 2250，d 为 500，如图 6 – 131 所示。点击"构件"属性对话框中的"类型选择器"，点击其下拉列表，选择其构件，放置在平面中。

② 放置电视：切换视图至"二层平面"视图，点击"建筑"选项卡，选择"构建"

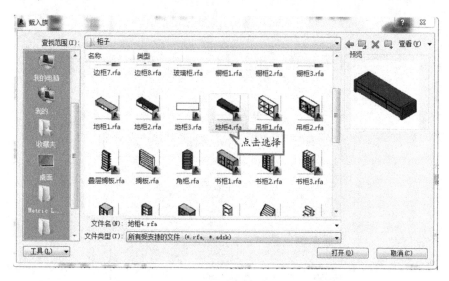

图 6 – 129

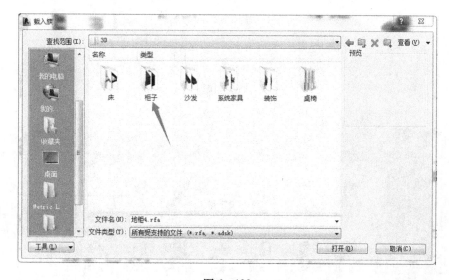

图 6 – 130

面板中的"构件"工具，点击"构件"工具中的下拉列表，选择"放置构件"工具，Re-vit 将会弹出"修改 | 放置 构件"选项卡，点击"载入族"工具，Revit 将会弹出"载入族"对话框，如图 6 – 132 所示。点击选择"建筑"文件夹→"专用设备"文件夹→"住宅设施"文件夹→"常用电器"文件夹→选择电视构件。修改其"限制条件：标高为二层（Revit 将会自动修改）、偏移量为 400，点击移动电视构件，进行移动构件居中放置。

③ 放置沙发：切换视图至"二层平面"视图，点击"建筑"选项卡，选择"构建"面板中的"构件"工具，点击"构件"工具中的下拉列表，选择"放置构件"工具，Re-vit 将会弹出"修改 | 放置 构件"选项卡，点击"载入族"工具，Revit 将会弹出"载入族"对话框，点击选择"建筑"文件夹→"家具"文件夹→"柜子"文件夹→"单人沙发 1. rvf 和三人沙发 2. rvf"，如图 6 – 133 所示。

点击"构件"属性对话框中的"类型选择器"，点击其下拉列表选择其构件，放置在

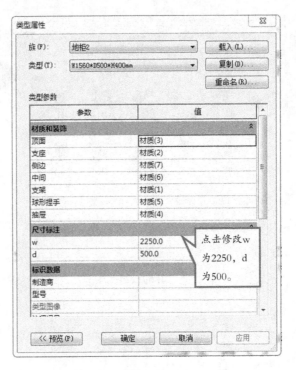

图 6 – 131

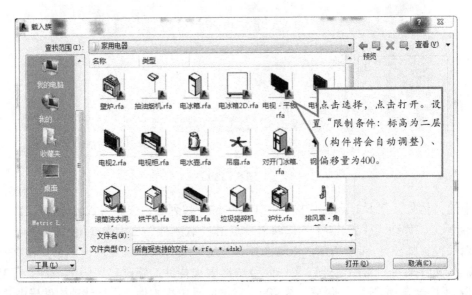

图 6 – 132

平面中。

④ 放置植物：切换视图至"二层平面"视图，点击"建筑"选项卡，选择"构建"面板中的"构件"工具，点击"构件"工具中的下拉列表，选择"放置构件"工具，Revit 将会弹出"修改|放置 构件"选项卡，点击"载入族"工具，Revit 将会弹出"载入族"对话框，点击选择"建筑"文件夹→"植物"文件夹→"3D"文件夹→"盆栽"文

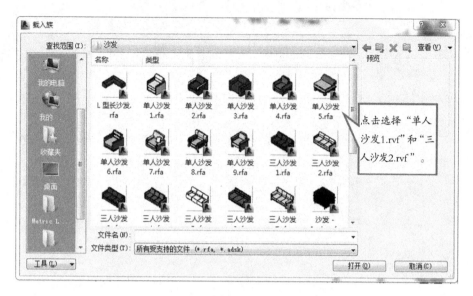

图 6 – 133

件夹→"盆栽 1 3D . rvf"，如图 6 – 134 所示。

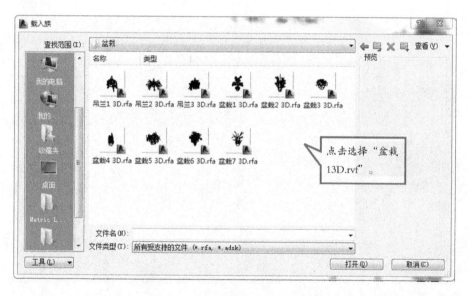

图 6 – 134

点击"构件"属性对话框中的"类型选择器"，点击其下拉列表选择其构件，放置在平面中。

课后练习

1. 打开资料文件夹中"第六章"→"第四节"→"练习文件夹"→"绘制坡道 . rvt"项目文件，进行练习。

2. 为项目放置绘制坡道。

3. 放置室内外构件。

第 7 章

场地与场地构件

课程概要：

本章将学习 Revit 如何创建场地，了解场地构件的类型属性，对地形表面进行创建和编辑，了解创建场地与放置场地构件应用中需要注意的特点。根据项目设计的需要，在实际项目中的应用对其进行创建。如何利用地形表面设置不同的阶段进行场地平整设计和土方计算？使用场地构件工具为场地添加场地构件，进一步丰富场地的表现。

课程目标：

- 了解场地的基本属性。
- 如何绘制地形表面？
- 如何创建场地道路与场地平整？
- 场地构件的类型属性。

7.1 场地属性

场地设计是通过绘制地形表面，然后添加建筑红线、建筑地坪以及停车场和场地构件等方法为项目创建地形表面模型，从而达到创建三维视图或对项目场地进行渲染，以提供更加真实的效果。

7.1.1 场地设置

在 Revit 中，根据项目的需求，可以随时修改项目的全局场地设置。可以定义等高线间隔、添加用户定义的等高线，以及选择剖面填充样式。如果要查看对等高线设置的修改结果，可以打开场地平面视图。或是需要查看对剖面剪切材质的修改结果，则可以打开剖面视图。

单击"体量和场地"选项卡下"场地建模"面板中的按钮，弹出"场地设置"对话框。在其中可以设置等高线间隔值、经过高程、添加自定义等高线、剖面填充样式、基础土层高程、角度显示等参数，如图7-1、图7-2所示。

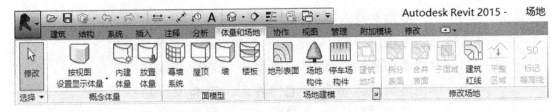

图 7-1

（1）显示等高线并定义间隔：于"显示等高线"选择"间隔"，输入一个值作为等高线间隔。输入一个值作为"经过高程"，以设置等高线的开始高程。在默认情况下，"经过高程"设置为0。

例如，如果将等高线间隔设置为10，则线将出现在 -20、-10、0、10、20 的位置。如果将"经过高程"的值设置为5，则线将会出现在 -25、-15、-5、5、15、25 的位置。

（2）要将自定义等高线添加到场地平面中，如果清除"间隔"，自定义等高线仍会显示。针对每组自定义等高线，单击"插入"。要创建自定义等高线，请执行以下操作：

在"附加等高线"下，对于"范围类型"，请选择"单一值"。对于"起点"，请指定等高线的高程。对于"子类别"，请指定等高线的线样式。

（3）要在一个范围内创建多个等高线，请执行以下操作：

在"附加等高线"下，对于"范围类型"，请选择"多个值"。指定附加等高线的"起点""终点"和"增量"。对于"子类别"，请指定等高线的线样式。

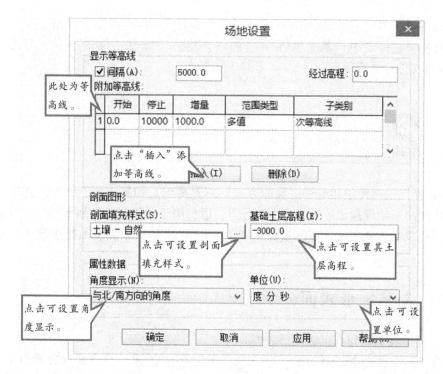

图 7 - 2

7.1.2　场地属性

使用"场地设置"对话框来查看或更改场地设置，若要更改场地设置属性，请单击"体量和场地"选项卡"模型场地"面板，如图 7 - 3 所示。

名称	说明
显示等高线	显示等高线。如果清除该复选框，自定义等高线仍会显示在绘图区域中。
间隔	设置等高线间的间隔。
经过高程	等高线间隔是根据这个值来确定的。例如，如果将等高线间隔设置为10，则等高线将显示在 -20、-10、0、10、20 的位置。如果将"经过高程"值设置为5，则等高线将显示在 -25、-15、-5、5、15、25 的位置。
附加等高线	
开始	设置附加等高线开始显示的高程。
停止	设置附加等高线不再显示的高程。
增量	设置附加等高线的间隔。
范围类型	选择"单一值"可以插入一条附加等高线，选择"多值"可以插入增量附加等高线。
子类别	设置将显示的等高线类型。从列表中选择一个值。要创建自定义线样式，请参见对象样式（在"对象样式"对话框中，打开"模型对象"选项卡，然后修改"地形"下的设置）。
剖面图形	
剖面填充样式	设置在剖面视图中显示的材质。
基础土层高程	控制着土壤横断面的深度（例如，-30 英尺或 -25 米）。该值控制项目中全部地形图元的土层深度。
属性数据	
角度显示	指定建筑红线标记上角度值的显示。您可以从"注释">"Civil 族"文件夹中载入建筑红线标记。
单位	指定在显示建筑红线表中的方向值时要使用的单位。

图 7 - 3

课后练习

打开资料文件夹中"第七章"→"第一节"→"练习文件夹"→"定义场地设置.rvt"项目文件,进行练习。

7.2 地形

Revit 提供了两种创建地形表面的方式:放置高程点和导入测量文件。其中,放置高程点允许用户手动绘制地形的每一个高程点,适合用于创建简单的地形模型。导入测量数据的方式可以导入 dwg 文件或测量数据文本,Revit 自动根据测量数据生成真实场地地形模型。

7.2.1 创建地形表面

(1)通过放置高程点生成地形表面。

打开资料文件夹中"第七章"→"第二节"→"创建地形表面(放置点).rvt"项目文件,进行以下练习。

① 在项目浏览器中展开"楼层平面"视图类别选项,双击"场地"视图名称,切换至场地楼层平面视图,如图 7-4 所示。

② 点击"体量和场地"选项卡"地形表面"工具,自动切换至"修改|编辑表面"上下文关联选项卡,如图 7-5 所示。

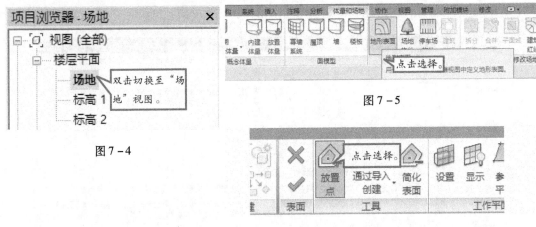

图 7-4

图 7-5

图 7-6

③ 点击"工具"面板中的"放置点"工具,设置"高程"的值,如图 7-6 所示。

a. 在"高程"文本框旁边,选择下列选项之一:

绝对高程:点显示在指定的高程处,可以将点放置在活动绘图区域中的任何位置。

相对于表面:通过该选项,可以将点放置在现有地形表面上的指定高程处,从而编辑现有地形表面。要使该选项的使用效果更明显，需要在着色的三维视图中工作。

b. 在绘图区域中单击以放置点：如果需要，在放置其他点时可以修改选项栏上的高程。

例如，设置选项栏中的"高程"值为"-600"，高程方式为"绝对高程"，即将要放置的点高程的绝对标高为-0.6m，如图7-7所示。

④ 点击"表面"面板中的"完成表面"按钮，Revit就会按指定高程生成地形表面模型，切换至三维视图，完成后的地形表面如图7-8所示，由于本例中为地形表面创建的4个高程点均为相同高程，因此生成的为水平地形表面。

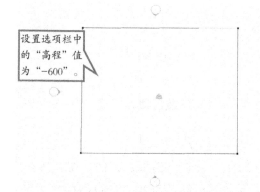

设置选项栏中的"高程"值为"-600"。

图7-7

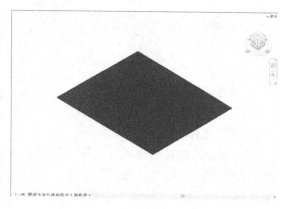

图7-8

⑤ 点击"属性"面板中的"材质"的浏览按钮，打开材质对话框。在材质列表中选择"草"，该材质位于"材质"对话框中的"其他"材质类中，并以该材质为基础复制出名称为"案例场地-草"的新材质类型，并选择"案例场地-草"作为该场地的材质，如图7-9～图7-11所示。

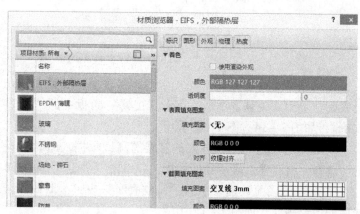

图7-9

（2）通过导入测量数据生成地形表面。

除了可以通过放置高程点生成地形表面，还可以根据以dwg、dxf或dgn格式导入的三维等高线数据自动生成地形表面，Revit会分析数据并沿等高线放置一系列高程点，此过程在三维视图中进行。

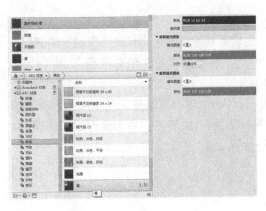 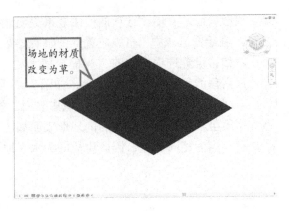

场地的材质改变为草。

图 7-10　　　　　　　　　　　　图 7-11

①使用等高线数据。

a. 打开资料文件夹中"第七章"→"第二节"→"创建地形表面（通过导入创建）.rvt"项目文件。

b. 单击"插入"选项卡"导入"面板中的"导入 CAD"按钮，打开"导入 CAD 格式"对话框，导入"地形图"文件，如图 7-12 所示，设置对话框底部的"导入单位"为"米"，定位为"手动-中心"，放置在"F1"标高，单击"打开"，导入 DWG 文件，如图 7-13 所示。

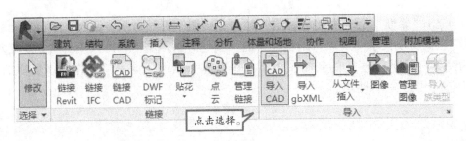

图 7-12

c. 点击"体量和场地"选项卡"地形表面"工具，Revit 将会自动切换至"修改｜编辑表面"上下文关联选项卡。点击"工具"面板中的"通过导入创建"工具"选择导入实例"，如图 7-14、图 7-15 所示。

d. 选择绘图区域中已导入的三维等高线数据。此时出现"从所选图层添加点"对话框。选择要将高程点应用到的图层，并单击"确定"，如图 7-16、图 7-17 所示。

e. 点击"表面"面板中的"完成表面"按钮，Revit 就会自动生成地形表面模型。完成后的地形表面，如图 7-18 所示。

②使用点文件。

点文件通常由土木工程软件应用程序生成，使用高程点的规则网格，该项目文件提供等高线数据。

点文件中必须包含 x、y 和 z 坐标值作为文件的第一个数值；该文件必须使用逗号分隔的文件格式（可以是.csv 或.txt 文件）；忽略该文件的其他信息（如点名称）；点的任何其他数值信息必须显示在 x、y 和 z 坐标值之后；如果该文件中有两个点的 x 和 y 坐标

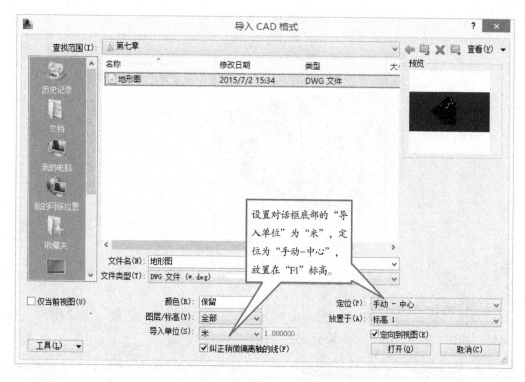

图 7-13

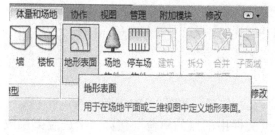

图 7-14

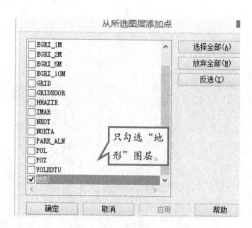

图 7-16

图 7-15

图 7-17

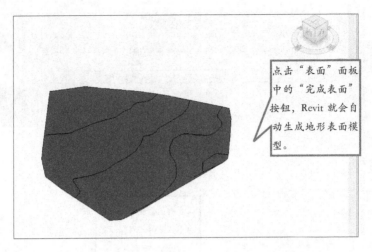

图 7 - 18

值分别相等，Revit 会使用 z 坐标值最大的点。

  a. 单击"修改│编辑表面"选项卡"工具"面板"通过导入创建"下拉列表，指定点文件，如图 7 - 19、图 7 - 20 所示。

图 7 - 19

图 7 - 20

  b. 在"打开"对话框中，定位到点文件所在的位置，如图 7 - 21 所示。

  c. 在"格式"对话框中，指定用于测量点文件中的点的单位（例如，十进制英尺或米），然后单击"确定"，Revit 将根据文件中的坐标信息生成点和地形表面，如图 7 - 22 ～图 7 - 24 所示。

图 7 - 21

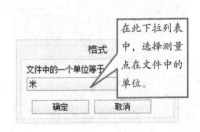

图 7 - 22

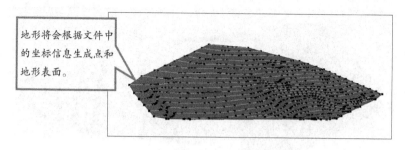

地形将会根据文件中的坐标信息生成点和地形表面。

图 7 – 23

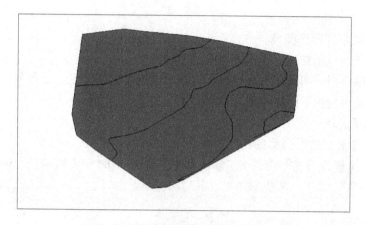

图 7 – 24

| 提示 | 要提高软件性能，需简化坐标点数据。 |

7.2.2　地形的编辑

（1）简化地形表面。

地形表面上的每个点会创建一个三角几何图形，这样会增加计算耗用。当使用大量的点创建地形表面时，可以简化表面来提高系统性能。

① 单击"修改|地形"选项卡"表面"面板，编辑表面，如图 7 – 25 所示。

② 单击"编辑表面"选项卡"工具"面板"简化表面"，如图 7 – 26 所示。

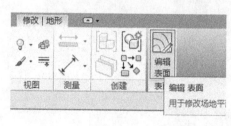

图 7 – 25

图 7 – 26

③ 打开场地平面视图，然后选择地形表面。

④ 输入表面精度值，单击"确定"，单击"完成表面"，如图 7 – 27 所示。

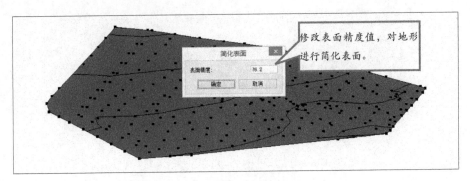

图 7 - 27

（2）创建地形表面子面域。

地形表面子面域是在现有地形表面中绘制的区域。

例如，可以使用子面域在平整表面、道路上绘制停车场，创建子面域不会生成单独的表面，它仅定义可应用不同属性集（例如材质）的表面区域。

（3）创建子面域。

① 打开一个显示地形表面的场地平面。

② 单击"体量和场地"选项卡"修改场地"面板中的"子面域"，Revit 将进入草图模式，如图 7 - 28、图 7 - 29 所示。

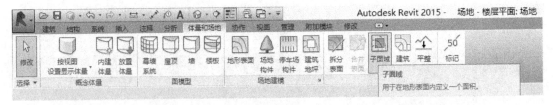

图 7 - 28

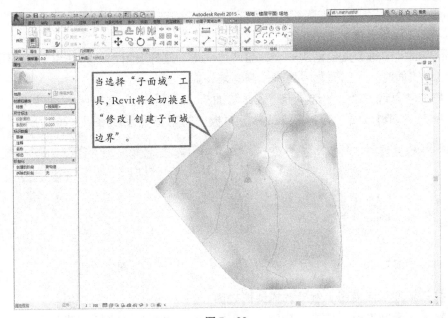

图 7 - 29

③ 单击（拾取线）或使用其他绘制工具在地形表面上创建一个子面域，如图 7 – 30 ～ 图 7 – 32 所示。

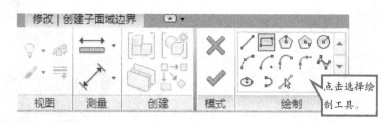

图 7 – 30

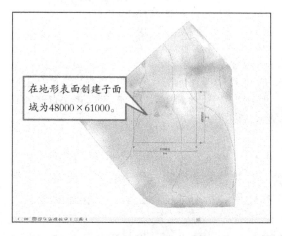

在地形表面创建子面域为48000×61000。

图 7 – 31

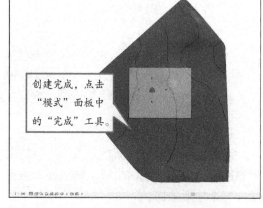

创建完成，点击"模式"面板中的"完成"工具。

图 7 – 32

提示　　使用单个闭合环创建地形表面子面域，如果创建多个闭合环，则只有第一个环用于创建子面域，其余环将被忽略。

（4）修改子面域的边界。

选择子面域，单击"修改|地形"选项卡"模式"面板"编辑边界"，如图 7 – 33 所示。单击（拾取线）或使用其他绘制工具修改地形表面上的子面域，如图 7 – 34 ～ 图 7 – 36 所示。

图 7 – 33

当选择"编辑边界"工具，Revit将会切换至"修改|编辑边界"。

图 7 – 34

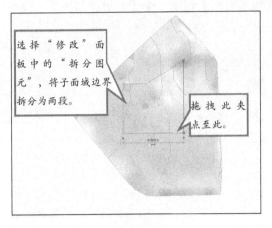

图 7－35

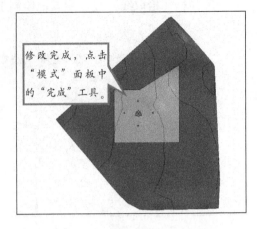

图 7－36

提示　可以使用子面域添加道路图元，如停车场、转向箭头和禁用标记 。为了简化该过程，请使用详图构件作为模板并使用子面域编辑器中的"拾取线"工具。如果需要，可以锁定子面域的边界到详图构件的拾取线。当移动详图构件时，子面域会自动调整。

（5）拆分地形表面。

可以将一个地形表面拆分为两个不同的表面，然后分别编辑这两个表面。要将一个地形表面拆分为两个或两个以上的表面，需要多次使用"拆分表面"工具，根据需要进一步细分每个地形表面。

在拆分表面后，可以为这些表面指定不同的材质来表示公路、湖、广场或丘陵，也可以删除地形表面的一部分。

注意　如果地形表面的"拆除的阶段"属性未设置为"无"，然后再拆分地形表面，则生成的表面中会有一个值更改为"无"。

如果导入文件在未测量区域填充了不需要的瑕疵，您可以使用"拆分表面"工具删除由导入文件生成的多余的地形表面部分。

（6）拆分地形表面的步骤。

打开场地平面或三维视图，单击"体量和场地"选项卡"修改场地"面板上的"拆分表面"，如图 7－37 所示。在绘图区域中，请选择要拆分的地形表面，Revit 将进入草图模式，绘制拆分表面。

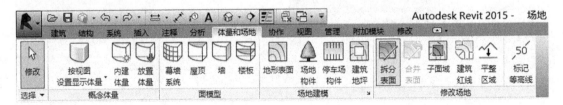

图 7－37

（7）操作方法。

① 单击"修改|拆分表面"选项卡"绘制"面板上的"拾取线"，或者使用其他绘制工具拆分地形表面。不能使用"拾取线"工具来拾取地形表面线，但可以拾取其他有效线，例如墙。

② 绘制一个不与任何表面边界接触的单独的闭合轮廓，或绘制一个单独的开放轮廓，开放环的两个端点都必须在表面边界上，开放轮廓的任何部分都不能相交，或者不能与表面边界重合，单击"完成编辑模式"，如图 7-38、图 7-39 所示。

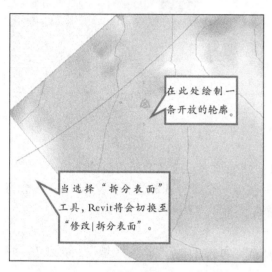

图 7-38

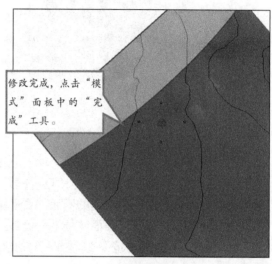

图 7-39

（8）合并地形表面。

可以将两个单独的地形表面合并为一个表面，此工具对于重新连接拆分表面非常有用，要合并的表面必须重叠或共享公共边。

① 单击"体量和场地"选项卡"修改场地"面板上的"合并表面"，如图 7-40 所示。

图 7-40

在选项栏上，可选"删除公共边上的点"，此选项可删除表面被拆分后被插入的多余点，在默认情况下处于选中状态，如图 7-41 所示。

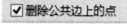

图 7-41

② 选择一个要合并的地形表面，如图 7-42 所示，选择另一个地形表面，这两个表面将合并为一个，如图 7-43 所示。

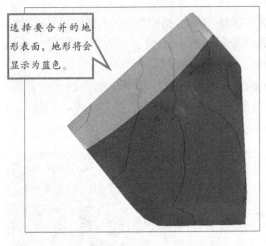

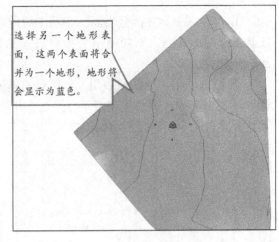

图 7 - 42   图 7 - 43

（9）创建平整区域。

若要创建平整区域，请选择一个地形表面，该地形表面应该为当前阶段中的一个现有表面，Revit 会将原始表面标记为"已拆除"并生成一个带有匹配边界的副本，Revit 会将此副本标记为在当前阶段新建的图元。要平整地形表面，请执行下列步骤：

①打开一个显示地形表面的场地平面。

②单击"体量和场地"选项卡"修改场地"面板上的"平整区域"，如图 7 - 44 所示。

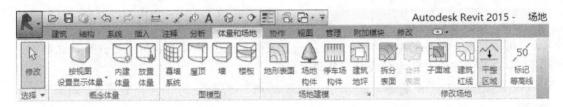

图 7 - 44

③在"编辑平整区域"对话框中，选择下列选项之一。

a. 创建与现有地形表面完全相同的新地形表面；

b. 仅基于周界点新建地形表面，如图 7 - 45 所示。

④选择地形表面。

如果编辑表面，Revit 会进入草图模式。可添加或删除点，修改点的高程或简化表面，如图 7 - 46 所示。

⑤如果完成编辑表面，请单击"完成表面"。

如果拖拽新的平整区域，可以发现其原始表面仍被保留，选择原始表面，单击鼠标右键，然后单击"图元属性"。会注意到"拆除的阶段"属性带有当前阶段的值，如图 7 - 47 所示。

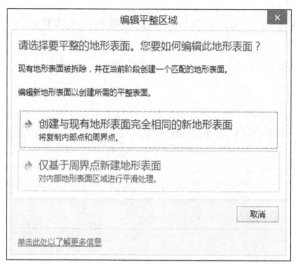

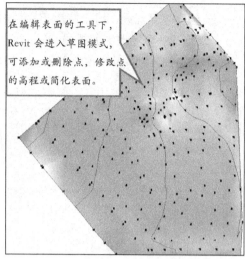

在编辑表面的工具下，Revit 会进入草图模式，可添加或删除点，修改点的高程或简化表面。

图 7 – 45

图 7 – 46

名称	说明
材质和装饰	
材质	从列表中选择表面材质。可以创建自己的地形表面材质。地形表面不支持带有表面填充图案的材质。请参见材质。
尺寸标注	
投影面积	投影面积是指在表面上方俯视表面时表面所覆盖的面积。该值为只读。
表面面积	显示表面总面积。该值为只读。
标识数据	
注释	有关地形表面的用户定义注释，这些注释会显示在明细表中。
名称	地形表面的名称，该名称会显示在明细表中。
标记	可以指定的独特标识符。
阶段化	
创建的阶段	创建地形表面时所处的阶段。
拆除的阶段	拆除地形表面时所处的阶段。

图 7 – 47

7.2.3 建筑红线

（1）除了在图形中查看建筑红线，还可以对其执行录入明细表、标记和导出等操作。

①放置：可以在明细表中放置建筑红线，明细表可以包含"名称"和"面积"建筑红线参数（面积的格式来自建筑红线的"面积单位格式"类型属性），当创建明细表时，请选择"建筑红线"作为明细表的类别。

②标记：可以标记能够报告平方英尺或英亩数的建筑红线，从 Revit 族库的"注释" > "土木工程"文件夹中载入标记。标记包括 Property Tag – Acres. rfa（英亩数）、Property Tag – SF. rfa（平方英尺）和 M_ Property Tag. rfa（公制）。

③导出：将项目导出到 ODBC 数据库时，可以导出建筑红线面积信息。

（2）创建建筑红线。

要创建建筑红线，可以使用 Revit 中的绘制工具，或直接将测量数据输入到项目中。

① 打开一个场地平面视图。

② 单击"体量和场地"选项卡"修改场地"面板上的"建筑红线"，如图 7 – 48 所示。

图 7 – 48

③ 通过绘制来创建：

a. 在"创建建筑红线"对话框中，选择"通过绘制来创建"，如图 7 – 49 所示。

b. 单击拾取线或使用其他绘制工具来绘制线，如图 7 – 50 所示。

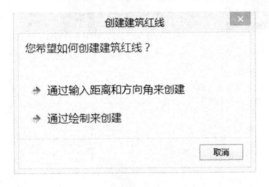

图 7 – 49

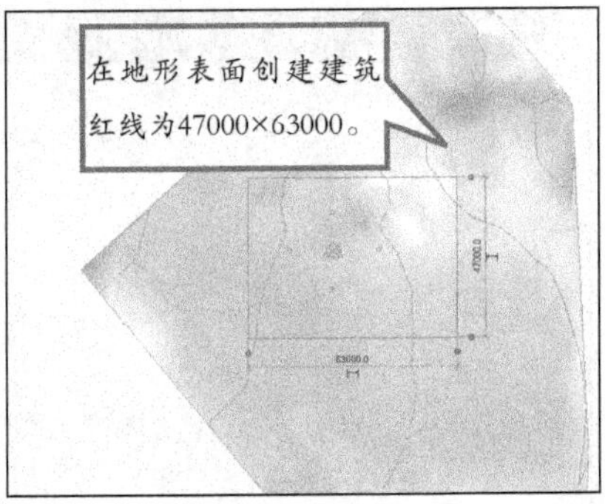

图 7 – 50

c. 绘制建筑红线。

这些线应当形成一个闭合轮廓，如果绘制一个开放轮廓并单击"完成建筑红线"，Revit 会发出一条警告，说明无法计算面积，可以忽略该警告继续工作，或将环闭合，如图 7 – 51 所示。

④ 通过输入距离和方向角来创建（Revit 对测量数据使用正北）。

a. 在"创建建筑红线"对话框中，选择"通过输入距离和方向角来创建"，如图 7 – 52 所示。

图 7 – 51

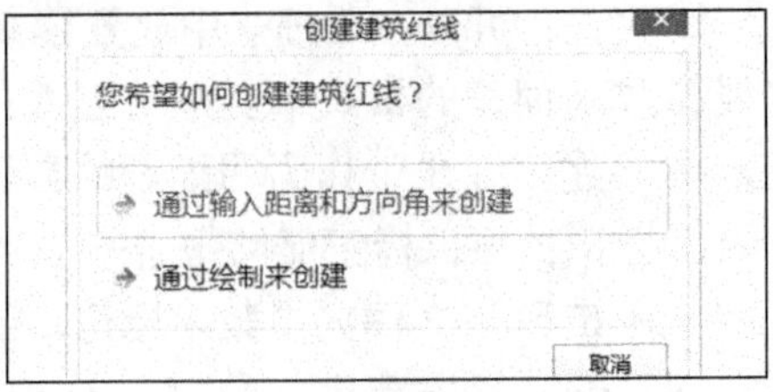

图 7 – 52

b. 在"建筑红线"对话框中，单击"插入"，然后从测量数据中添加距离和方向角，如图7－53所示。

c. 在绘图区域中，将建筑红线移动到确切位置，然后单击放置建筑红线，如图7－54所示。

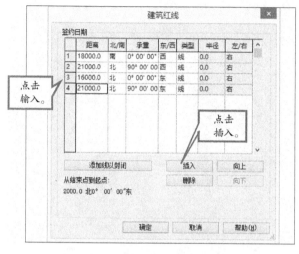

图7－53

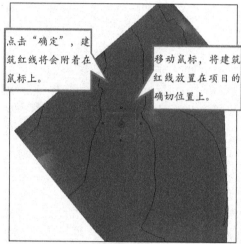

图7－54

提示　可以使用"移动"工具将建筑红线捕捉到基准点。

（3）将绘制的建筑红线转换为基于表格的建筑红线，"编辑表"工具可将绘制的建筑红线转换为基于表格的建筑红线。

打开一个场地平面视图；在绘图区域中，选择已绘制的建筑红线；单击"修改｜建筑红线"选项卡"建筑红线"面板上的"编辑表格"，如图7－55所示。阅读"限制条件丢失"警告，并单击"是"继续，如图7－56所示。

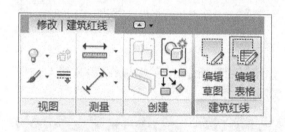

图7－55

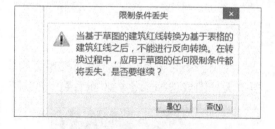

图7－56

在"建筑红线"对话框中，进行必要的修改，然后单击"确定"，如图7－57所示。可以标记等高线以指示其高程，等高线标签显示在场地平面视图中。

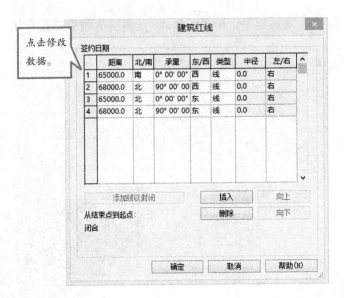

图 7 –57

7.2.4 标记等高线

（1）标记等高线的步骤。

创建一个带有不同高程的地形表面；打开一个场地平面视图；单击"体量和场地"选项卡"修改场地"面板上的"标记等高线"，如图 7 –58 所示。

图 7 –58

绘制一条与一条或多条等高线相交的线，如图 7 –59 所示。标签显示在等高线上，需要放大视图或选择标签，才能看到，如图 7 –60 所示。

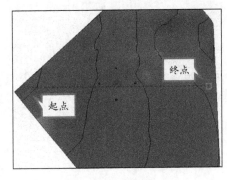

图 7 –59

图 7 –60

若要了解如何定义显示等高线的间距或要将自定义等高线添加到场地平面，请参见定义场地设置。

（2）等高线标签类型属性。

通过等高线标签的"类型属性"对话框修改标签文本格式。

若要修改类型属性，请选择一个图元，然后单击"修改"选项卡"属性"面板上的"类型属性"。对类型属性的更改将应用于项目中的所有实例，如图 7 – 61 所示。

名称	说明
颜色	设置标签文字的颜色。
文字字体	设置标签文字的字体。
文字大小	设置标签文字的大小。
粗体	对标签文字应用粗体。
斜体	对标签文字应用斜体。
下画线	对标签文字应用下画线。
仅标记主等高线	如果选中此项，将只标记主等高线。请参见关于场地设置。
单位格式	为等高线指定单位和舍入属性。默认情况下，该项使用项目设置。
基面	如果"基面"值设置为"项目基点"，则在某一标高上报告的高程基于项目原点。 如果"基面"值设置为"测量点"，则报告的高程基于固定测量点。

图 7 – 61

课后练习

1. 打开资料文件夹中"第七章"→"第二节"→"练习文件夹"→"创建地形表面 . rvt"项目文件，进行练习。

2. 打开资料文件夹中"第七章"→"第二节"→"练习文件夹"→"建筑红线 . rvt"项目文件，进行练习。

7.3 建筑地坪

7.3.1　添加停车构件

可以将停车位图元添加到地形表面中，并将地形表面定义为停车场构件的主体，还可以使用子面域来创建道路图元。请参见创建地形表面子面域。

（1）要添加停车场构件，请执行下列步骤：

① 打开显示要修改的地形表面的视图；单击"体量和场地"选项卡"模型场地"面板上的"停车场构件"，如图 7 – 62 所示。

② 将光标放置在地形表面上，并单击鼠标来放置构件，如图 7 – 63 所示。可按需要放置更多的构件，可以创建停车场构件阵列，如图 7 – 64 所示。

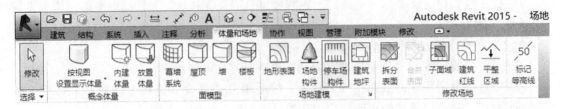

图 7 - 62

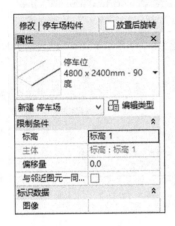

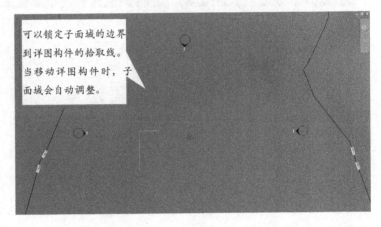

可以锁定子面域的边界到详图构件的拾取线。
当移动详图构件时，子面域会自动调整。

图 7 - 63

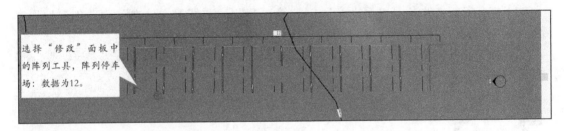

选择"修改"面板中的阵列工具，阵列停车场：数据为12。

图 7 - 64

（2）变更停车场构件主体。

选择停车场构件；单击"修改∣停车场"选项卡"主体"面板上的"拾取新主体"；选择地形表面；使用"拾取主体"工具时，要谨慎地设置地形表面顶部的停车场构件。如果绕着地形表面移动停车场构件，该构件将仍然附着在地形表面上。

7.3.2　添加场地构件

可在场地平面中放置场地专用构件（如树、电线杆和消防栓），如果未在项目中载入场地构件，则会出现一条消息，指出尚未载入相应的族。

（1）添加场地构件。

① 打开显示要修改的地形表面的视图。单击"体量和场地"选项卡"场地建模"面板上的"场地构件"，如图 7 - 65 所示。

图 7-65

② 从"类型参数"中选择所需的构件，如图 7-66 所示。

（2）在绘图区域中单击以添加一个或多个构件，如图 7-67、图 7-68 所示。

图 7-67

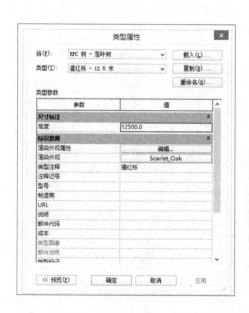

图 7-66

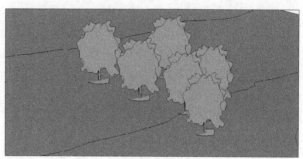

图 7-68

课后练习

打开资料文件夹中"第七章"→"第三节"→"练习文件夹"→"场地添加构件 . rvt"项目文件，进行练习。

第 8 章
施工图设计

课程概要：

本章将围绕方案阶段完成的模型转化为建筑施工图设计的深度模型展开介绍，并以提取的数据作为施工图设计的成果输出，将从 Revit 模型中制作出与传统施工图相调和，以此来介绍 Revit 在施工图设计中的应用。在这个过程中，将会细化模型的细节，将从平面、立面、剖面与三维视图等多角度、全方位地对施工图进行设计，利用 Revit 的功能将其应用到施工图设计中。还将会介绍创建平面、立面、剖面与三维视图、效果图渲染。

课程目标：

- 如何创建房间与面积？
- 如何对平面施工图进行设计？
- 如何对立面施工图进行设计？
- 如何对剖面施工图进行设计？
- 如何创建施工详图？
- 如何统计明细表？
- 如何对施工图进行打印与出图？

8.1 房间和面积

　　房间是基于图元（例如墙、楼板、屋顶和天花板）对建筑模型中的空间进行细分的部分，这些图元定义为房间边界图元，Revit 在计算房间周长、面积和体积时会参考这些房间边界图元。

　　可以启用/禁用很多图元的"房间边界"参数，当空间中不存在房间边界图元时，还可以使用房间分隔线进一步分割空间，当添加、移动或删除房间边界图元时，房间的尺寸将自动更新。创建早期设计时，可以先将房间过滤到明细表，再将墙或其他房间边界图元放置在模型中，然后在添加房间边界图元后，可以在模型中放置预定义的房间。

8.1.1　房间定义

　　在 Revit 中，可以创建"房间"构件，从而自动统计各个房间的面积和体积，可以创建特定于某个阶段的房间明细表，并在该明细表内包含房间面积和其他信息；创建房间明细表时，在"新明细表"对话框内选择希望该明细表所代表的阶段；也可通过明细表属性指定阶段，修改阶段时，明细表视图将进行相应更新。

　　(1) 房间面积设置。

　　① 在创建房间前设置房间的计算规则与编辑的位置，也可以在创建完房间后再进行修改。

　　② 点击"建筑"选项卡，通过点击"房间和面积"面板中的下拉列表，选择"面积和体积计算"，如图 8-1 所示。

图 8-1

　　③ 当选择完"面积和体积计算"，Revit 将会自动弹出"面积和体积计算"对话框，点击设置"体积计算"的计算规则为"面积和体积"，设置其"房间面积计算"的计算规则为"在墙核心层"，即按照国家建筑设计规范规定的墙体位置作为房间边界计算面积。设置完成点击"确定"，完成面积和体积计算的设置，如图 8-2 所示。

　　④ 默认情况下，Revit 不计算房间体积，当禁用了体积计算时，房间标记和明细表显示"未计算"作为"体积"参数。由于体积计算可能影响 Revit 性能，因此应该只在需要准备和打印明细表或其他报告体积的视图时，才启用体积计算。

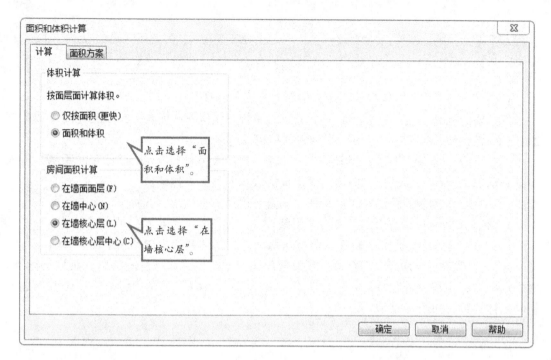

图 8-2

（2）创建房间

打开资料文件夹中"第八章"→"第一节"→"练习文件夹"→"房间与面积.rvt"项目文件，进行练习。

① 点击打开项目文件，切换平面视图至"架空层平面"视图，通过点击"建筑"选项卡→选择"房间和面积"面板中→ ⊠ "房间"工具，Revit将会自动跳转至"修改｜放置 房间"，如图 8-3 所示。

图 8-3

② 要随房间显示房间标记，要确保选中"在放置时进行标记"："修改 ｜ 放置房间"选项卡→"标记"面板→" 在放置时进行标记"，要在放置房间时忽略房间标记，必须关闭此选项，如图 8-4 所示。

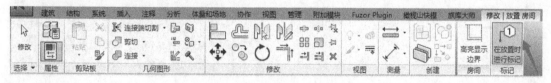

图 8-4

③ 在弹出的"修改｜放置 房间"选项卡下方，Revit在选项栏上的工具进行设置，如图 8-5 所示。

图 8 – 5

a. 对于"上限",指定将从其测量房间上边界的标高。

例：要向标高 1 楼层平面添加一个房间，并希望该房间从标高 1 扩展到标高 2 或标高 2 上方的某个点，则可将"上限"指定为"标高 2"。

b. 对于从"上限"标高开始测量的"偏移"，输入房间上边界距该标高的距离，输入正值表示向"上限"标高上方偏移，输入负值表示向其下方偏移。

c. 指明所需的房间标记方向：水平、垂直、模型。

d. 要使房间标记带有引线，勾选"引线"。

e. 对于"房间"，选择"新建"创建新房间，或者从列表中选择一个现有房间。

④ 设置选项栏与房间标记类型：在放置房间标记之前，选择房间的属性类型选择器，右击选择"标记房间 – 有面积 – 施工 – 仿宋 – 3mm – 0 – 67"类型标记，可以修改其选项栏与属性参数，如图 8 –6 所示。

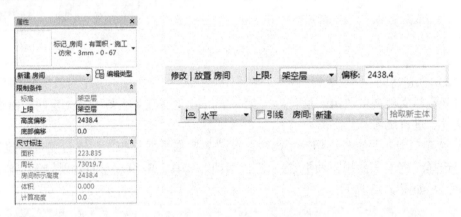

图 8 – 6

⑤ 创建房间：移动鼠标，将会发现鼠标移动会出现带蓝色边框有 X 形的房间，移动鼠标至任意房间，Revit 将会以蓝色显示自动搜索到房间边界，鼠标单击放置房间，同时生成房间标记显示房间名称和房间的面积，右击选择取消或按 Esc 键两次退出放置房间模式，如图 8 – 7 所示。

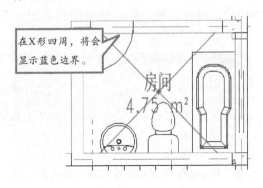

图 8 – 7

> **注意** 在没有设置房间颜色方案前，房间对象默认是透明的，在选择房间图元后会高亮显示，房间边界也属于 Revit 的一种图元。

⑥ 设置属性：在已经创建的"房间"对象的房间内移动鼠标（不要点击房间标记），移动至房间有高亮显示的位置，出现"X形"显示时，点击图标，在"标识数据"对话框中，修改其房间的名称为"厕所"，点击空格确定应用，如图8-8所示。

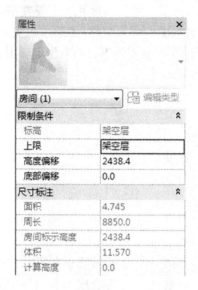

图8-8

⑦ 房间标记：点击房间的标记，Revit会弹出属性面板，同样可以对其修改标记的类型，点击其编辑类型将会弹出"类型属性"对话框，根据项目需要，对其进行修改，如图8-9所示。双击房间标记名称将会弹出文本编辑框，将其名称修改，符合施工图的命名

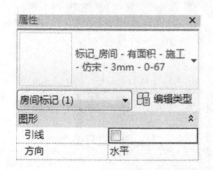

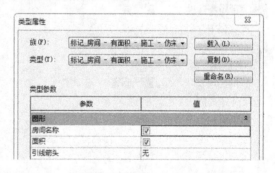

图8-9

规范，同时还可以对其进行删除、移动等操作。房间与标记是Revit中两个不同的图元，所以需要注意的是，当标记被删除时，房间图元依然会存在，如图8-10所示。

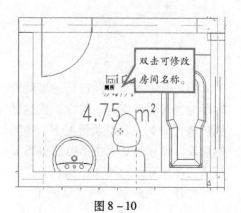

图8-10

8.1.2 房间边界

（1）定义：房间的边界在 Revit 中是计算房间的面积、周长和体积，而要在平面视图和剖面视图中查看房间边界，可以选择房间或者修改视图的"可见性/图形"设置。

（2）房间边界图元：用于定义房间面积和体积计算的房间边界，必须指定该图元为房间边界图元。在 Revit 的默认状态下，以下图元是房间边界：

① 墙（幕墙标准墙内建墙基于面的墙）；

② 屋顶（标准屋顶内建屋顶基于面的屋顶）；

③ 楼板（标准楼板内建楼板基于面的楼板）；

④ 天花板（标准天花板内建天花板基于面的天花板）；

⑤ 柱（建筑柱材质为混凝土的结构柱）；

⑥ 幕墙系统；

⑦ 房间分隔线；

⑧ 建筑地坪。

在 Revit 当中，可以通过修改墙、屋顶、楼板、天花板、柱、幕墙这些默认构件的属性，在构件的属性面板中取消其房间边界，被取消的这些构件将会成为非边界图元，当 Revit 计算房间或任何共享此非边界图元的相邻房间的面积或体积时，将不使用该图元，如图 8-11 所示。

图 8-11

图 8-12

（3）房间分隔线：

房间分隔线是一种特殊的模型线，是房间的边界，例如：在居住建筑当中，经常会有客厅、家庭活动空间、餐厅，而这些空间有时候不需要用墙分割开来，可用"房间分隔线"进行分割。在默认情况下，房间面积是基于墙的内表面计算得出的，要在这些墙上添加洞口，并且仍然保持单独的房间面积计算，则必须绘制通过该洞口的房间分隔线，以保持最初计算得出的房间面积，如图 8-12 所示。

打开"第八章"→"第一节"→"练习文件夹"→"房间与面积.rvt"项目文件，

进行房间分割的创建。

① 点击打开项目文件，切换视图至"一空层平面"视图，点击"建筑"选项卡→选择"房间和面积"面板中的"房间分隔"工具，如图 8 - 13 所示。

图 8 - 13

② Revit 将会自动跳转至"修改｜放置 房间分割"选项卡，如图 8 - 14 所示。选择"绘制"面板中的绘制工具"矩形"，不设置属性面板与选项栏的参数，如图 8 - 15 所示。用矩形工具绘制，绘制完成右击选择取消或按 Esc 键两次退出绘制房间分割。确定之后，Revit 绘制出现对齐约束，可将其点击约束，也可不进行约束。在绘制完成矩形工具时，Revit 会弹出"警告"对话框，如图 8 - 16 所示，点击"关闭"即可。

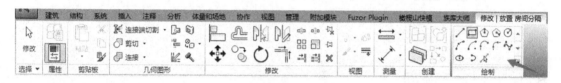

图 8 - 14

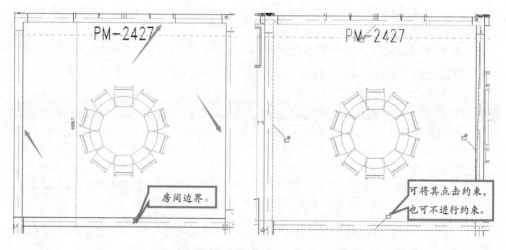

图 8 - 15

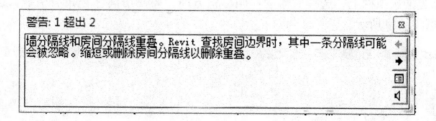

图 8 - 16

③ 放置房间：点击关闭后，点击"建筑"选项卡→选择"房间和面积"面板中的"房间"工具，Revit 将会自动跳转至"修改 | 放置 房间"，移动至分割出来的房间，点击"确认"，房间放置完成，如图 8 - 17 所示。

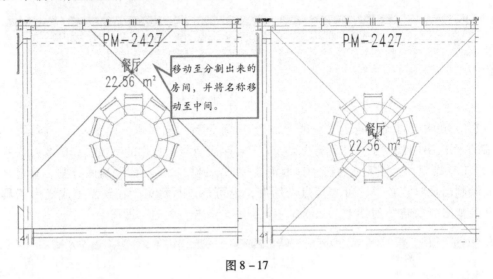

图 8 - 17

8.1.3　标记房间

（1）定义：在创建房间时不使用"在放置时进行标记"选项，可以稍后标记房间。

（2）标记房间：

① 点击打开项目文件，切换平面视图至"一层平面图"，单击"建筑"选项卡→"房间和面积"面板上的"标记房间"下拉列表→▨（标记房间）工具，如图 8 - 18 所示。

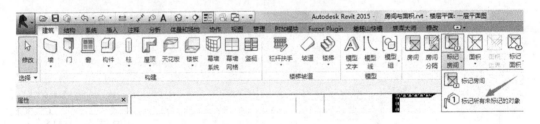

图 8 - 18

② 点击标记房间，Revit 将会切换至"修改 | 放置 房间标记"选项卡，在"上下文"选项卡下方的选项栏上，选择所需的房间标记方向，要使房间标记带有引线，选择"引线"，如图 8 - 19 所示。

图 8 - 19

③ 选择标记类型：设置完成选项栏，点击属性面板中的"类型选择器"，选择符合项目的类型，选择"标记房间－有面积－施工－仿宋－3mm－0－67"类型标记，点击"属性"面板中的"编辑类型"按钮，Revit 将会弹出"类型属性"对话框，根据需要对其"类型参数"进行编辑，如图 8－20 所示。

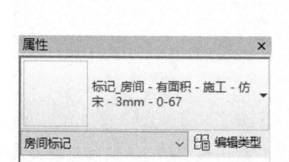

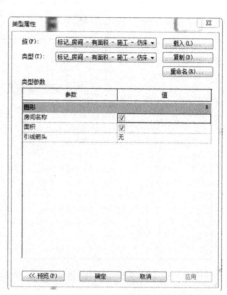

图 8－20

④ 移动至已经创建好的房间进行放置，若没有放置房间图元，Revit 是不会进行标记的。标记会附在鼠标上，移动至已创建的房间，将会出现房间的标记，点击鼠标确定房间标记，完成标记。

（3）全部标记所有未标记的对象：

① 单击"建筑"选项卡→"房间和面积"面板上的"标记房间"下拉列表→点击"标记所有未标记的对象"工具，如图 8－21 所示。

图 8－21

② 点击"标记所有未标记的对象"工具后，Revit 将会弹出"标记所有未标记的对象"对话框，点击选择"房间标记"类别，点击"确定"，Revit 会自动根据已经创建的房间进行标记，如图 8－22 所示。

（4）文字注释：标记建筑施工图中建筑构件，将文字注释添加到图形中时，可以控制引线、文字换行和文字格式的显示等。

图 8 – 22

① 点击"注释"选项卡→选择"文字"面板中的"文字"工具，如图 8 – 23 所示，此时光标变为文字工具状态 。

图 8 – 23

② 点击"文字"工具后，Revit 将会弹出"修改 | 放置 文字"选项卡，如图 8 – 24 所示。根据项目需要，在"格式"面板中选择格式工具，点击修改"文字"属性面板，选择相应的文字类型，如图 8 – 25 所示。

图 8 – 24

③ 点击"属性"面板中的"编辑类型"按钮，将会弹出"类型属性"对话框，根据项目需要设置"类型属性"的类型参数，如图 8 – 26 所示。

④ 点击放置的位置，Revit 将会变成文本编辑框，输入"阳台"注释在文本编辑框内，如图 8 – 27 所示。点击空白处确定，在文字编辑框上会出现："拖拽"符号（可以对其进行位置移动）、"旋转文字注释"符合（可以对文字进行旋转变化），如图 8 – 28 所示。

⑤ 完成标记后，相同的注释，可以通过"复制"工具进行复制操作，点击"修改"

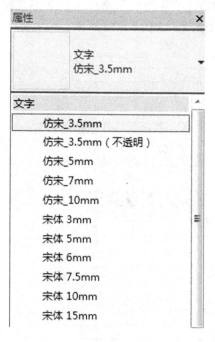

图 8 - 25

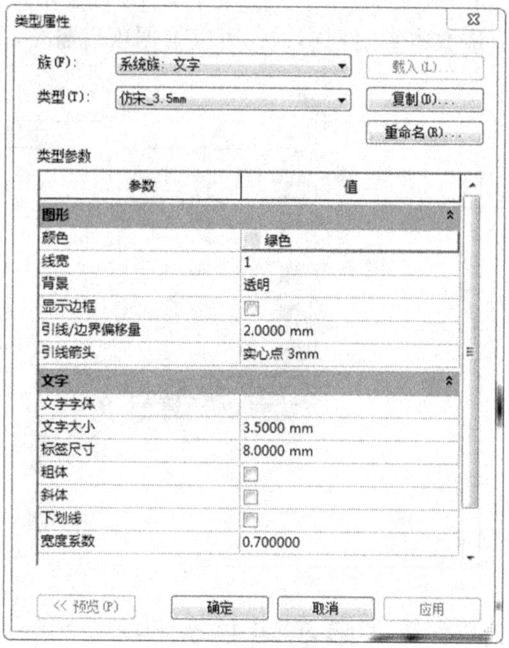

图 8 - 26

图 8 - 27

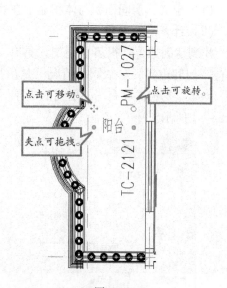

图 8 - 28

面板，选择"修改"工具中的"复制"工具，对其进行复制创建，如图 8 - 29 所示。

图 8 - 29

⑥ 修改标记：点击标记，Revit 将会切换至"修改 | 文字注释"选项卡，文字注释将会变成文本编辑框模式，可以根据项目需要对其进行修改，如图 8 – 30 所示。

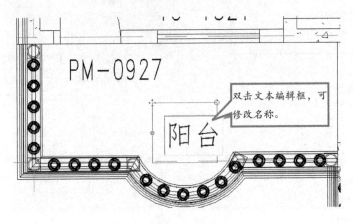

图 8 – 30

8.1.4 房间面积与体积

（1）定义：房间面积与体积显示在房间的"属性"选项板、标记和明细表中。

（2）计算房间面积：

找到房间边界：很多模型图元具有"房间边界"参数，对于某些图元（例如，墙和柱），"房间边界"参数默认情况下是启用的，对于其他图元，则必须手动启用"房间边界"参数，要定义没有墙的房间的边界，使用房间分隔线或修改房间边界所在的墙层，如图 8 – 31 所示。

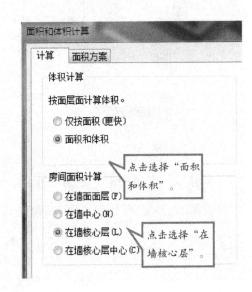

图 8 – 31

（3）关于房间的计算高度：

Revit 在房间底部标高上方的定义距离处测量房间周长，这段距离就是计算高度，是用来计算房间周长、面积和体积。Revit 在默认情况下，计算高度为房间底部标高上方 0′（英寸）或 0 mm。对于有垂直墙的建筑，利用默认计算高度通常可生成精确的结果；若建筑中有斜墙或其他非典型特征，需要调整计算高度，便可得出精确的房间面积和体积。

① 载入族：打开"第八章"→"第一节"→"练习文件夹"→"面积与体积 . rvt"项目文件，切换平面视图至"标高 1"视图，点击"插入"选项卡→选择"从库中载入"面板中的"载入族"工具，切换至"第八章"→"第一节"→"练习文件夹"→标记"标记 – 房间 – 有面积 – 有体积 – 施工 – 仿宋 –3mm – 0 – 67. rfa"族文件，如图 8 –32 所示。

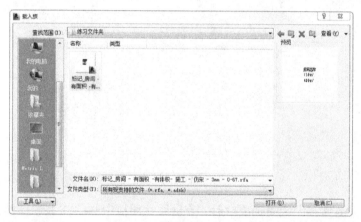

图 8 – 32

② 点击"建筑"选项卡→ 选择"房间和面积"面板中的"房间"工具。Revit 将会自动跳转至"修改｜放置 房间"，移动鼠标至房间内，标记房间，如图 8 –33 所示。

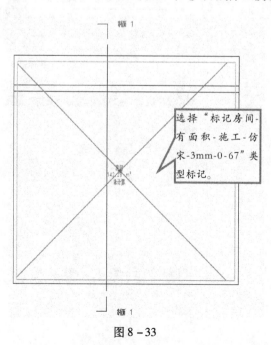

图 8 – 33

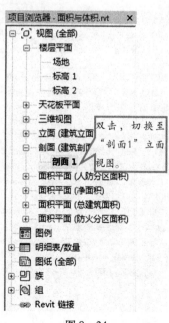

图 8 – 34

③ 选择"项目浏览器"中的"剖面"的视图中的"剖面1"视图,双击"剖面1"视图,如图8-34所示。在打开的剖面视图中,点击"建筑"选项卡→选择"房间和面积"面板中的"标记房间"下拉列表中的"标记房间"工具。Revit将会自动跳转至"修改 | 放置 房间标记",如图8-35所示。选择所需的房间标记方向,要使房间标记带有引线,选择"引线"。Revit在未进行标记时,如图8-36所示。

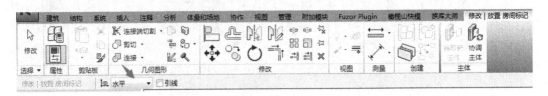

图 8-35

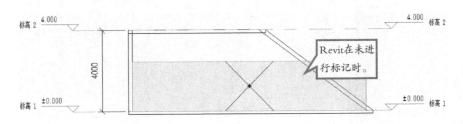

图 8-36

④ 选择标记类型:设置完选项栏后,点击属性面板中的"类型选择器",选择符合项目的类型标记,选择"标记房间 - 有面积 - 施工 - 仿宋 - 3mm - 0 - 67"类型标记,点击"属性"面板中的"编辑类型"按钮,Revit将会弹出"类型属性"对话框,根据需要对其"类型参数"进行编辑,如图8-37所示。

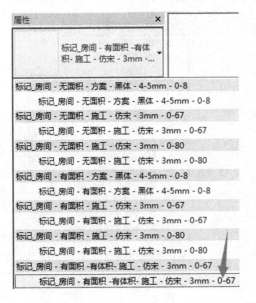

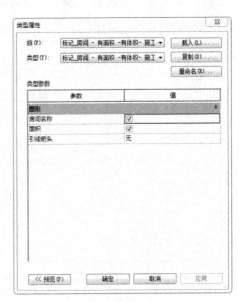

图 8-37

⑤ 鼠标移动至视图蓝色区域，点击即可，如图8-38所示。

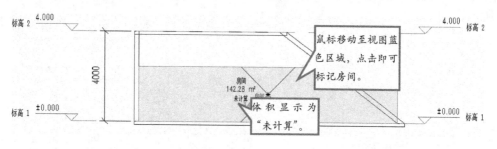

图8-38

⑥ 当选择完"面积和体积计算"，Revit 将会自动弹出"面积和体积计算"对话框，点击设置"体积计算"的计算规则为"面积和体积"，设置其"房间面积计算"的计算规则为"在墙面面层"，即按照国家建筑设计规范规定的墙体位置作为房间边界计算面积。设置完成点击"确定"按钮，完成面积和体积计算的设置，如图8-39所示。再点击房间标记，将会改变原来的房间区域，如图8-40所示。

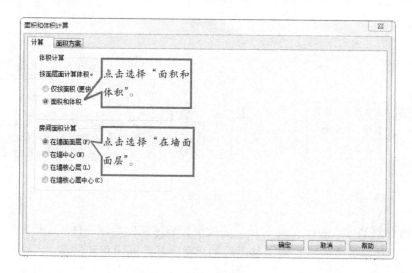

图8-39

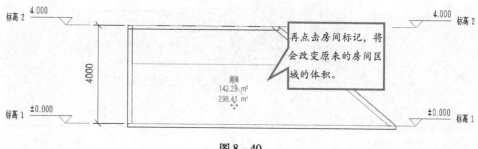

图8-40

⑦ 修改底部标高计算高度：Revit 在默认情况下，计算高度为房间底部标高上方 0′或 0 mm。对于有垂直墙的建筑，需要调整计算高度，以便得出精确的房间面积和体积。点

击标高1，切换至"属性"面板，点击修改尺寸标注中的"计算高度"为1500，如图8 - 41所示。

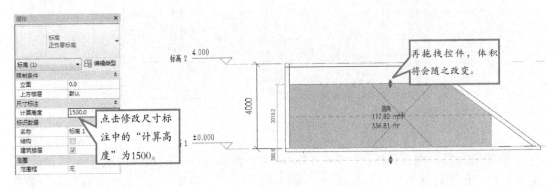

图8 - 41

⑧ 修改房间限制条件：点击房间，在"属性"面板中修改"限制条件"中的"高度偏移为3600，底部偏移为0，如图8 - 42所示。

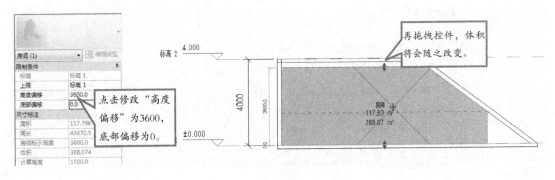

图8 - 42

⑨ 修改计算高度会影响房间周长，因此也影响房间的面积和体积。例如，图8 - 43 显示了计算高度（由虚线表示）向下移动后的该房间的房间面积和体积。

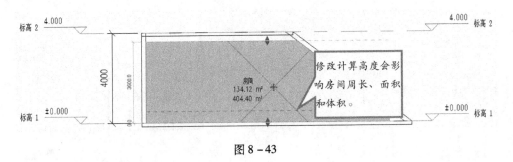

图8 - 43

8.1.5　面积平面

（1）定义：面积是对建筑模型中的空间进行再分割形成的，其范围通常比各个房间范围大，面积不一定以模型图元为边界，可以进行绘制面积边界或拾取模型图元作为边界，在添加模型图元时，面积边界不一定会自动改变，可以指定面积边界的行为：

① 有些面积边界是静态的，面积边界不会自动改变，需要手动修改。

② 有些面积边界是动态的，边界与基本模型图元保持相连。如果模型图元移动，面积边界将会随之移动。

（2）创建面积方案。

① 点击"建筑"选项卡→"房间和面积"面板下拉列表→ ，Revit 将会自动弹出"面积和体积计算"对话框，点击"面积方案"，如图 8-44 所示。

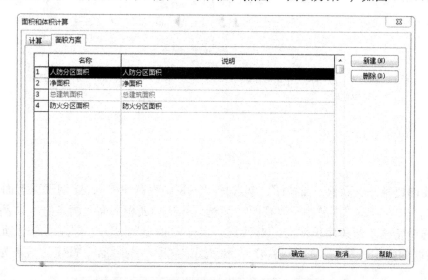

图 8-44

② 点击"新建"按钮，输入新面积方案的名称作为"名称"，输入新面积方案的说明作为"说明"，单击"确定"。

（3）创建面积平面。

① 打开项目文件，单击"建筑"选项卡→选择"房间和面积"面板中的"面积"下拉列表→ ，如图 8-45 所示。

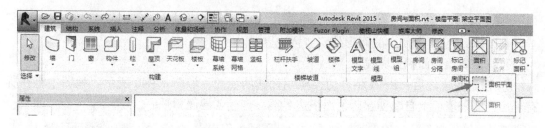

图 8-45

② 点击选择后，Revit 将会弹出"新建面积平面"对话框，选择适合的类型，再选择要新建面积视图的标高，点击"确定"，将会在"项目浏览器"中出现对应的"面积平面"，如图 8-46 所示，若选择了多个楼层，则 Revit 便会为每个楼层创建单独的面积平面，并按面积方案在项目浏览器中将其分组。

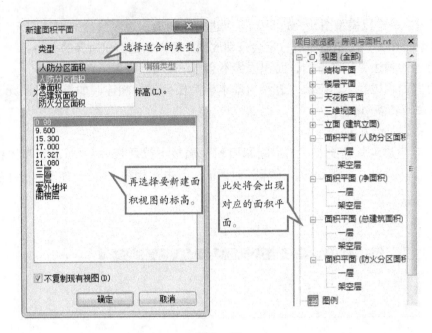

图 8 – 46

③ 要创建唯一的面积平面视图，请选择"不复制现有视图"，要创建现有面积平面视图的副本，取消勾选"不复制现有视图"复选框，选择面积平面比例作为"比例"。

④ 选择完成"新建面积平面"对话框，点击"确定"，Revit 会提示您自动创建与所有外墙关联的面积边界线，如图 8 – 47 所示。图中"是"与"否"按钮的结果为：

图 8 – 47

是：Revit 会沿着闭合的环形外墙放置边界线。

否：需要绘制面积边界线。

⑤ 确定完成之后，Revit 将会切换至刚创建的视图，如图 8 – 48 所示。视图中将在所有平面视图外墙面上自动创建蓝色面积边界线，创建各层面积平面。

| 注意 | Revit 不能在未环形闭合的外墙上自动创建面积边界线。若项目中包含位于环形外墙以内的规则幕墙系统，必须绘制面积边界，规则幕墙系统不是墙。 |

（4）创建面积边界。

① 打开项目中的一个面积平面视图，点击"建筑"选项卡→选择"房间和面积"面板中的"面积"下拉列表→ ▨（面积边界线）工具，如图 8 – 49 所示。

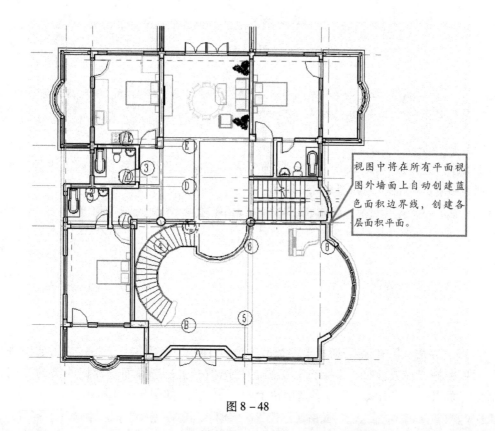

视图中将在所有平面视图外墙面上自动创建蓝色面积边界线，创建各层面积平面。

图 8 - 48

图 8 - 49

② 点击完成，Revit 将会切换至"修改｜放置 面积边界"选项卡，选择"绘制"面板中的绘制工具绘制其边界，设置好选项栏，如图 8 - 50 所示。

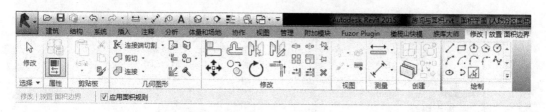

图 8 - 50

③ 选择拾取面积边界：选择"绘制"面板中的"拾取线"工具，拾取墙边界，确定面积边界，若不需要 Revit 应用面积规则，取消勾选选项栏上"应用面积规则"，并输入偏移量，如图 8 - 51 所示。

图 8 – 51

<table>
<tr><td rowspan="2">**注意**</td><td>应用面积规则，面积标记的面积类型参数将会决定面积边界的位置，需要将面积标记放置在边</td></tr>
<tr><td>界以内才能改变面积类型。</td></tr>
</table>

（5）创建房间图元：

① 绘制完成边界后，单击"建筑"选项卡→选择"房间和面积"面板中的"面积"下拉列表→▧（面积），如图 8 – 52 所示。

图 8 – 52

② 点击完成，Revit 将会切换至"修改丨放置 面积"选项卡，点击"在放置时进行标记"面板中的"在放置时进行标记"工具，在选项栏上，选择面积标记所需的方向，要包括带有面积标记的引线，请选择选项栏上的"引线"，如图 8 – 53 所示。

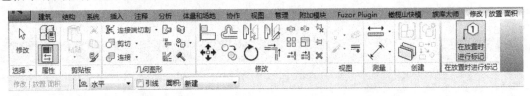

图 8 – 53

③ 设置标记的属性：选择标记类型，修改标识数据中的"名称"编辑框，此名称工具项目需要进行命名，如图 8 – 54 所示。

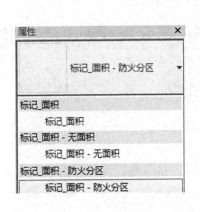

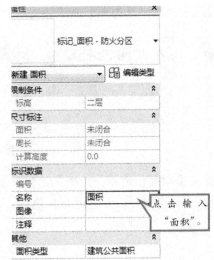

图 8 – 54

④ 点击放置房间图元，完成所有操作。

（6）添加面积标记：

① 定义：面积标记显示了面积边界内的总面积。放置面积标记时，可以给面积指定一个唯一的名称，只有在将面积添加到面积平面之后，才可以添加面积标记。

注意	可以使用"标记所有未标记的对象"工具来标记未标记的面积。

② 在打开的项目文件中，点击"建筑"选项卡→选择"房间和面积"面板中的"标记面积"下拉列表中的 ▧（标记面积），如图 8 - 55 所示。

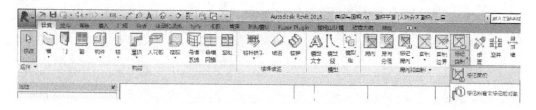

图 8 - 55

③ 点击完成后，Revit 将会弹出"修改 | 放置 面积标记"选项卡，移动鼠标至房间图元，点击创建即可（在创建面积时没有使用"在放置时进行标记"选项，稍后执行添加面积标记），如图 8 - 56 所示。

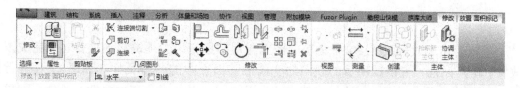

图 8 - 56

④ 选择适合项目的标记符号，在"属性"面板中进行设置，根据需要点击"编辑类型"按钮，对其类型属性进行设置。

（7）显示链接模型中的面积和面积边界：

① 打开项目文件，切换至包含链接模型的平面视图，单击"视图"选项卡，选择"图形"面板中的（可见性/图形）工具，Revit 将会弹出"楼层平面：××层平面图的可见性/图形替换"，单击"Revit链接"选项卡，如图 8 - 57 所示。

② 选择要显示面积和面积边界的链接模型对应的行，点击"显示设置"列中的按钮。Revit 将会弹出"RVT 链接显示设置"对话框，选

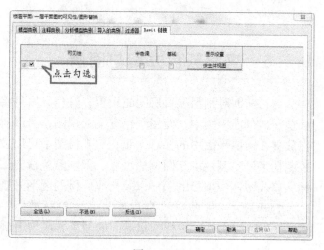

图 8 - 57

择"基本"选项卡，选择"按链接视图"，为链接视图选择对应的面积平面，点击"确定"两次，如图8－58所示。

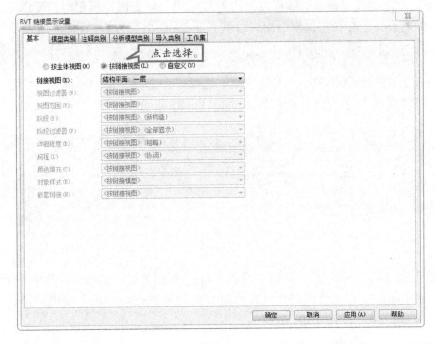

图 8－58

③ 在点击完成后，链接文件的房间图元与房间标记，必须链接入项目时，完成图元放置、房间标记，再根据项目的视图的"图形"面板中的"可见性/图形"工具进行设置，Revit 将会显示在链接的项目文件中的平面视图，以及将会在后面学习的房间颜色方案与图例都必须链接入项目时，才可以进行以上设置，在每个视图都必须操作一次以上的内容，如图 8－58 所示。

注意	本项目为不进行创建面积平面，在未来项目中，根据项目的需要、设计的面积平面，将对其进行创建与设置。

8.1.6　房间颜色方案与图例

通过前面对别墅项目房间的设置，颜色方案可将指定的房间和区域颜色应用到楼层平面视图或剖面视图中。使用颜色方案的视图，可以对颜色填充放置图例，颜色填充图例可以放置在楼层平面中的任意位置，一个视图中可以放置多个颜色填充图例。可以使用拖拽控制柄来调整颜色填充图例的尺寸、调整颜色填充图例中样例的尺寸、显示或隐藏图例标题、修改图例中项目的顺序以及修改样例的图形外观。

打开资料文件夹中"第八章"→"第一节"→"练习文件夹"→"颜色方案与图例 . rvt"项目文件，进行创建房间的颜色方案与图例。

（1）创建方案平面视图。

① 点击打开项目文件，切换平面视图至"架空层平面"视图，选择"项目浏览器"中的"楼层平面"视图中的"架空层平面图"，右击，选择"复制视图"中的下拉列表"带细节复制"，右键单击，选择重命名，将会弹出"重命名视图"对话框，修改其名称为"架空层平面图－图例"，如图 8－59 所示。

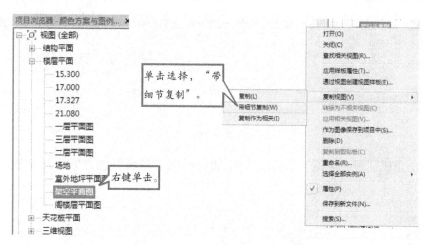

图 8－59

② 复制完成的楼层平面视图经过重命名，完成以上所有操作后，单击"视图"选项卡，选择"图形"面板中的"可见性/图形"工具，Revit 将会弹出"楼层平面：××层平面图的可见性/图形替换"，单击"注释类别"选项卡，在"过滤器列表"中选择"建筑"类别，取消可见性图形中的"尺寸标注、轴网、参照平面"等图元，如图 8－60 所示。以增强对颜色方案的对比，同样可以不取消图元的可见性，在后期施工图去增加 Revit 的一个特色与房间空间的面积大小。

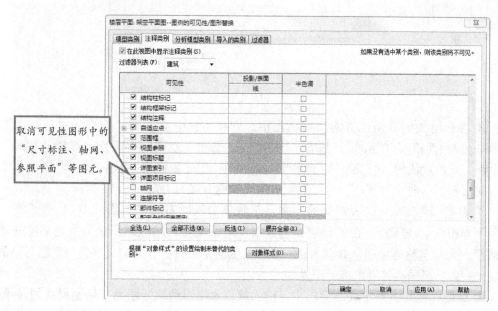

图 8－60

③ 在平面视图中只留下"建筑"或"结构"等图元,对于项目中的门窗标记,除房间标记与房间图元外,其他注释图元都取消其可见性。

(2)创建房间颜色方案。

① 单击"建筑"选项卡,选择"房间和面积"面板下拉列表中的 （颜色方案）工具,如图 8 – 61 所示。

图 8 – 61

② 点击完成"颜色方案"工具,Revit 将会弹出"编辑颜色方案"对话框,如图 8 – 62 所示。

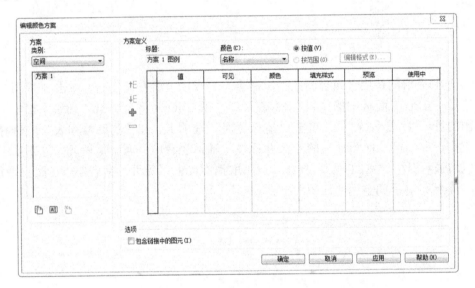

图 8 – 62

③ 在弹出"编辑颜色方案"对话框中,方案类别中会出现"面积(总建筑面积)""面积(出租面积)""房间""风管、HVAC 区、管道、空间"等类别,选择"房间"方案类别,点击默认的"方案 1",选择方案类别中 [AI]（重命名）按钮,将会弹出"重命名"对话框,修改"方案 1"为"架空层房间颜色方案",如图 8 – 63 所示。

④ 复制颜色方案:选择现有的方案,然后单击鼠标右键并单击"复制",或在"方案"下单击 [复制图标]（复制）,在"新建颜色方案"对话框中,输入新颜色方案的名称并单击"确定",此时名称将在颜色方案列表中显示。复制完成后,方案定义将会与复制对象的方案定义一致,根据项目要求进行设置。

⑤ 标题:在"方案定义"字段中,输入颜色填充图例的标题为"架空层房间 标题",将颜色方案应用于视图时,标题将显示在图例的上方,可以显示或隐藏颜色填充图例标

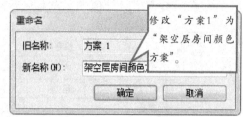

图 8 - 63

题，如图 8 - 64 所示。

⑥ 颜色：在"颜色"下拉列表中，
选择"名称"作为本项目的颜色方案基础
的参数（当选择颜色参数时，将会弹出
"不保留颜色"对话框，点击"确定"，
颜色方案定义的值将会默认创建，可以根
据项目需求，对其进行修改），如图 8 - 65
所示。

图 8 - 64

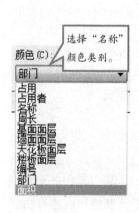

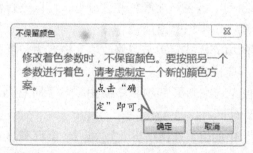

图 8 - 65

注意	确保为所选的参数定义了值，可以在"属性"选项板中添加或修改参数值。

⑦ 值与范围：要按特定参数值或值范围填
充颜色，请选择"按值"或"按范围"，如图
8 - 66 所示。

注意	"按范围"并不适用于所有参数。

图 8 - 66

a. 当选择"按范围"时，单位显示格式在"编辑格式"按钮旁边显示，根据项目需要，点击"编辑格式"来修改格式，在"格式"对话框中，清除"使用项目设置"，从菜单中选择适当的格式设置。

b. 当选择"按范围"时，会显示"至少"（编辑下限范围值），"小于"（此为只读值），这两个值，此值只有在选择了"按范围"时才显示。

⑧ 在"方案定义"值中，对其进行解释，如图8-67所示。

方案定义						
标题：架空层房间 图例	颜色(C)：名称		● 按值(V) ○ 按范围(G)	编辑格式(E)...		
	值	可见	颜色	填充样式	预览	使用中
1	卧室	☑	RGB 156-18	实体填充		是
2	厕所	☑	PANTONE 3	实体填充		是
3	厨房	☑	PANTONE 6	实体填充		是
4	大厅	☑	RGB 139-16	实体填充		是
5	家庭活动	☑	PANTONE 6	实体填充		是
6	房间	☑	RGB 096-17	实体填充		是
7	楼梯间	☑	RGB 209-20	实体填充		是
8	车库	☑	RGB 173-11	实体填充		是
9	餐厅	☑	RGB 194-16	实体填充		是

图8-67

a. 值：此为只读值，不能对其修改，此值只有在选择了"按值"时才显示。

b. 可见：在颜色填充图例中是否填充颜色并且可见，可以进行修改。

c. 颜色：颜色填充选项，单击以修改颜色。

d. 填充样式：指定值的填充样式，单击以修改填充样式为"实体填充"。

e. 预览：显示颜色和填充样式的预览。

f. 使用中：表示这个值是否在打开的项目中使用。对于所有列表项目，此为只读值，但添加的任何自定义的值例外。

g. 当点击"方案定义"中的值，选择一行，↑Ｅ 或 ↓Ｅ 会高亮显示，单击其中一个可以在列表中向上或向下移动行，可以调整顺序，而这些选项只有在选择了"按值"时才可用。

h. 点击 ➕ 向方案定义添加新值。

⑨ 在有链接的项目文件下，可以勾选"包含链接中的图元"，允许对链接模型中的图元（房间和面积）填充颜色，如图8-68所示。

图8-68

⑩ 点击"确定",完成所有操作。

（3）颜色方案应用于视图。

① 在"架空层平面图 – 图例"平面视图中,点击空白处,右击选择"属性"选项（或是,切换"修改"选项卡,选择"属性"面板中的属性工具）,将会在视图中显示"属性"对话框。如图8 – 69所示。

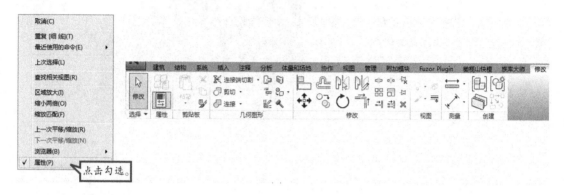

图8 – 69

② 在属性面板中点击"颜色方案",在弹出的"编辑颜色方案"中,选择类别为"房间",选择创建好的颜色方案,如图8 – 70所示,点击"确定",完成所有操作。

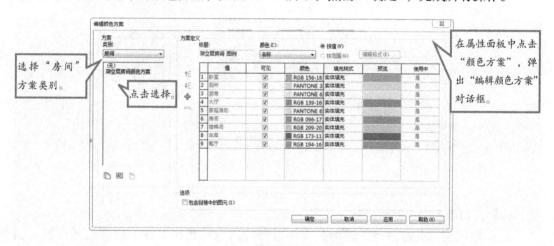

图8 – 70

③ 点击"确定"完成后,平面视图将会自动填充颜色,如图8 – 71所示。

④ 创建图例:

a. 可见性图元筛选:点击选择"房间和面积"面板中的下拉列表" 颜色方案"工具,点击"架空层房间颜色方案",由于项目中的"架空层"只有"车库"与"厕所",并没有其他图元,除这两项图元,将其他图元取消勾选其可见性,如图8 – 72所示。

b. 创建图例:点击切换至"分析"选项卡,选择"颜色填充"面板中的"颜色填充图例",鼠标将会附带房间的图例,点击放置,如图8 – 73所示车库及厕所填充颜色。

c. 打开图例标题:点击新创建的图例,选择"属性"面板中的"编辑类型",将会弹出"类型属性"对话框,勾选图形参数中的"显示标题",点击"确定",房间图例将会

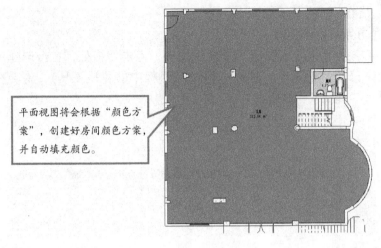

图 8 −71

图 8 −72

显示标题,如图 8 −74 所示。

d. 调整图例:点击图例,图例图元将会变成蓝色,底部与右上角会出现控制面柄,向上拉拽底部"控制面柄",如图 8 −75 所示。

⑤ 创建新的方案平面:点击一层平面图,右击新建平面图例,关闭轴网,操作方法与创建"架空层"相同。创建新的颜色方案:单击"建筑"选项卡,选择"房间和面积"面板中的下拉列表"颜色方案"工具,新建房间类型,命名为"一层房间颜色方案",修改标题为"一层房间图例",另取消勾选"车库"可见性,如图 8 −76 所示,点击"确定"。

⑥ 应用于新视图,点击"属性"对话框中"颜色方案",在弹出的"编辑颜色方案"中,选择类别为"房间",选择"一层房间颜色方案",点击"确定",完成所有操作,如图 8 −77 所示。打开新的图例图元,调整图例,在"颜色方案的位置"中选择"背景",如图 8 −78 所示。

图 8 – 73

图 8 – 74

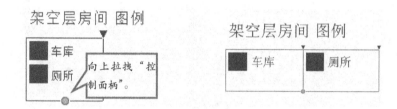

图 8 – 75

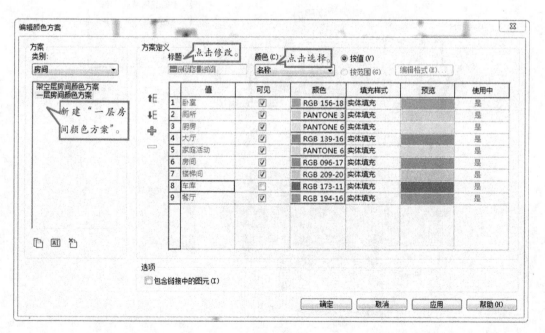

图 8 – 76

图 8-77

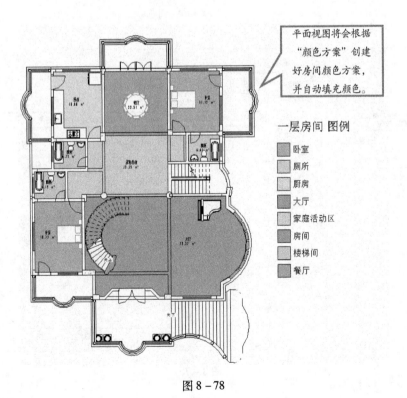

平面视图将会根据
"颜色方案"创建
好房间颜色方案,
并自动填充颜色。

一层房间 图例

卧室
厕所
厨房
大厅
家庭活动区
房间
楼梯间
餐厅

图 8-78

注意	在"颜色方案的位置"中选择"背景"只会将颜色方案应用于楼板。在剖面视图中，只会将颜色方案应用于背景墙或表面，颜色方案不会应用于视图中的前景图元。

⑦点击"属性"面板，在"颜色方案位置"中选择"前景"，Revit将会弹出提示对话框，点击"关闭"，如图8-79所示。

图8-79

注意	将颜色方案应用于视图中的所有模型图元，如图8-80所示。

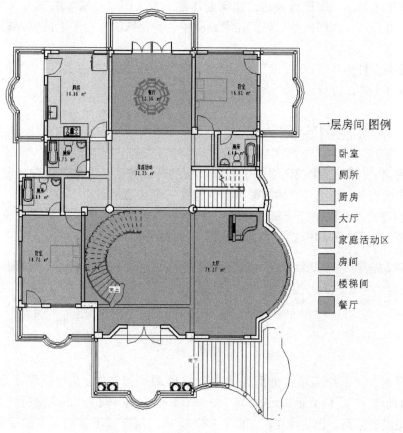

图8-80

⑧ 从视图删除颜色方案：通过选择绘图区域中的颜色填充图例，并单击"修改｜颜色填充图例"选项卡，选择"方案"面板中的"编辑方案"工具，可以删除颜色方案显示。在"编辑颜色方案"对话框中，选择"无"并单击"确定"。

课后练习

1. 打开资料文件夹中"第八章"→"第一节"→"练习文件夹"→"房间与面积.rvt"项目文件，创建房间图元。

2. 绘制房间分割线，创建房间标记。

3. 创建面积平面。

4. 创建房间颜色方案与图例。

8.2 平面施工图设计

在本节中将学习平面施工图设计，对 Revit 所建模型按视图的表达对平面施工图的应用，对传统的平面施工图进行表达，如何创建建筑施工图中最基本的三道尺寸：总尺寸、门窗洞口尺寸定位、轴网尺寸。如何在平面图中创建特殊符号、平面的室外标高、室内楼板标高。

打开资料文件夹中"第八章"→"第二节"→"练习文件夹"→"平面施工图设计.rvt"项目文件，进行练习。

8.2.1 平面视图定义

（1）定义：Revit 二维视图提供了查看模型的传统方法，这些视图包括楼层平面、天花板投影和结构平面视图，大多数模型至少包含一个楼层平面。

（2）创建平面视图：打开项目文件，切换至"视图"选项卡，在"创建"面板中的"平面视图"的下拉列表中选择"楼层平面"，如图 8 - 81 所示。

图 8 - 81

（3）平面视图下拉菜单：平面视图中有"楼层平面""天花板投影平面""结构平面""平面局域""面积平面"，选择其中一项，Revit 将会弹出"新建楼层平面"对话框，根据创建完成的标高，创建楼层，如图 8 - 82 所示。勾选"不复制现有的视图"，在标高选项框中将不会出现已复制完成的视图。

（4）编辑类型：在"新建楼层平面"对话框中，点击"编辑类型"按钮，将会弹出

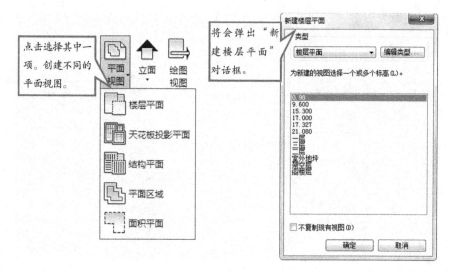

图 8-82

"类型属性"对话框，根据需要修改其"类型参数"，完成创建。在打开的平面视图中，也可以通过"属性"面板中的"编辑类型"进行修改，当点击"图形"类型参数时，点击"详图索引标记"的值，Revit 将会弹出"详图索引标记"的类型属性对话框，根据项目的需要修改其"详图索引标头"族，在此修改之前，需要载入项目需要的族，此处才会有详图索引标头的族可以选择，如图 8-83 所示。

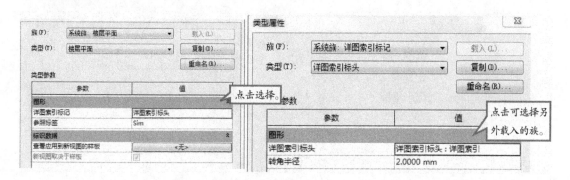

图 8-83

（5）楼层平面属性：在平面视图中的空白处，右击选择"属性"，将其拖至左侧，下面对楼层属性进行介绍，如图 8-84 所示。

① 图形类型参数：

a. 视图比例：Revit 中的视图比例，可以根据项目需要，从下拉列表中进行选择，也可以通过"自定义"，输入需要的视图比例，一般默认的有"1：100"等视图比例，如图 8-85 所示。

b. 显示模型：Revit 默认的情况下会以"标准"的显示模式显示所有模型；当项目模型显示模式调整为"半色调"时，平面视图中模型构件图元将会呈现灰色调，详图图元、门窗标记、尺寸标记、文字、符号等都会正常显示，如图 8-86 所示。

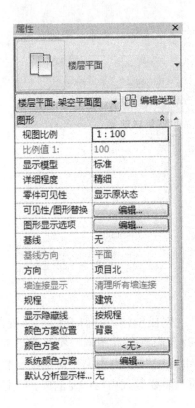

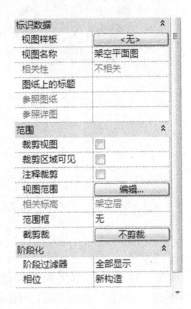

图 8 – 84

图 8 – 85

当项目模型显示模式调整为"不显示"时,所有图元将会被隐藏,详图图元、文字标记、文字、符号等都会正常显示,但门窗标记不会被显示,如图 8 – 87 所示。

c. 详细程度:详细程度分为"精细""粗略""中等",墙、楼板、屋顶的构造层只在"中等"和"精细"下显示在项目中。某些族图元会根据详细程度变化,如图 8 – 88 所示。

d. 零件可见性:当可见性调为"显示原状态"时,各个零件不可见,但用来创建零件的图元是可见的,并且可以选择。当"创建部件"工具处于活动状态时,原始图元将不可选择,要进一步分割原始图元,需要选择它的一个零件,然后使用"编辑分区"工具;当调为"显示零件"时,各个零件在视图中可见,当光标移动到这些零件上时,它们将高亮显示,从中创建零件的原始图元不可见且无法高亮显示或选择;"显示两者",零件和原

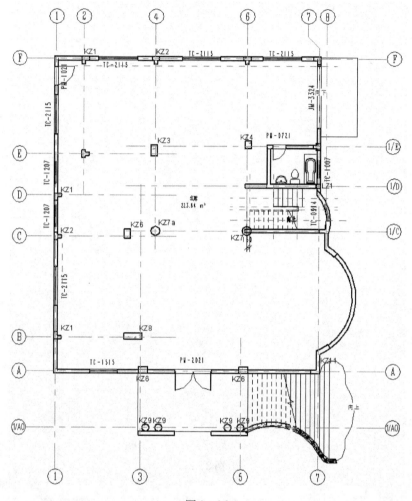

图 8 - 86

始图元均可见，并能够单独高亮显示和选择，如图 8 - 89 所示。

e. 可见性/图形替换：点击属性面板中的"可见性/图形替换"的"编辑"按钮，Revit 将会弹出"楼层平面：架空平面图的可见性/图形替换"对话框，可以根据项目需要对其进行修改，如图 8 - 90 所示。

f. 图形显示选项：点击图 8 - 90 中所示的属性面板中的"图形显示选项"的"编辑"按钮，Revit 将会弹出"图形显示选项"对话框，如图 8 - 91 所示。

> **注意**　在模型显示中的样式中有"线框""隐藏线""着色""一直的颜色""真实"，可以通过需要对其进行设置。

g. 基线：从编辑文本框中选择任意标高，可以将该层平面设置为当前平面视图的底图，在视图中为灰色调显示。

h. 方向：项目可以通过"项目北"与"正北"之间切换视图中项目的方向，指定模型的地理位置（用于特定位置分析），如图 8 - 92 所示。

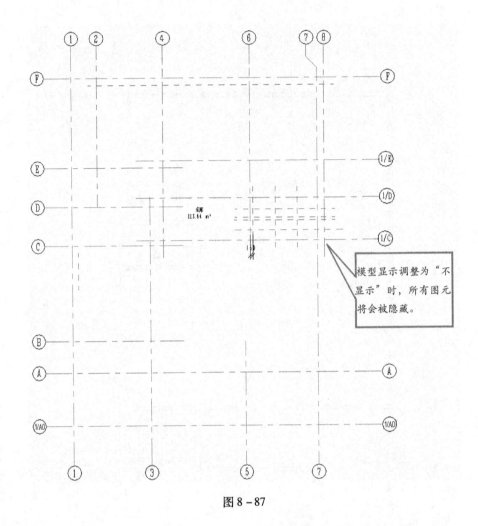

图 8 - 87

图 8 - 88   图 8 - 89

  i. 规程：给项目指定其视图的规程，分别有："建筑""结构（选择时，非承重墙将会被隐藏）""机械""电气""卫浴""协调（选项兼具"建筑"和"结构"的选项功能）"，如图 8 - 93 所示。

  j. 显示隐藏线：可以通过下拉列表中选择"按规程""全部""无"对项目进行设置，如图 8 - 94 所示。

  k. 颜色方案位置：在"颜色方案位置"下拉列表中，通过选择"背景""前景"来将颜色方案应用于视图中的模型图元。

  l. 颜色方案：点击其后面的按钮，将会弹出"编辑颜色方案"对话框，通过对其设置可以定义视图的颜色方案，如图 8 - 95 所示。

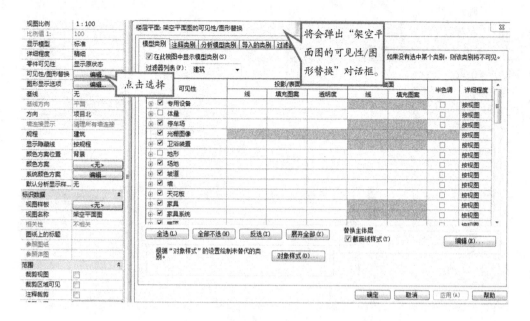

图 8-90

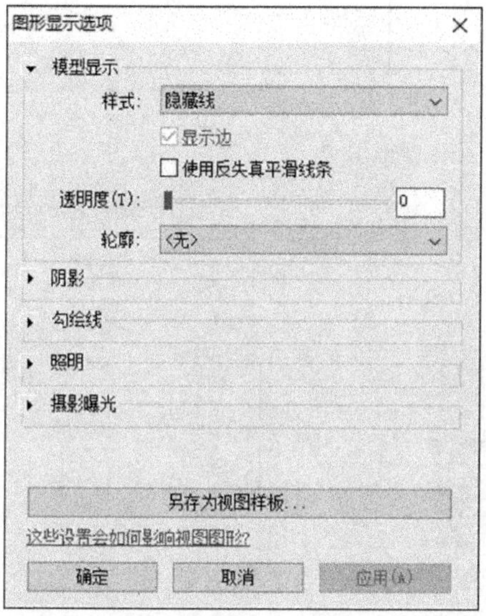

图 8-91

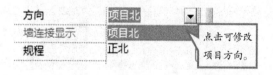

图 8-92

　　m. 系统颜色方案：点击后面的"编辑"按钮，将会弹出"颜色方案"对话框，此项是为"管道""风管"类别的颜色方案进行设置，创建其颜色方案，如图 8-96 所示。

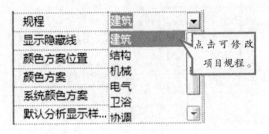

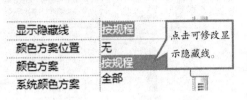

图 8 – 93

图 8 – 94

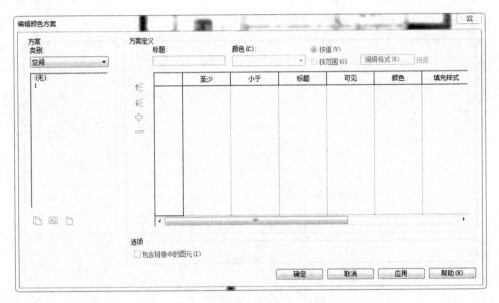

图 8 – 95

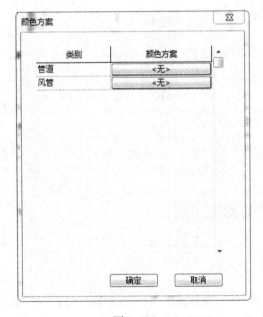

图 8 – 96

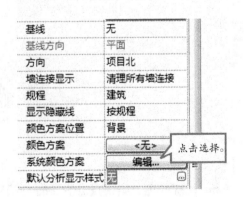

图 8 – 97

n. 默认分析显示样式：点击其后面的编辑框中的按钮，如图8-97所示。Revit将会弹出"分析显示样式"对话框，如图8-98所示。通过设置对话框中的"设置""颜色""图例"选项，配置视图样式的可见图元。

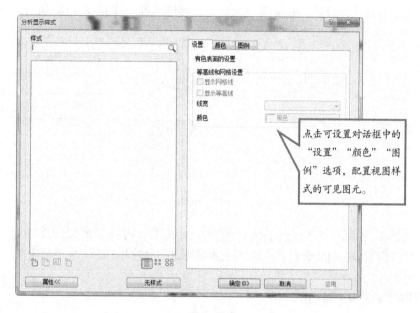

图8-98

② 标识数据参数：

a. 视图样板：点击其"视图样板"后面的编辑按钮，Revit将会弹出"应用视图样板"对话框，如图8-99所示。通过"规程过滤器"选择项目规程，再通过选择"视图类型过滤器"下拉列表进行筛选，选择"名称"下方的选项，对话框中的"视图属性"将会弹出"参数""值""包含"的选项，根据项目的要求对其进行修改。

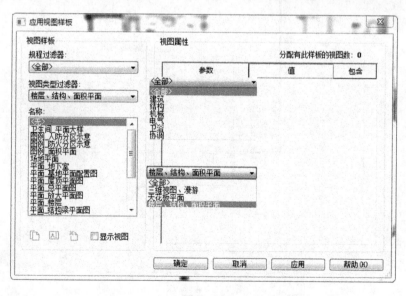

图8-99

b. 视图名称：可以点击"属性"面板的编辑文本框，输入本平面视图的名称。

c. 图纸上的标题：将视图放置于图纸时，指定视口的标题名称。例如：当前的视图名称为"F0"，而在项目中本层名称为"架空层平面图"，可以将"图纸上的标题"设置为"架空层平面图"，如果不对其进行设置，Revit 将会默认为"视图名称"，如图 8 – 100 所示。

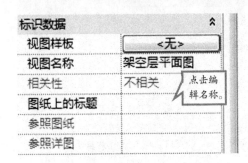 

图 8 – 100

d. 参照图纸与参照详图：在平面创建的平面视图，将该平面视图作为第一个详图放置在编号为"别墅 01"的图纸上，则该平面视图的"参照图纸"为"别墅 01"，"参照详图"编号为 1。

③ 范围：如图 8 – 101 所示。

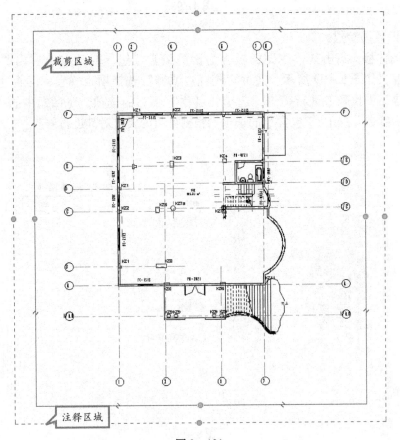

图 8 – 101

a. 裁剪视图：勾选"裁剪视图"后面的复选框，在平面视图中将会出现裁剪边界。

b. 裁剪区域可见：可以勾选或取消其复选框。当勾选时，在平面视图中会显示出裁剪边界；如果没有勾选，则裁剪边界不会显示。

c. 注释裁剪：勾选"裁剪区域可见"，点击其裁剪边界时，在边界最外框会显示出一层蓝色的虚线外框，通过拉伸线中间的控制柄，调整项目的轴网长度。

d. 视图范围：点击"编辑"按钮，Revit 将会弹出"视图范围"对话框，设置视图范围中的"主要范围"与"视图深度"，如图 8 - 102 所示（详细请查看 1.1.4 视图范围设置和 1.1.5 范围相关设置）。

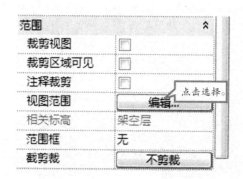
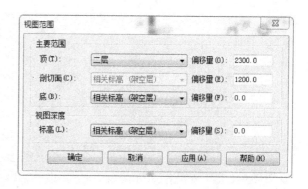

图 8 - 102

e. 截剪裁：控制给定剪裁平面下方的模型零件的可见性。在项目浏览器中，选择要由后剪裁平面剖切的平面视图，点击"不裁剪"的按钮，Revit 将会弹出"截剪裁"对话框，如图 8 - 103 所示。在"截剪裁"对话框中，选择一个选项，并单击"确定"（可选）。如有必要，也可以单击"视图范围"并修改"视图深度"设置，当"截剪裁"属性处于活动状态时，被选作"视图深度"的标高就是将要剪裁视图的位置。

图 8 - 103

④ 阶段化：定义项目阶段（如拆除和改造）并将阶段过滤器应用到视图和明细表，以显示不同工作阶段期间的图元。Revit 将追踪创建或拆除视图或图元的阶段，可以使用阶段过滤器控制建筑模型信息流入视图和明细表，可以创建与各个阶段对应的完整且附带明细表的项目文档。

a. 打开"管理"选项卡，选择"阶段化"面板中的"阶段"工具，Revit 将会弹出"阶段化"对话框，选择"工程阶段"，可以根据需要修改其名称，新建插入阶段，若将阶段进行合并，选择合并的阶段，选择合并对象中"与上一个合并"或"与下一个合并"，如图 8 - 104 所示。

b. 切换"阶段过滤器"选项卡，在 Revit 默认的情况下，有 7 种设置，可以根据需要进行新建或删除，如图 8 - 105 所示。

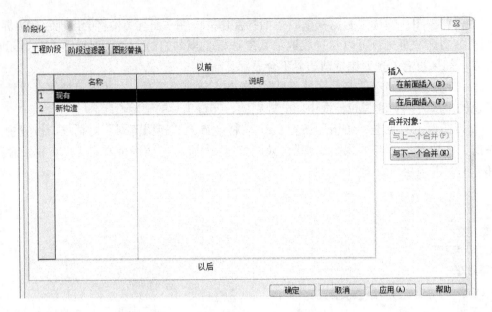

图 8 - 104

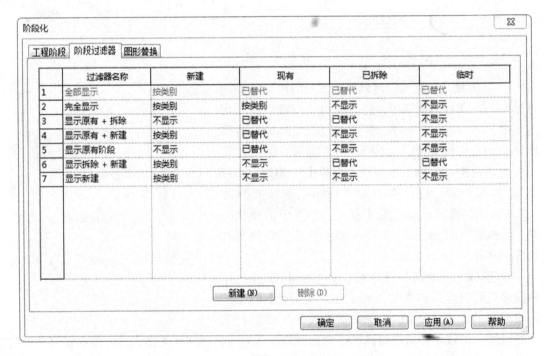

图 8 - 105

c. 在"图形替换"选项卡中,有"现有""已拆除""新建""临时"四种阶段状态,如图 8 - 106 所示。

d. 阶段属性:使用阶段属性将建筑模型图元分配给特定的阶段,还可以将视图的副本指定给不同的阶段和阶段过滤器。

视图阶段属性:Revit 中的每个视图都具有"阶段"属性和"阶段过滤器"属性,"阶段"属性是视图阶段的名称。当打开或创建视图时,将会自动带有"阶段"值,可以

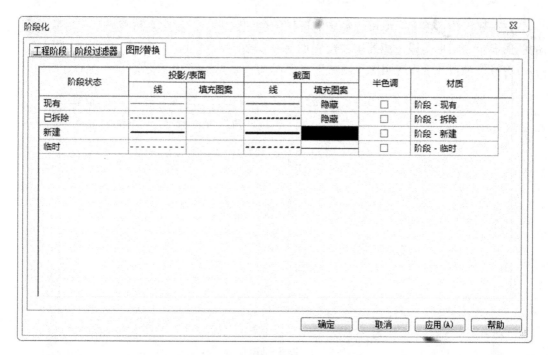

图 8 – 106

复制视图并随后选择该视图的不同阶段值,通过"阶段过滤器"属性,可以控制图元在视图中的显示样式,如图 8 – 107 所示。

图元阶段属性:添加到项目中的每个图元都具有"创建的阶段"属性和"拆除的阶段"属性,"创建的阶段"属性用于标识将图元添加至建筑模型的阶段,默认值和当前视图的"阶段"值相同,可以根据需要给予不同值,如图 8 – 108 所示。

图 8 – 107

图 8 – 108

e."拆除的阶段"属性用于标识拆除图元的阶段,默认值为"无"。拆除图元时,该图元在阶段相同的所有视图中都被标记为已拆除,打开要在其中拆除图元的视图,点击切换"修改"选项卡,选择"几何图形"面板中的 🔧(拆除)工具,如图 8 – 109 所示。在项目视图中光标将变成锤子形状。

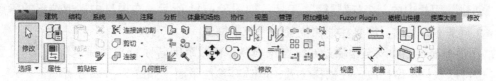

图 8 – 109

点击要拆除的图元，将鼠标移到需要拆除的图元上时，图元将高亮显示。拆除的图元的图形显示会根据阶段过滤器中的设置而更新。要退出"拆除"工具，完成所有操作后，右击选择取消或按 Esc 键两次退出放置房间模式，如图 8 – 110 所示。

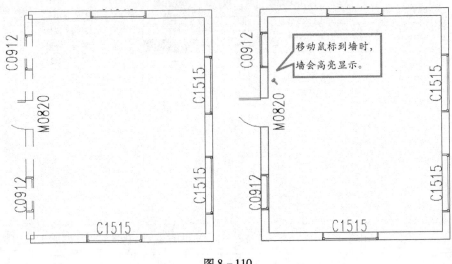

图 8 – 110

注意	使用"拆除"工具进行操作时，此图元构建将会以黑色虚线显示，在阶段过滤器关闭拆除图元的显示时点击图元，该图元将会消失。

8.2.2 范围框与平面区域

（1）范围框：范围框的使用是指定显示基准图元的视图，属于系统族，如果将基准图元（轴线、标高线和参照线）添加到项目中，这些图元会在其他不需要的视图中显示。

① 范围框可以控制那些剖切面与范围框相交的视图中的基准图元的可见性，范围框适用于控制那些与视图既不平行也不正交的基准的可见性。

② 在三维视图及相关标高与范围框相交的平面视图中，范围框是自动可见的，可以调整范围框的大小，在视图中将其隐藏或设置其"视图可见"属性来控制范围框的可见性。

范围框无法在施工图文档中打印出来。

打开资料文件夹中"第八章"→"第二节"→"练习文件夹"→"平面施工图设计.rvt"项目文件，进行练习。

③ 创建范围框：切换至楼层平面图为"架空层平面图"，单击"视图"选项卡，选择"创建"面板中的 ✛ "范围框"工具，如图 8 – 111 所示。在项目中楼梯位置的参照平面，立面是不可见的，需要在楼梯位置创建范围框。

④ 将平面视图移动至楼梯绘制，在选项栏中修改范围名称为"楼梯范围框"，设置高度，也可以默认不做修改。在楼梯位置，框选其参照平面，如图 8 – 112 所示。

⑤ 将范围框应用到基准图元：将图元应用于范围框，选择参照平面，Revit 将会跳转

图 8 – 111

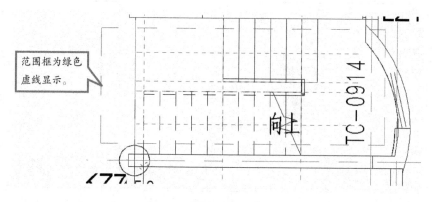

图 8 – 112

至图元属性面板，如图 8 – 113 所示。点击范围框后面的下拉列表，选择"楼梯范围框"，完成所有操作。

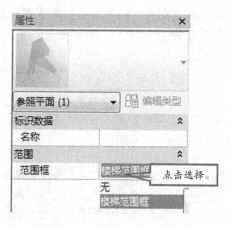

图 8 – 113

图 8 – 114

⑥ 点击楼梯范围框，Revit 将会切换至"属性"面板，如图 8 – 114 所示。选择属性面板中的"范围"选项中的"视图可见"栏的"编辑"按钮，Revit 将会弹出"范围框视图可见"对话框，如图 8 – 115 所示。

给予项目"视图类型"可见性设置，在本项目中，立面视图不需要可见的，在立面视图中的"自动可见性"中选择"不可见"。

（2）平面区域：

① 定义：若要定义平面视图中的多个剖切面，需要采用平面区域进行定义，平面区域定义的剖切面的高度与用于其余视图的剖切面的高度不同。

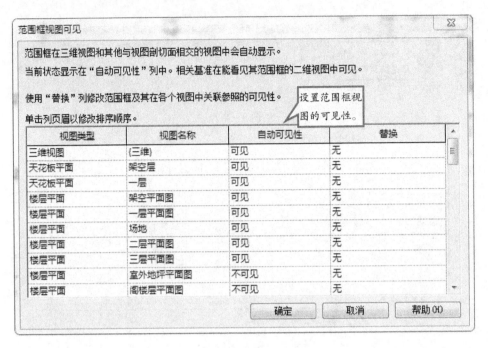

图 8 – 115

平面区域可用于拆分标高平面，也可用于显示剖切面上方或下方的插入对象，平面区域是闭合草图，不能彼此重叠，平面区域可以具有重合边。

② 楼层平面中的平面区域：视图专有的。可以将其复制并粘贴到同一视图或不同视图中，将平面区域复制到另一个视图中时，"视图范围"设置保持上一个视图的设置不变，当平面区域在视图中可见时，才能导入和打印该区域。

打开资料文件夹中"第八章"→"第二节"→"练习文件夹"→"平面施工图设计.RVT"项目文件，进行以下练习。

③ 创建平面区域：打开项目文件，点击"视图"选项卡，选择"创建"面板中的"平面视图"下拉列表中的"⤷平面区域"工具，如图 8 – 116 所示。

图 8 – 116

④选择完成之后，Revit 将会弹出"修改 | 创建平面区域边界"选项卡，选择"绘制"面板中的"绘制"工具，绘制完成，点击"模式"面板中的"完成"工具，完成所有操作，如图 8 – 117 所示，在平面视图中显示的平面区域为绿色的虚线。

图 8 – 117

⑤修改视图范围：点击绘制完成的"平面区域"，Revit 将会切换至"属性"面板中，如图 8 – 118a 所示。单击"视图范围"后面的"编辑"按钮，将会弹出"视图范围"对话框，如图 8 – 118b 所示。

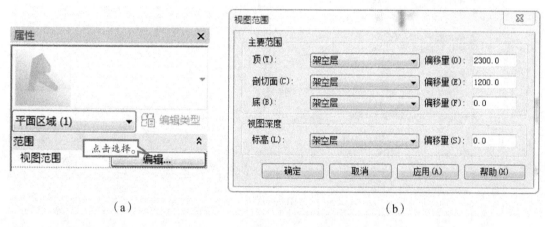

（a）　　　　　　　　　　　　　　　（b）

图 8 – 118

⑥设置为可见性：创建平面区域后，可以设置为可见或使用复选框将其隐藏。单击"视图"选项卡，选择"图形"面板中的"可见性/图形"，如图 8 – 119 所示。

图 8 – 119

⑦在弹出的"可见性/图形"对话框中，单击"注释类别"选项卡，滚动至"平面区域"类别，选中或清除该复选框以显示或隐藏平面区域，如图 8 – 120 所示。

⑧单击"投影/表面"下的"线"列，然后单击"替换"以修改平面区域的线宽、线颜色和线型图案。

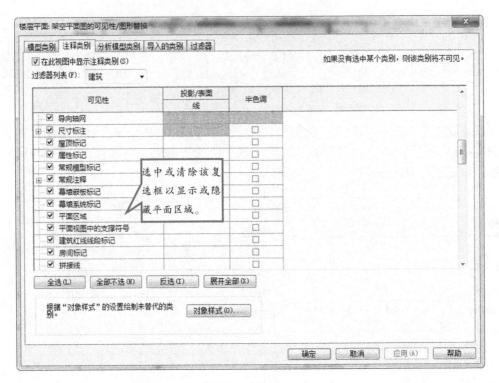

图 8 – 120

8.2.3 添加遮罩区域与详图线

（1）遮罩区域。

① 定义：是视图专有图形，可用于在视图中隐藏图元。

② 应用范围：可以创建二维遮罩区域和三维遮罩区域，在创建二维族（注释或详图）时，在项目中和族编辑器中创建二维遮罩区域，在创建模型族时，在族编辑器中创建三维遮罩区域，遮罩区域不参与着色，用于绘制绘图区域的背景色，遮罩区域不能应用于图元子类别。

打开资料文件夹中"第八章"→"第二节"→"练习文件夹"→"平面施工图设计.rvt"项目文件，进行练习。

③ 创建遮罩区域：打开项目文件，点击"注释"选项卡，选择"详图"面板中"区域"下拉列表"遮罩区域"工具，如图 8 – 121 所示。

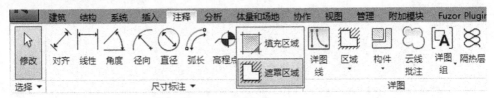

图 8 – 121

④ 绘制遮罩区域：切换视图至"一层平面视图"，修改详细程度为"精细"，视觉样式为"线框"，点击完成后，Revit 将会切换到"修改 | 创建遮罩区域边界"，选择"绘制"面板中的"直线"绘制工具，如图 8 - 122 所示。进入绘制区域，如图 8 - 123 所示。

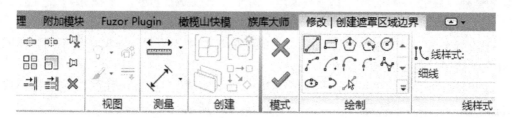

图 8 - 122

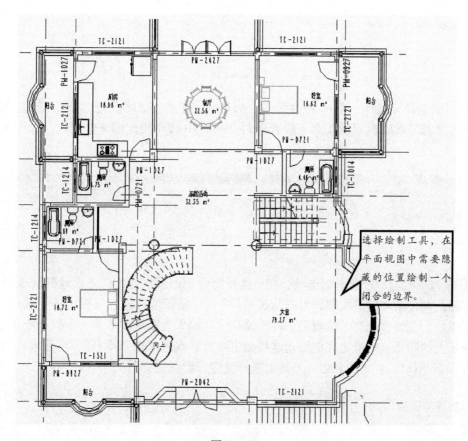

选择绘制工具，在平面视图中需要隐藏的位置绘制一个闭合的边界。

图 8 - 123

⑤ 完成边界绘制后，点击"模式"面板中的"完成"工具，修改视觉样式为"隐藏线"。

⑥ 适用范围：

a. 需要隐藏的图元，正在创建详图族或模型族，而且在将族载入到项目中时需要图元的背景来遮罩模型和其他详图构件。

b. 要（从导入的二维 DWG 文件）创建在放置到视图中时可隐藏其他图元的模型族。

⑦ 在从导入的二维 DWG 文件创建模型族时，在将族载入到项目中时可能需要图元的背景来遮罩模型和其他详图构件。

注意	在绘制遮罩区域的边界时，不希望线可见，点击不需要可见的线，选择线样式为＜不可见线＞。

（2）详图线。

① 定义：是基于工作平面的图元，三维空间视图中不可见，与模型线不同，详图线仅存在于绘制时所在的二维视图中。

② 创建详图线：切换楼层平面至"架空层平面图"，点击"注释"选项卡，选择"详图"面板中的 📐 "详图线"工具，如图 8 – 124 所示。

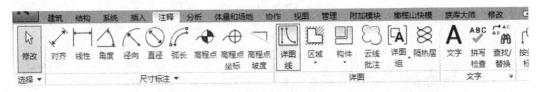

图 8 – 124

③ 点击选择详图线，Revit 将会弹出"修改 | 放置 详图线"选项卡，选择"绘制"面板中的绘制工具或拾取线工具，以便通过在模型中选择线或墙来创建线，如图 8 – 125 所示。

图 8 – 125

④ 在选项栏上，放置平面选项，在切换需要绘制详图线时，此处已经默认选择完成，如果需要绘制多条连接的线段，点击勾选"链"，从鼠标位置或在绘图区域中选择的边缘偏移详图线，在偏移量文本编辑框中输入偏移值。如果为圆形或弯曲详图线指定半径，或者为矩形上的圆角或线链之间的圆角连接指定半径，点击勾选"半径"，然后输入一个值，如图 8 – 126 所示，在本项目中，不需要进行设置，默认值即可。

图 8 – 126

⑤ 选择线样式：要使用其他线样式（包括线颜色或线宽），不是"线样式"面板上显示的线样式，需要从"线样式"下拉列表中选择一个线样式，线样式不适用于在草图模式下创建的模型，如图 8 – 127 所示，在本项目中选择"线"样式。

⑥ 属性面板：详图线的属性如图 8 – 128 所示。

a. 限制条件：工作平面是标识用于放置线的工作平面，与邻近图元一同移动确定线是否随邻近图元一起移动。

b. 图形：线样式，为详图线指定"对象样式"对话框中定义的线样式类型，使用线

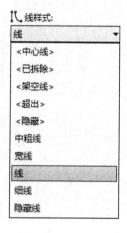

图 8 – 127

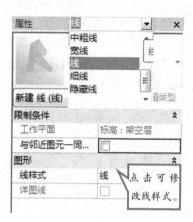

图 8 – 128

样式以更改线的颜色、线宽和样式。

⑦ 在绘图区域中，绘制详图线，或者单击现有线或边缘，具体取决于正在使用的绘制选项。本项目中，由于视图范围的设置，一些图元的放置中，会出现缺少边的情况，可以通过详图线进行施工图的完善，如图 8 – 129 所示。

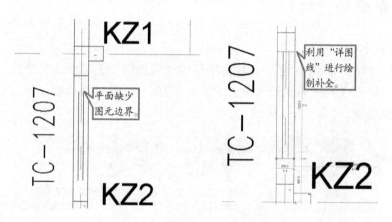

图 8 – 129

> **注意** 单击以指定详图线的起点之后，可以通过为随该线显示的临时尺寸标注键入一个值来快速设置线长度。可以为圆形或曲线输入半径值，为椭圆形输入两个半径值，或者为多边形输入从中心到顶点或边的距离。

⑧ 绘制完成，右击选择取消或按 Esc 键两次退出放置房间模式。

⑨ 转换线：

a. 定义：使用"转换线"工具来更改模型线、详图线或符号线的线。

b. 在 Revit 中导入文件并进行分解后，导入线将转换为模型线。可以使用"转换线"工具将模型线转换为详图线。可以使用"转换线"将这些线重新转换为其原始线类型，在族中，可以将符号线转换为模型线。

c. 要转换绘制为错误线类型的线，"转换线"也非常有用。在转换过程中，Revit 重新映射所转换的线的样式及对它的参照，有关文件将导入到 Revit 中的详细信息。

d. 转换线类型：确保活动视图支持要转换为的目标线类型。在绘图区域中，选择要转换的线（模型线、详图线或符号线），点击"修改线"选项卡，选择"编辑"面板中的"转换线"工具，如图 8 – 130 所示。

图 8 – 130

注意	当选择既包含模型线，又包含详图线或符号线，则将显示"指定要转换的线"对话框，Revit 将会提示指定要转换的线类型。

与构件一样，如果详图线被绘制为与图元平行，它们就可以与邻近的图元一同移动。

8.2.4　平面图尺寸标注

（1）永久性尺寸标注。

① 定义：使用"尺寸标注"工具在项目构件或族构件上放置永久性尺寸标注，Revit 提供了对齐、线性（构件的水平或垂直投影）、角度、径向、直径或弧长的 6 种永久性尺寸标注工具供选择，如图 8 – 131 所示。

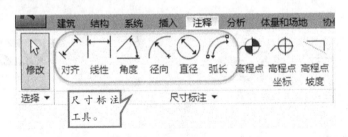

图 8 – 131

② 尺寸标注类型：在尺寸标注工具中，在"尺寸标注"下拉列表中，分别为 7 种尺寸标注设置了不同的类型属性编辑按钮（此处，与各种标注工具的"属性"面板中的"编辑类型"相同），为满足规范中不同施工图的设计要求，对其标注类型进行类型属性设置，如图 8 – 132 所示。下面根据项目需要，对标注尺寸工具的属性进行设置。

（2）打开资料文件夹中"第八章"→"第二节"→"练习文件夹"→"平面施工图设计.rvt"项目文件，进行以下练习。

① 自动对齐尺寸标注：第三道尺寸标注（门窗洞口定位）。

a. 打开项目文件，切换楼层平面视图于"架空层平面图"，点击打开"注释"选项卡，选择"尺寸标注"面板中的"对齐"工具，如图 8 – 133 所示。

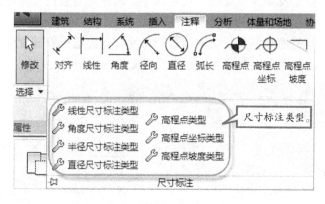

图 8 – 132

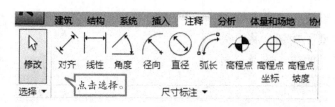

图 8 – 133

b. 选项栏：快速尺寸标注设置。

点击"选择"完成，Revit 将会切换至"修改 | 放置尺寸标注"选项卡，此时也可以修改其 5 种标注工具，在上下文选项卡下方，弹出的选项栏，尺寸标注位置放置不做修改，即为"参照墙中心线"，修改"拾取"设置，选择其下拉列表中的"整个墙"，如图 8 – 134 所示。

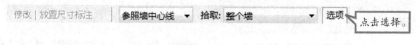

图 8 – 134

点击修改"选项"工具，Revit 将会弹出"自动尺寸标注选项"对话框，"选择参照"中勾选"洞口"选项，再选择"宽度"，勾选相交轴网，如图 8 – 135 所示，点击"确定"。

自动尺寸标注选项，选择以下选项：

"洞口"：对某面墙及其洞口进行尺寸标注。选择"中心"或"宽度"设置洞口参照；选择"中心"，尺寸标注链将使用洞口的中心作为参照；选择"宽度"，尺寸标注链将测量洞口宽度。

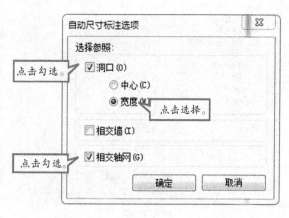

图 8 – 135

"相交墙"：对面墙及其相交墙进行尺寸标注。选择要放置尺寸标注的墙后，多段尺寸标注链会自动显示。

"相交轴网"：对某面墙及其相交轴网进行尺寸标注。选择要放置尺寸标注的墙后，多段尺寸标注链会自动显示，并参照与墙中心线相交的垂直轴网。

注意	在轴线与另一个墙参照点（例如墙端点）相重合，不能为此轴网创建尺寸界线，这将避免创建长度为零的尺寸标注线段。

c. 对齐尺寸工具的类型属性：在属性面板选择器中，可选择标注类型的，如图 8 – 136 所示，根据需要选择合适的尺寸标注，下面为项目创建适合标注样式。

d. 类型属性设置：点击属性面板中的"编辑类型"按钮，将会弹出"类型属性"对话框，选择"复制"按钮，修改其名称为"尺寸标注界线"。

图 8 – 136

修改"图形"类型参数："记号线宽"为 3mm，"尺寸界线长度"为 8mm，"尺寸界线延伸"长度为 2mm，修改"颜色"为"绿色"，如图 8 – 137 所示，其他均为默认。

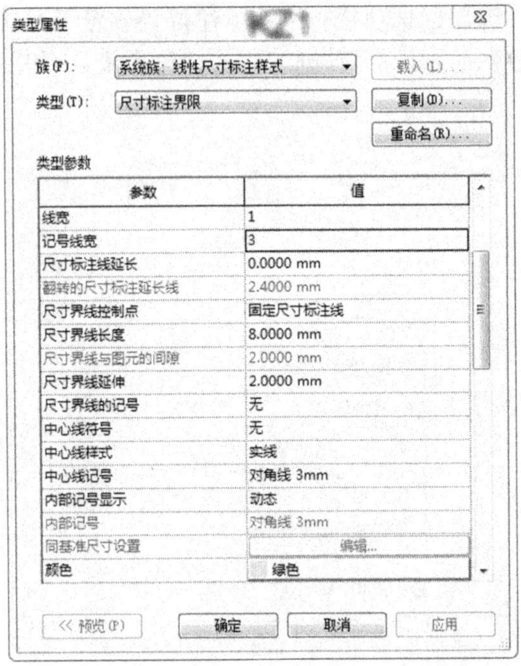

图 8 – 137

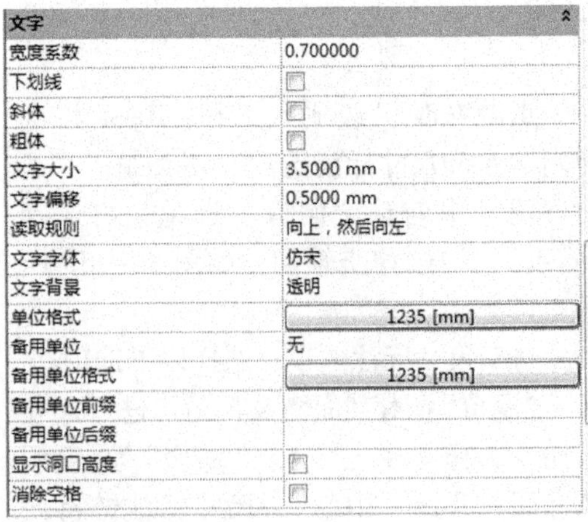

图 8 – 138

修改文字类型参数：设置"文字大小"为3.5mm，为打印后图纸上标注的尺寸文字高度，设置"文字偏移"为0.5mm，文字字体为"仿宋"，其他均为默认，如图8-138所示。

e. 放置尺寸标注（创建第三道尺寸标注）：移动至墙，墙高亮显示，鼠标所指将会出现自动尺寸标注，将标注移动至外，选择合适位置，鼠标点击标注完成创建，如图8-139所示。

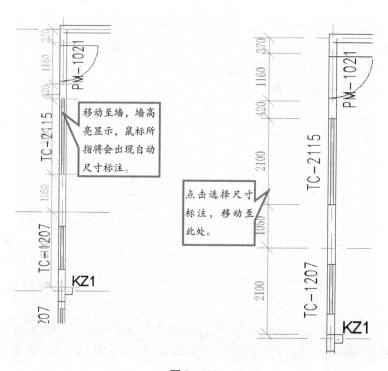

图8-139

f. 修改标注，标注的位置不是最终成果，需要进行修改调整，点击标注，标注将会变成蓝色，点击"370"的第二尺寸界线，移动尺寸界线，将其拖拽至门边，Revit将会改变其标注，文字数据也将随其改变，如图8-140所示。

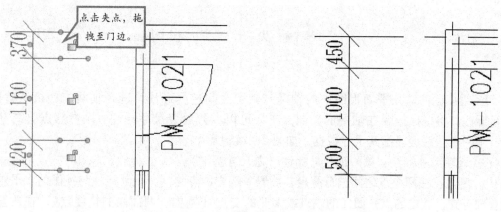

图8-140

g. 编辑尺寸界线：添加尺寸标注界限，选择已经创建完成的标注，Revit 将会切换至"修改│尺寸标注"选项卡，如图 8 – 141 所示。

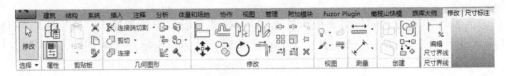

图 8 – 141

点击选择"尺寸界线"面板中的"编辑尺寸界线"，鼠标将会附带符号，移动至如图 8 – 142 所示的位置，出现蓝色线表明已被捕捉，点击"确定"，Revit 将会根据位置定位定出位置长度，并显示其尺寸数据，如图 8 – 143 所示。

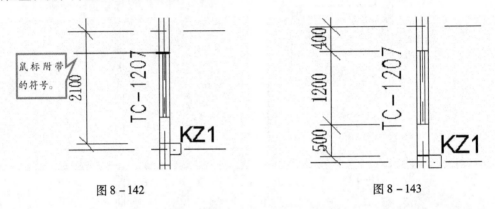

图 8 – 142　　　　　　　　　　　　　　图 8 – 143

| 注意 | 按 Tab 键可以在不同的参照点之间循环切换，几何图形的交点上将显示蓝色点参照，将在内部墙层的所有交点上显示灰色方形参照。 |

② 对齐标注（逐点标注）：第二道尺寸标注（轴线定位）、第一道尺寸标注（总尺寸）。

a. 选项栏：逐点标注尺寸标注设置。

标注完成后，修改"拾取"工具设置选项，选择其下拉列表中的"单个参照点"，如图 8 – 144 所示。

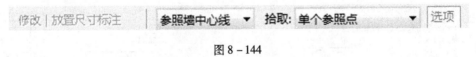

图 8 – 144

b. 继续标注，在平面视图中的轴网与轴网之间进行标注，选择轴网作为指定参照，进行标注。将鼠标放置在轴网的参照点上，可以在此放置尺寸标注，则参照点会高亮显示，轴网之间将会显示其尺寸数据，如图 8 – 145 所示。

③ 线性尺寸标注：第一道尺寸标注（总尺寸标注）。

a. 定义：在两个点之间进行测量，放置于选定的点之间，尺寸标注与视图的水平轴或垂直轴对齐，选定的点是图元的端点或参照的交点（例如，两面墙的连接点），在放置线性标注时，可以使用弧端点作为参照，只有在项目环境中才可用水平标注和垂直标注，无

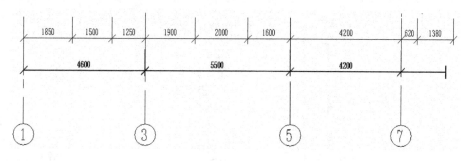

图 8 – 145

法在族编辑器中创建它们，适合于在形状不规则的建筑上的水平线性尺寸标注和垂直线性尺寸标注。

b. 在"注释"选项卡中，选择"尺寸标注"面板中的"对齐"工具，如图 8 – 146 所示。

图 8 – 146

c. 在"属性"面板中的"类型选择器"选择"线性尺寸标注样式尺寸标注界限"，其他不做任何修改，如图 8 – 147 所示。

d. 将光标放置在墙的参照点上，放置至墙的最外边线，Revit 将会出现蓝色点，点击并拉动 Revit 出现标注界限，拉至另外一边的最外墙，同样，另外一边外墙也会出现蓝色点，点击将会出现标注界限，拖动将其放置好位置，如图 8 – 148 所示。

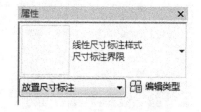

图 8 – 147

④ 角度：将角度尺寸标注放置在共享统一公共交点的多个参照点上，不能通过拖拽尺寸标注弧来显示一个整圆。

a. 点击"注释"选项卡，选择"尺寸标注"面板中的△（角度）工具，如图 8 – 149 所示。

b. 角度属性面板：点击属性面板中的"编辑类型"按钮，将会弹出"类型属性"对话框，选择"复制"按钮，修改其名称为"实心箭头 – 角度标注界限"。

修改其图形"类型参数"："记号线宽"为 3mm，"尺寸界线长度"为 8mm，"尺寸界线延伸"长度为 2mm，修改"颜色"为"绿色"，如图 8 – 150 所示，其他均为默认。

修改文字类型参数：设置"文字大小"为 3.5mm，为打印后图纸上标注的尺寸文字高度，设置"文字偏移"为 0.5mm，文字字体为"仿宋"，其他均为默认，如图 8 – 151 所示。

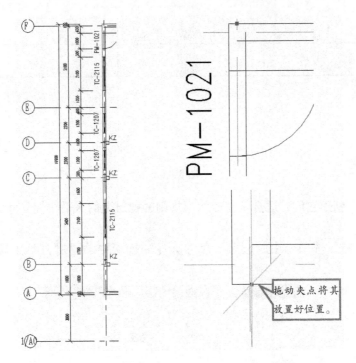

图 8 – 148

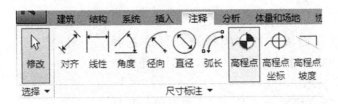

图 8 – 149

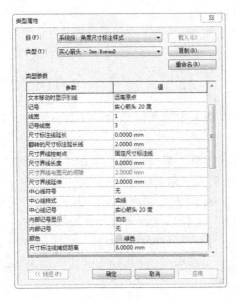

图 8 – 150

图 8 – 151

c. 创建角度标注：将鼠标放置在构件上，单击以创建尺寸标注的起点，设置完成属性之后，鼠标将会附带光标符号，移动鼠标至图元角的边，点击，移动角的另外一边，Revit将会出现角的标注，移动鼠标，选择适合的位置，点击"确定"，如图 8－152 所示。

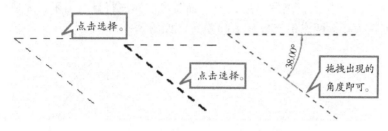

图 8－152

⑤ 径向尺寸标注：添加到图形以测量弧的半径。

a. 点击"注释"选项卡，选择"尺寸标注"面板中的 △（角度）工具，如图 8－153 所示。

b. 径向属性面板：点击属性面板中的"编辑类型"按钮，将会弹

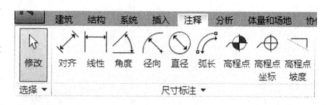

图 8－153

出"类型属性"对话框，选择"复制"按钮，修改其名称为"实心箭头－径向标注界限"。

修改其"图形"类型参数："记号线宽"为 3mm，修改"颜色"为"绿色"，如图8－154 所示，其他均为默认。

图 8－154　　　　　　　　　　　　　　　　图 8－155

修改文字类型参数：设置"文字大小"为3.5mm，为打印后图纸上标注的尺寸文字高度，设置"文字偏移"为0.5mm，文字字体为"仿宋"，其他均为默认，如图8-155所示。

c. 将光标放置在弧上，然后单击，一个临时尺寸标注将显示出来，完成创建标注，右击选择取消或按Esc键两次退出放置房间模式，如图8-156所示。

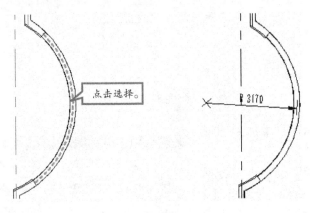

图8-156

注意 通过按Tab键，可以在墙面和墙中心线之间切换尺寸标注的参照点。

⑥ 直径尺寸标注：测量圆或圆弧的直径。

a. 点击"注释"选项卡，选择"尺寸标注"面板中的◯"直径"工具，如图8-157所示。

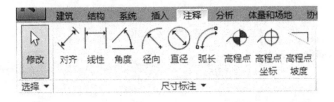

图8-157

b. 直径属性面板：点击属性面板中的"编辑类型"按钮，将会弹出"类型属性"对话框，选择"复制"按钮，修改其名称为"直径-标注界限"。

修改其"图形""文字"类型参数："记号"为"实心箭头20度"，"记号线宽"为3mm，修改"颜色"为"绿色"，设置"文字大小"为3.5mm，为打印后图纸上标注的尺寸文字高度，设置"文字偏移"为0.5mm，文字字体为"Arial"，文字背景为"透明"，其他均为默认，如图8-158所示。

c. 放置直径标注：将鼠标放置在圆或圆弧的曲线上，然后单击，一个临时尺寸标注将显示，将光标沿尺寸线移动，并单击以放置永久性尺寸标注，如图8-159所示。移动文字标注，放置好标注。

⑦ 弧形尺寸标注：对弧形墙或其他弧形图元进行尺寸标注，标注墙的总长度。

a. 点击"注释"选项卡，选择"尺寸标注"面板中的 ⌒（弧长度）工具，如图8-

160 所示。

b. 弧形属性面板：点击属性面板中的"编辑类型"按钮，将会弹出"类型属性"对话框，选择"复制"按钮，修改其名称为"弧形 – 标注界限"。

修改其"图形"类型参数："记号线宽"为 3mm，"尺寸界线长度"为 8mm，"尺寸界线延伸"长度为 2mm，修改"颜色"为"绿色"，如图 8 – 161 所示，其他均为默认。

修改文字类型参数：设置"文字大小"为 3.5mm，为打印后图纸上标注的尺寸文字高度，设置"文字偏移"为 0.5mm，文字字体为"仿宋"，其他均为默认，如图 8 – 162 所示。

c. 放置尺寸标注：在选项栏中，选择"参照墙面"捕捉选项，

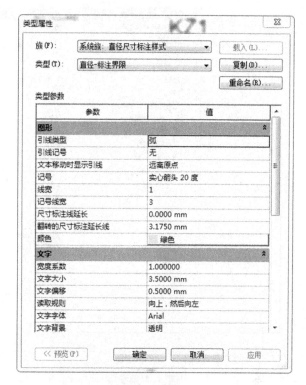

图 8 – 158

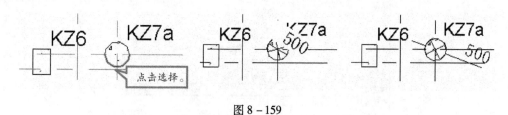

图 8 – 159

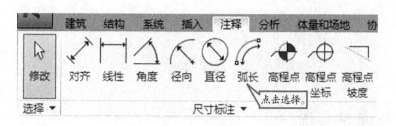

图 8 – 160

鼠标将会附带光标符号，以使鼠标捕捉内墙面或外墙面（捕捉选项有助于选择径向点），将光标放置在弧上，单击选择半径点，选择弧的端点，然后将光标向上移离弧形，单击放置该弧长度尺寸标注。

打开资料文件夹中"第八章"→"第二节"→"练习文件夹"→"平面施工图设计.rvt"项目文件，进行以下练习。

图形	
标注字符串类型	连续
引线类型	弧
引线记号	无
文本移动时显示引线	远离原点
记号	对角线 3mm
线宽	1
记号线宽	3
尺寸标注线延长	0.0000 mm
翻转的尺寸标注延长线	2.4000 mm
尺寸界线控制点	固定尺寸标注线
尺寸界线长度	8.0000 mm
尺寸界线与图元的间隙	2.0000 mm
尺寸界线延伸	2.0000 mm
尺寸界线的记号	无
中心线符号	无
中心线样式	实线
中心线记号	对角线 3mm
内部记号显示	动态
内部记号	对角线 3mm
同基准尺寸设置	编辑...
颜色	绿色
尺寸标注线捕捉距离	8.0000 mm

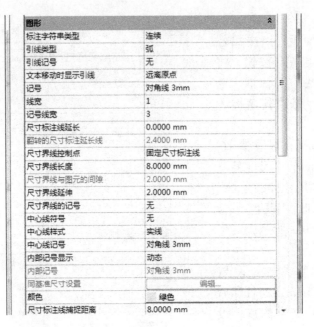

图 8－161

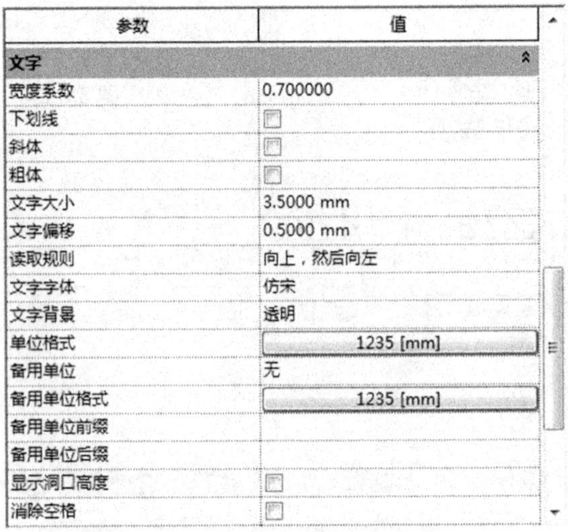

参数	值
文字	
宽度系数	0.700000
下划线	☐
斜体	☐
粗体	☐
文字大小	3.5000 mm
文字偏移	0.5000 mm
读取规则	向上，然后向左
文字字体	仿宋
文字背景	透明
单位格式	1235 [mm]
备用单位	无
备用单位格式	1235 [mm]
备用单位前缀	
备用单位后缀	
显示洞口高度	☐
消除空格	☐

图 8－162

8.2.5 平面符号标记

(1) 指北针符号标记。

① 打开项目文件，切换项目文件至首层平面图，本项目的首层平面图为“架空层平面图”，切换至“插入”选项卡，选择“从库中载入”族面板中“载入族”，如图 8－163 所示。

② 点击选择“载入族”工具，在弹出的“China”文件夹中，选择“注释”文件夹→“符号”→“建筑”文件夹→“指北针 2. rfa”族，如图 8－164 所示。

图 8 – 163

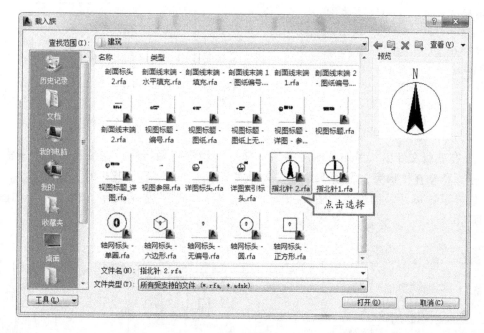

图 8 – 164

③ 放置符号：切换至"注释"选项卡，选择"符号"面板中"符号"工具，如图 8 – 165 所示。

图 8 – 165

点击选择完成后，Revit 将会切换至"修改｜放置符号"选项卡，在"符号"属性面板的"类型选择器"中选择"指北针"符号，鼠标将会附带"指北针"符号，在平面视图中进行放置。

（2）楼梯路径符号。

① 选择"注释"选项卡，选择"符号"面板中"楼梯 路径"工具，在"符号"属性面板中，根据楼梯的要求选择适合的符号类型。在本项目文件的"架空层平面"中，选择项

目选择器中的"固定为向上方向 标准"符号类型,勾选"显示文字(向上)",如图8-166所示,移动鼠标至楼梯段,点击 Revit 将会显示楼梯的路径符号,如图8-167所示。

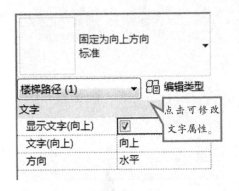

图8-166

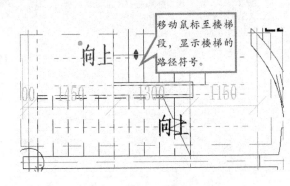

图8-167

② 在项目文件中,另外一梯段中的"向上"楼梯路径标注,在项目平面中不需要体现,鼠标移动在楼梯旁,利用 Tab 键,选择文字标注,文字显示蓝色时,点击文字,Revit 将会切换至"属性"面板,如图8-168所示。取消勾选"显示文字(向上)",如图8-169所示。

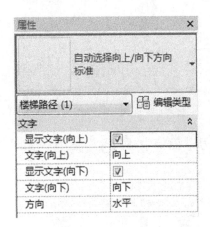

图8-168

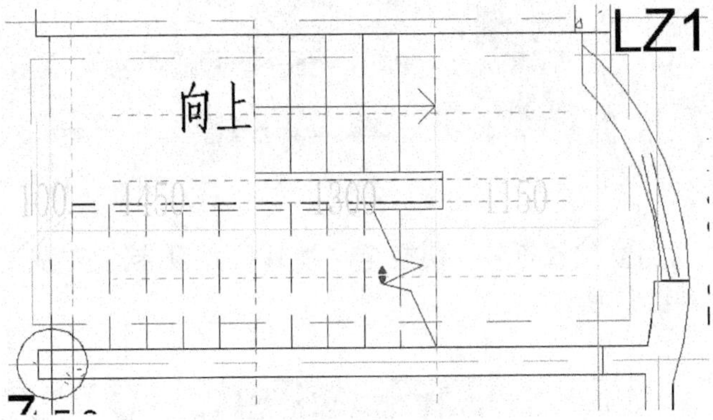

图8-169

③ 在"符号"属性面板中,选择项目选择器中的"自动选择向上/向下方向标准"符号类型,如图8-170所示。

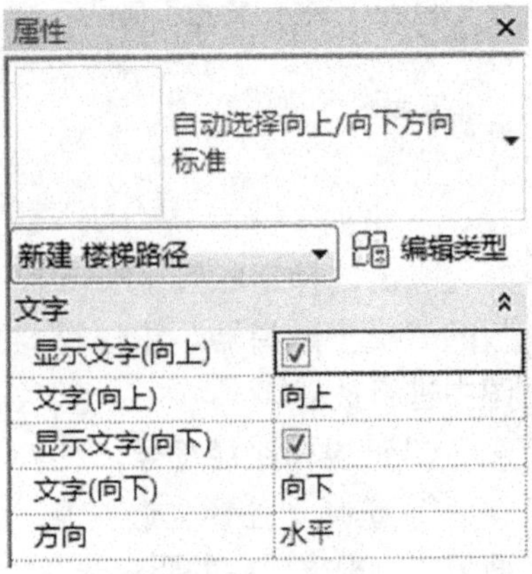

(3)坡度。

① 点击"注释"选项卡,选择"符号"面板中的"符号"工具,Revit 将会调转至"修改 | 放置 符号"选项卡,如图8-171所示。

② 在"修改 | 放置 符号"选项卡,选择"模式"面板中的"载入族"工具,切换至资料文件夹中"第八章"→"第二节"→"练习文件夹"→"符号_ 坡道

图8-170

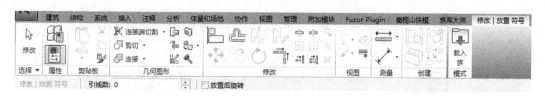

图 8 – 171

箭头. rfa"项目文件，进行练习，如图 8 – 172 所示。

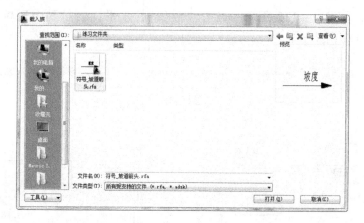

图 8 – 172

③ 载入完成，Revit 会保留在"修改｜放置 符号"选项卡。在"属性"面板中，点击"编辑类型"按钮，点击"复制"按钮，将会弹出"名称"对话框，修改为"坡道箭头"，点击"确定"，选择符号上将会附带"坡道符号"，移动至"坡道"位置，点击放置，点击修改标注文本框，修改"0.3%"为"7.5%"，如图 8 – 173 所示。

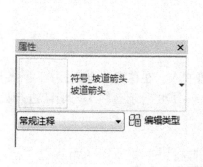
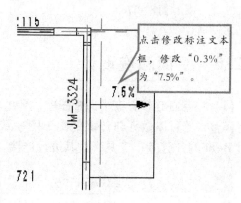

图 8 – 173

（4）添加高程点。

① 点击"注释"选项卡，选择"尺寸标注"选项卡中的"高程点"工具，如图 8 – 174 所示。

② Revit 会切换至"修改｜放置 尺寸标注"选项卡，在选项栏中，勾选"引线""水平段"，选择"显示高程"为"实际（选定）高程"，如图 8 – 175 所示。移动鼠标至视图

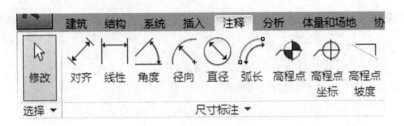

图 8 – 174

中，放置高程，如图 8 – 176 所示，点击"放置"，水平向右拉到合适位置，点击"确定"，如图 8 – 177 所示。

图 8 – 175

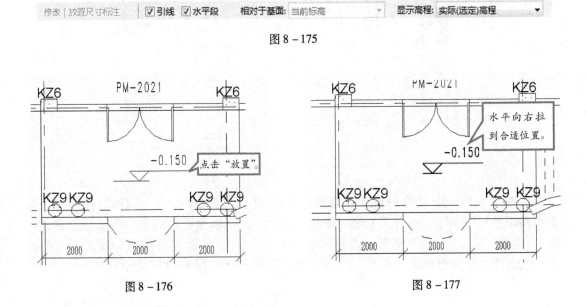

图 8 – 176   图 8 – 177

8.2.6 平面深度设计

（1）墙与柱连接：在平面视图中，会出现柱与墙嵌入。在传统的施工图中，需要连接进行调整，才可以做到与传统的施工图一致，如图 8 – 178 所示。柱子与墙需进行处理，通过 Revit 的"连接"工具，对其进行连接。

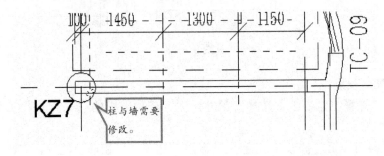

图 8 – 178

① 点击"修改"面板，选择"几何图形"面板中的"连接"工具，进行操作，如图 8-179 所示。在"连接"工具下拉列表中，有三种工具：连接几何图形、取消连接几何图形、切换连接顺序，可根据需要对项目进行修改。

图 8-179

② 在本项目中，需要对墙与柱进行连接，点击"连接"工具，鼠标会附带符号 ，移动鼠标至需要修改的位置，点击柱图元，柱将会变成蓝色显示，再点击墙图元，柱与墙将会连接，如图 8-180 所示。

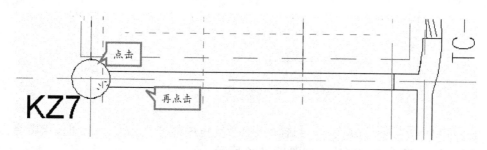

图 8-180

（2）墙连接：在项目中，墙与墙连接有几种方法。在"架空层"视图中，连接方法不符合施工图要求，如图 8-181 所示。点击"修改"面板，选择"几何图形"面板中的墙"连接"工具，如图 8-182 所示。

点击完成后，Revit 将会在上下文选项卡中，弹出"选项栏"，如图 8-183 所示。在还没有选择墙之前，选项栏呈灰色。

移动鼠标至修改墙位置时，Revit 将会出现灰色方框，点击选项卡将会高亮显示，如图 8-184所示。

图 8-181

再点击完成墙的位置，在选项栏中选择连接方式：平接、斜接、方接，下面用这三种不同的方法进行连接，如图 8-185 所示。

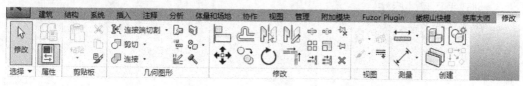

图 8-182

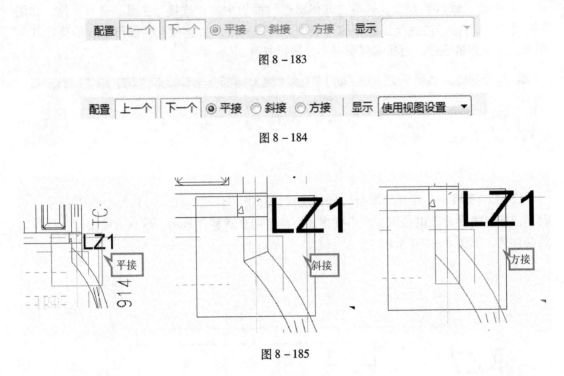

图 8 – 183

图 8 – 184

图 8 – 185

在本项目中，选择"方接"，再选择选项栏按钮中的"下一个"按钮，点击空白处，完成修改，Revit 将会自动修改，如图 8 – 186 所示。

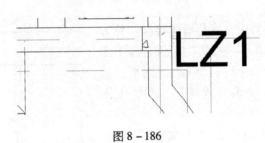

图 8 – 186

课后练习

打开资料文件夹中"第八章"→"第二节"→"练习文件夹"→"平面施工图设计 . rvt"项目文件，完成以下练习。

1. 创建范围框。
2. 添加遮罩区域与详图线。
3. 创建平面尺寸标注。
4. 放置平面符号。
5. 整理平面。

8.3 立面施工图

在本节中将学习立面施工图的设计，对 Revit 所建的模型按平面视图中创建的构建图元围合成三维空间，在 Revit 中，通过四个默认的立面符号生成立面视图，经过本节的学习掌握立面施工图的表达，以及如何在立面图中添加尺寸标注、文字注释等。

打开资料文件夹中"第八章"→"第三节"→"练习文件夹"→"立面施工图设计.rvt"项目文件，进行以下练习。

8.3.1 立面视图定义

（1）定义：通过四个默认样板方向或指定的其他方向查看模型的外部或内部立面透视图。在 Revit 中，立面视图是默认样板的一部分，使用默认样板创建项目时，项目将包含东、西、南、北 4 个立面视图，就是在立面视图中绘制标高线，Revit 将会在绘制每条标高线时创建一个对应的平面视图。

可以创建其他外部立面视图或内部立面视图，内部立面视图描述内墙的详图视图，内部立面视图中显示的房间可以是：厨房和浴室的布置详图。

（2）创建立面视图：打开项目文件，在任意平面视图中，切换至"视图"选项卡，在"创建"面板中的"立面"的下拉列表中选择"立面"，如图 8 – 187 所示。

图 8 – 187

图 8 – 188

（3）立面视图下拉菜单：立面视图有"立面""框架立面"，选择项目需要创建的工具，点击选择"立面"，鼠标将会附带符号（如图 8 – 188 所示）。Revit 将会弹出"修改|立面"选项卡，如图 8 – 189 所示。

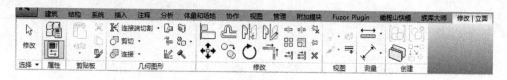

图 8 – 189

（4）选项栏：

① 在选项栏中，勾选"附着到轴网"，移动鼠标至平面视图中，只有移动到轴网，立面符号才会显示，移动至其他图元不会显示，如图 8 – 190 所示。

图 8 - 190

② 取消勾选"附着到轴网",勾选"参照其他视图"时,Revit 后面视图选项会高亮显示,可以选择下拉列表中"新绘图视图"或其他在项目中已经创建的视图,如图 8 - 191 所示。

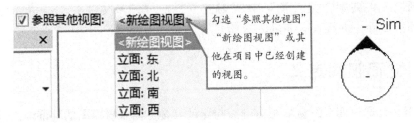

图 8 - 191

注意	要在创建参照后更改立面中参照的视图,选择参照立面符号,并从"参照"面板上的下拉列表中选择参照视图名称。

(5) 立面工具的"属性"选择器:在立面工具属性选择器中,分别有"内部立面"与"建筑立面",根据创建的视图的用处与所放置的位置进行选择,如图 8 - 192 所示。

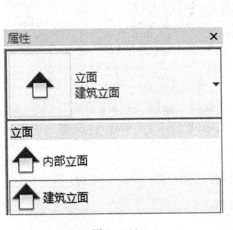

图 8 - 192

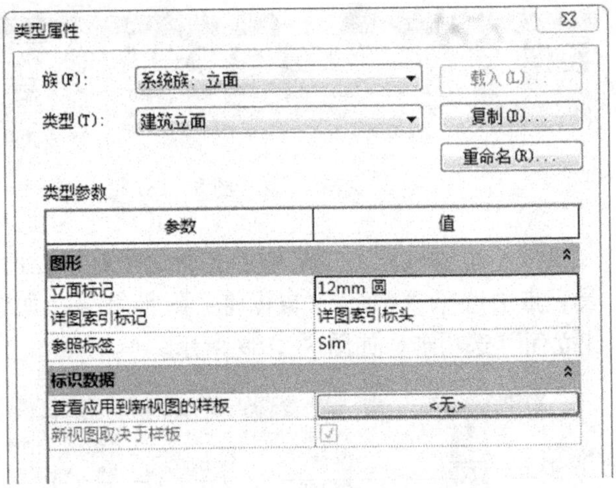

图 8 - 193

(6) 立面工具的类型属性:点击"编辑类型"按钮,将会弹出"类型属性"对话框,工具项目需要对立面工具的"图形""标识数据"的类型参数进行设置,如图 8 - 193 所示。

(7) 放置立面视图:将鼠标移动放置在墙附近并单击以放置立面符号,要设置不同的内部立面视图,可高亮显示立面符号的方形造型并单击,立面符号会随用于创建视图的复选框选项一起显示,如图 8 - 194 所示。

注意	移动鼠标时，可以按 Tab 键来改变箭头的位置，箭头会捕捉到垂直墙，旋转控制可用于在平面视图中与斜接图元对齐。

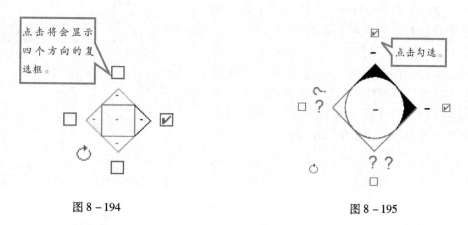

图 8 – 194　　　　　　　　　　　　　　　　图 8 – 195

（8）在选中复选框时（高亮显示符号上的箭头），如图 8 – 195 所示，立面视图将会同时创建，并且在"项目浏览器"中的"立面（建筑立面）"自动创建新立面视图与名称。需要修改时，在项目浏览器中，右击选择重命名，单击原来立面符号的位置以隐藏复选框，如图 8 – 196 所示。

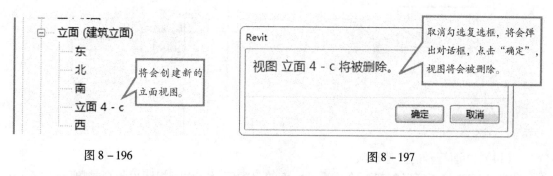

图 8 – 196　　　　　　　　　　　　　　　　图 8 – 197

（9）删除立面：取消勾选复选框，将会弹出"Revit"对话框，点击"确定"，视图将会被删除，项目浏览器中的立面视图也将会被删除，如图 8 – 197 所示。

（10）剪裁平面：单击箭头一次以查看剪裁平面位置，剪裁平面的位置是立面视图显示的位置，移动剪裁平面，可以捕捉剪裁平面移动到的位置，剪裁平面的端点将捕捉墙并连接墙，如图 8 – 198 所示。

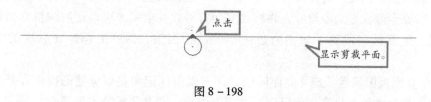

图 8 – 198

（11）可以通过拖拽蓝色控件来调整立面的宽度，蓝色控制柄没有显示在视图中，选择剪裁平面，勾选"裁剪视图"参数，如图 8 – 199 所示。剪裁平面两端将会出现操纵柄，通过拉伸操纵柄，可以调整立面视图裁剪的范围，如图 8-200 所示。

（12）当点击空白处，立面视图工具属性将会关闭，楼层平面将会打开，此时楼层平面视图的属性中的裁剪视图将会自动取消勾选。

（13）点击立面视图符号，移动鼠标至符号的头部（即显示箭复选框），会显示此立面视图的名称，双击，即可切换至此立面视图，也可在项目浏览器中的"立面（建筑立面）"下拉列表中，打开立面视图，如图 8-201 所示。

范围		
裁剪视图	☑	点击勾选
裁剪区域可见	☐	
注释裁剪	☐	
远剪裁	不剪裁	
远剪裁偏移	22659.2	
范围框	无	
相关基准	无	

图 8-199

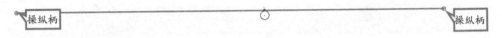

图 8-200

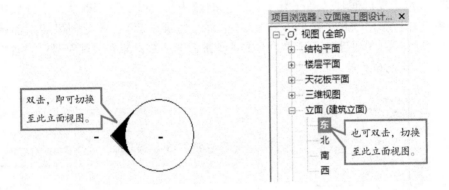

图 8-201

（14）立面符号的注意事项：

① 立面符号不可以随意删除，删除立面符号的同时，立面视图也将会被删除。

② 四个立面符号围合的区域为项目的绘图区域，超出视图的绘图区域，立面视图显示为剖面形式默认的情况下，裁剪视图在符号的箭头处，点击箭头即可显示其视图的范围。

③ 根据项目的大小，Revit 默认的样板文件，所设定的绘图区域并不能满足项目的绘图需求，扩大绘图区域，将需要移动立面符号。在移动立面符号时，裁剪平面可能不会同时移动，需要全部框选立面符号，再移动立面符号。移动完成后，还需调整立面符号的宽度与深度，宽度可在裁剪平面中通过操作柄进行调整，深度的调整在后面的学习中再介绍。

（15）立面视图属性：定义立面标记、详图索引标记和参照标签的操作和外观，在立面视图中，每个立面都具有立面标记、详图索引标记和参照标签类型属性，要定义立面标记和详图索引标记的外观，一个立面为参照立面，则"参照标签"参数可设置显示在立面标记旁的文字，接下来对立面属性进行介绍（如图 8-202 所示）。

① 图形类型参数：

a. 视图比例：Revit 中的视图比例，可以根据项目需要，从下拉列表中进行选择，也可以通过"自定义"，输入需要的视图比例，一般默认的有"1:100"等视图比例，如图 8-203 所示。

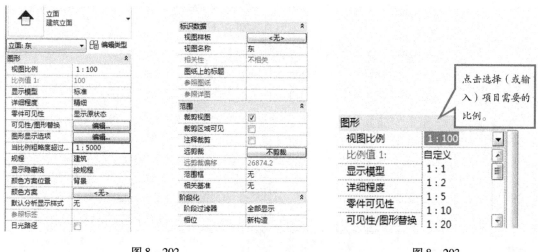

图 8-202   图 8-203

b. 显示模型：Revit 默认的情况下会以"标准"的显示模式，显示所有模型；当项目模型显示模式调整为"半色调"时，平面视图中的模型构件图元，将会呈现灰色调，详图图元、门窗标记、尺寸标记、文字、符号等都会正常显示，如图 8-204 所示。

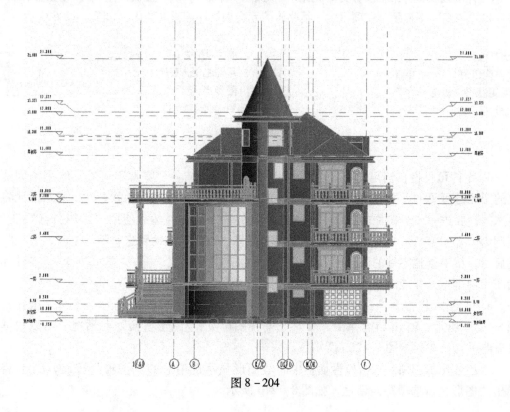

图 8-204

当项目模型显示模式调整为"不显示"时，所有图形将会被隐藏，详图图元、文字标记、文字、符号等都会正常显示，但门窗标记不会被显示，如图8-205所示。

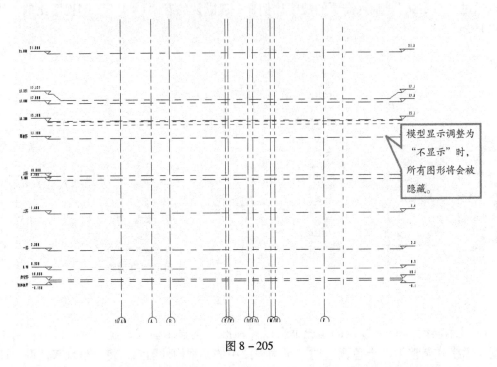

图8-205

c. 详细程度：详细程度分为"精细""粗略""中等"，墙、楼板、屋顶的构造层只在"中等"和"精细"下显示，在项目中，某些族图元会根据详细程度变化，如图8-206所示。

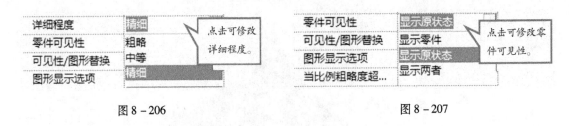

图8-206　　　　　　　　　　　　　　　　　　　图8-207

d. 零件可见性：当可见性调为"显示原状态"时，各个零件不可见，但用来创建零件的图元是可见的，并且可以选择。当"创建部件"工具处于活动状态时，原始图元将不可选择，要进一步分割原始图元，需要选择它的一个零件，然后使用"编辑分区"工具；当调为"显示零件"时，各个零件在视图中可见，当光标移动到这些零件上时，它们将高亮显示，从中创建零件的原始图元不可见且无法高亮显示或选择；"显示两者"，零件和原始图元均可见，并能够单独高亮显示和选择，如图8-207所示。

e. 可见性/图形替换：点击属性面板中的"可见性/图形替换"的"编辑"按钮，如图8-208所示，Revit将会弹出"××立面视图可见性/图形替换"对话框，可以根据项目需要进行修改，如图8-209所示。

f. 图形显示选项：点击属性面板中的"图形显示选项"的"编辑"按钮，Revit将会弹出"图形显示选项"对话框，如图8-210所示。

图 8 – 208

图 8 – 209

图 8 – 210

g. 当比例粗略度超过下列值时隐藏：该视图参数可以控制详细信息详图索引的标记是否在其他视图中显示，在详图索引详图视图的"视图属性"中，"显示在"参数控制着

"当比例粗略度超过下列值时隐藏"的值（"显示在"参数不可用于平面详图索引），当"显示在"参数的值为"仅父视图"时，"当比例粗略度超过下列值时隐藏"将为只读，当"显示在"参数的值为"相交视图"时，可以修改"当比例粗略度超过下列值时隐藏"的值。只要视图比例比"当比例粗略度超过下列值时隐藏"指定的比例详细，Revit 便会在与父视图垂直相交的所有视图中显示详图索引标记，如图 8-211 所示。

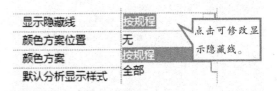

图 8-211

h. 规程：给项目指定其视图的规程，分别有："建筑""结构（选择时，非承重墙将会被隐藏于视图中）""机械""电气""卫浴""协调"（选项兼具"建筑"和"结构"的选项功能），如图 8-212 所示。

注意	在模型显示中的样式中有"线框""隐藏线""着色""一致的颜色""真实"，可以对其进行设置。

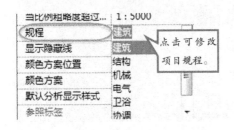

图 8-212

图 8-213

i. 显示隐藏线：可以通过下拉列表中选择"按规程""全部""无"对项目进行设置，如图 8-213 所示。

j. 颜色方案位置：在"颜色方案位置"下拉列表中，通过选择"背景""前景"来将颜色方案应用于视图中的模型图元。

k. 颜色方案：点击其后面的按钮，将会弹出"编辑颜色方案"对话框，通过对其设置可以定义项目的颜色方案，如图 8-214 所示。

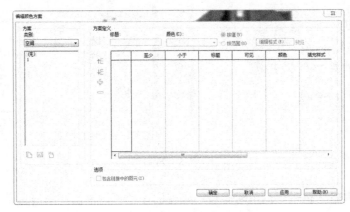

图 8-214

l. 默认分析显示样式：点击其后面的编辑框中的按钮，如图 8 –215 所示，Revit 将会弹出"分析显示样式"对话框，如图 8 –216 所示。通过设置对话框中的"设置""颜色""图例"选项，配置项目样式的可见图元。

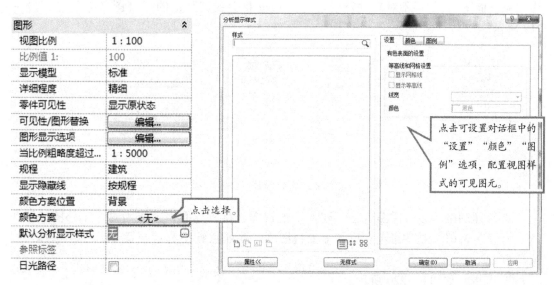

图 8 –215　　　　　　　　　　　　　　　　　　　　　图 8 –216

m. 日光路径：在为项目指定的地理位置处，太阳在天空中的运动范围的可视化表示，在立面视图中，勾选日光路径，会在立面视图中显示建筑的阴影面，如图 8 –217 所示。

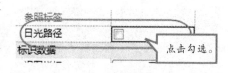

图 8 –217

② 标识数据参数：

a. 点击其"视图样板"后面的编辑按钮，Revit 将会弹出"应用视图样板"对话框，如图 8 –218 所示。通过"规程过滤器"选择项目规程，再通过"视图类型过滤器"下拉列表进行筛选（在视图类型过滤器，由立面、剖面、详图视图构成），选择"名称"下方的选项，对话框中的"视图属性"将会弹出"参数""值""包含"的选项，根据项目的要求对其进行修改。

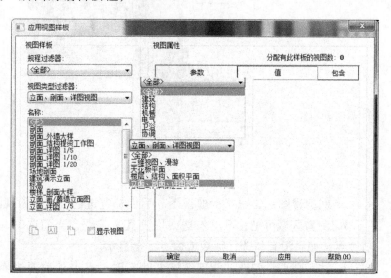

图 8 –218

b. 视图名称：可以点击"属性"面板的编辑文本框，输入本平面视图的名称。

c. 图纸上的标题：将视图放置于图纸时，指定视口的标题名称。例：当前的"视图名称"为"东"，而在项目中立面视图名称为"东立面"，可以在"图纸上的标题"设置为"东立面图"，如果不对其进行设置时，Revit 将会找到默认的"视图名称"，如图 8 – 219 所示。

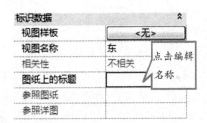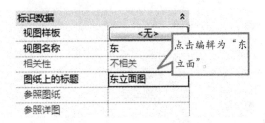

图 8 – 219

d. 参照图纸与参照详图：在创建的立面视图，将改立面视图作为第一个详图放置在编号为"立面01"的图纸上，则该立面视图的"参照图纸"为"立面01"，"参照详图"编号为 1。

③ 范围：如图 8 – 220 所示。

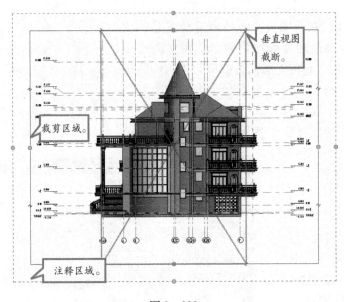

图 8 – 220

a. 裁剪视图：勾选"裁剪视图"后面的复选框，在平面视图中将会出现裁剪边界。

b. 裁剪区域可见：可以勾选或取消其复选框，当勾选时，在平面视图中会显示出裁剪边界，如果没有勾选，则裁剪边界不会显示。

c. 注释裁剪：勾选"裁剪区域可见"时，点击其裁剪边界时，在边界最外框会显示出一层蓝色的虚线外框，通过拉伸线中间的控制柄，调整项目的轴网长度。

d. 在显示的裁剪视图中，中间显示了"交叉框"，在其四个端点处分别有四个折断符号为"垂直视图截断"，如果在任一端点点击，框中的区域将会被截除。

④ 更改立面视图中的裁剪平面：

a. 定义：通过拖拽剪裁平面端点来调整立面的查看区域大小，剪裁平面可定义立面视图的边界，剪裁平面的端点将捕捉墙并连接墙，通过调整剪裁平面的尺寸来调整立面的查看区域大小。

b. 切换视图至任意平面视图中，选择立面标记箭头，立面的剪裁平面会在绘图区域中显示，如图 8 – 221 所示。

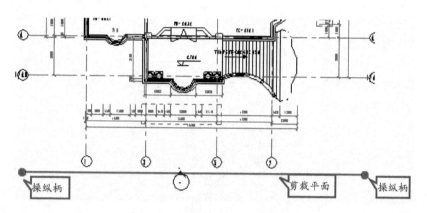

图 8 – 221

⑤ 远剪裁：点击立面标记标头，并没有显示立面的剪裁平面会在绘图区域。控制给定剪裁平面下方的模型零件的可见性，在项目浏览器中，选择要由后剪裁平面剖切的平面视图，点击"不裁剪"的值按钮，Revit 将会弹出"远剪裁"对话框，如图 8 – 222 所示。在"远剪裁"对话框中，选择一个选项，并单击"确定"。（可选）如有必要，也可以单击"视图范围"并修改"视图深度"设置，当"远剪裁"属性处于活动状态时，被选作"视图深度"的标高就是将要剪裁视图的位置。

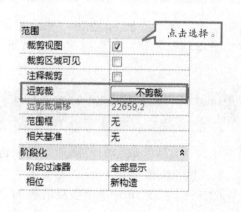

图 8 – 222

勾选"远剪裁"对话框中的"剪裁时有截面线"，在平面中将会显示远剪裁平面，拖拽蓝色圆点或箭头调整剪裁平面的大小，如图 8 – 223 所示。

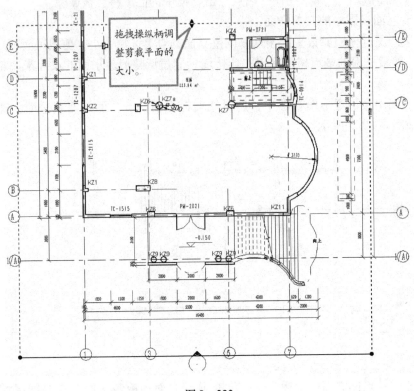

图 8 - 223

打开资料文件夹中"第八章"→"第三节"→"练习文件夹"→"立面施工图设计 . rvt"项目文件，进行以下练习。

8.3.2　立面的类型属性

（1）打开的项目文件在项目浏览器中，选择立面（建筑立面），选择"东"立面视图，在立面视图中，选择立面视图属性中的"编辑类型"按钮，将会弹出"类型属性"对话框，如图 8 - 224 所示。

> **注意**　立面标记的类型属性，在平面视图中，点击立面标记时，Revit 的属性栏将会自动地切换至立面标记的属性对话框，点击其"编辑类型"也可以打开立面标记的"类型属性"对话框。

（2）修改立面标记：在"类型属性"对话框中，"类型参数"的"图形"参数选择"立面标记"参数中的值按钮，Revit 将会弹出"系统族：立面标记"的"类型属性"对话框，如图 8 - 225 所示。点击"立面标记"参数中的下拉菜单，选择项目需要的立面标记。

> **注意**　如果立面符号不满足项目的需求，需要新建立面标记族，在本书中不对族创建进行讲解介绍，根据项目需求，资料文件夹中有常见的立面标记族。

（3）详图索引标记：在"类型属性"对话框中，"类型参数"的"图形"参数，选

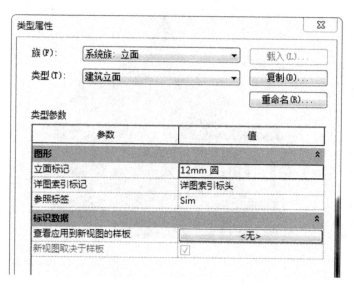

图 8 – 224

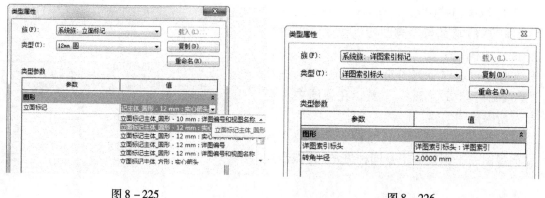

图 8 – 225   图 8 – 226

择"详图索引标记"参数中的值按钮，Revit 将会弹出"系统族：详图索引标记"的"类型属性"对话框，如图 8 – 226 所示，点击"详图索引标记"参数中的下拉菜单，选择项目需要的详图索引标记。

8.3.3 立面图尺寸标记

（1）永久隐藏轴网与参照平面：

① 选择隐藏图元：由于在传统的施工图中，轴网只需要保留第一条与最后一条，点击选择需要隐藏的轴网与参照平面，如图 8 – 227 所示，选中的将会显示为蓝色。

② 隐藏图元：点击选择"视图控制栏"中的"临时隐藏图元/隔离"工具，选择"隐藏图元"，隐藏完成，在立面视图边框显示青色的"临时隐藏/隔离"图框，如图 8 – 228 所示。重新点击选择"临时隐藏图元/隔离"工具中的"将隐藏/隔离应用到视图"，在立面视图中将会永久隐藏所选择的图元，如图 8 – 229 所示。

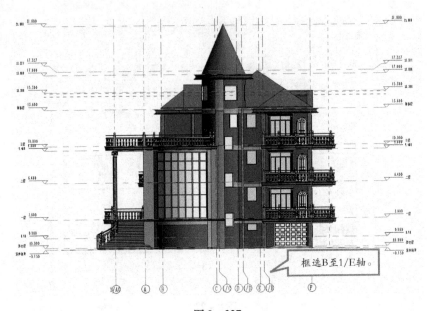

图 8 - 227

③ 取消隐藏图元：

a. 取消隐藏与隔离图元：在立面视图中
隐藏（或隔离）图元，重新选择"视图控制
栏"中的"临时隐藏图元/隔离"工具，选择
"重设临时隐藏/隔离"工具，在视图中将会
显示所隐藏的内容。

b. 显示隐藏图元：已将图元隐藏应用到
立面视图（平面视图也是同种做法），点击选

图 8 - 228

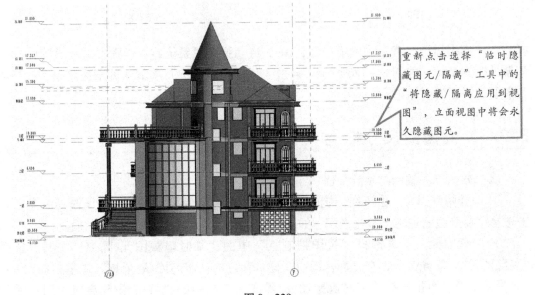

图 8 - 229

择视图控制栏"中的"显示隐藏图元",如图 8 -
230 所示。视图将会转成红色面框,在视图中红色
显示的即为隐藏的图元,如图 8 -231 所示。

图 8 -230

　　c. 取消隐藏图元:选择要显示的图元,右击选
择"取消在视图中隐藏",再选择"图元",点击完

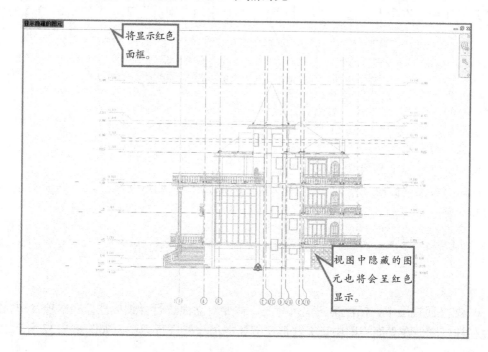

图 8 -231

成,取消在视图中隐藏的图元,将会变成灰色,即显示完成,如图 8 -232 所示。

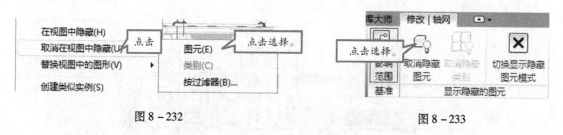

图 8 -232

图 8 -233

　　d. 选择要显示的图元,在"修改│轴网"选项卡中,选择"显示隐藏的图元"面板
中的"取消隐藏图元",同样可以显示隐藏图元,如图 8 -233 所示。

　　e. 关闭"显示隐藏图元":点击选择"视图控制栏"中的"显示隐藏图元" 工具
即可,如图 8 -234 所示。

1 : 100

图 8 -234

打开资料文件夹中"第八章"→"第三节"→"练习文件夹"→"立面施工图设计.rvt"项目文件,进行以下练习。

(2)立面尺寸标注:

① 对齐标注(逐点标注):标注第三道尺寸(细部尺寸)。

a. 打开项目文件,在项目浏览器中选择立面(建筑立面),选择"东"立面视图,点击打开"注释"选项卡,选择"尺寸标注"面板中的"对齐"工具,如图8-235所示。

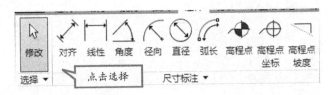

图 8-235

b. 选项栏:逐点标注尺寸标注设置。

标注完成后,修改"拾取"工具设置,选择其下拉列表中的"单个参照点",如图8-236所示。

图 8-236

c. 在立面视图中,标注第三道尺寸时,需要对立面进行详细标注。在本项目中,需要标注栏杆高度,在立面视图中,有些部位需要在尺寸外进行标注,如图8-237所示。

图 8-237

② 对齐标注（逐点标注）：第二道尺寸标注（层高）、第一道尺寸标注（房屋总高度）。

a. 层高标注：在立面视图中继续标注。轴网与轴网之间进行标注，选择轴网作为指定参照，进行标注，将鼠标放置在轴网的参照点上，可以在此放置尺寸标注，则参照点会高亮显示，如图8-238所示。

图8-238

b. 房屋总高度：在立面视图中继续标注。室外地坪轴网与屋顶顶部轴网之间进行标注，选择轴网作为指定参照，进行标注，将鼠标放置在轴网的参照点上，可以在此放置尺寸标注，则参照点会高亮显示，如图8-239所示。

图8-239

③ 对齐标注（逐点标注）：立面视图底部标注。

在立面视图中，底部标注与立面两侧标高相同，同样有三道尺寸标注，同样采取"对齐标注工具"进行标注。

8.3.4 立面深度设计

打开资料文件夹中"第八章"→"第三节"→"练习文件夹"→"立面施工图设计.rvt"项目文件，进行以下练习。

（1）添加遮罩区域。

① 遮罩区域：位于室外地坪以下的图元，在传统的施工图中是不需要显示的，需要对其进行遮罩处理，如图 8 - 240 所示。

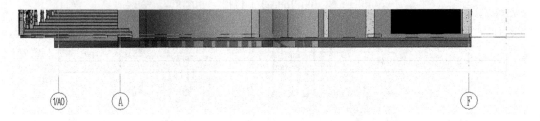

图 8 - 240

② 创建遮罩区域：打开项目文件，点击"注释"选项卡，选择"详图"面板中的"区域"下拉列表（遮罩区域）工具，如图 8 - 241 所示。

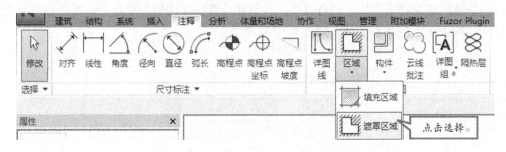

图 8 - 241

③ 绘制遮罩区域：切换视图至"立面视图"，修改详细程度为"精细"，视觉样式为"线框"，点击完成后，Revit 将会切换至"修改丨创建遮罩区域边界"，选择"绘制"面板中的"矩形"绘制工具。绘制的区域比原来所占的区域要多，全部选择绘制遮罩区域的线，点击"线样式"下拉列表，选择〈不可见线〉，如图 8 - 242 所示，矩形顶部线修改

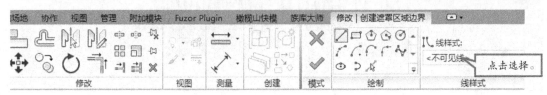

图 8 - 242

为"细线",进入绘制区域,如图 8 – 243 所示。绘制完成的立面视图,如图 8 – 244 所示。

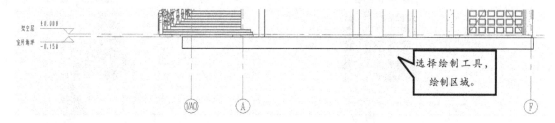

图 8 – 243

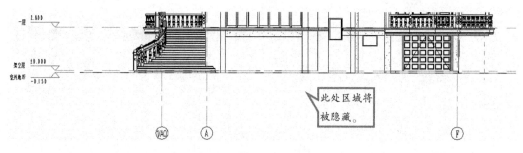

图 8 – 244

(2)放置高程点:

① 点击"注释"选项卡,选择"尺寸标注"选项卡中的"高程点"工具,如图 8 – 245 所示。

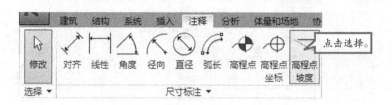

图 8 – 245

② Revit 会切换至"修改|放置 尺寸标注"选项卡,在选项栏中,勾选"引线""水平段",选择"显示高程"为"实际(选定)高程",如图 8 – 246 所示。移动鼠标至视图中,放置高程,如图 8 – 247 所示,点击放置。水平向左拉到合适位置,点击"确定",如图 8 – 248 所示。

图 8 – 246

(3)放置文字注释:标记建筑图中建筑构件,将文字注释添加到图形中时,可以控制引线、文字换行和文字格式的显示。

① 点击"注释"选项卡→选择"文字"面板中的"文字"工具,如图 8 – 249 所示,此时光标变为文字工具 。

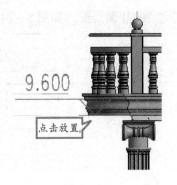

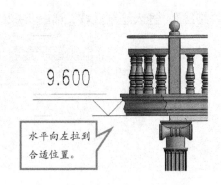

图 8-247   图 8-248

图 8-249

② 点击"文字"工具后，Revit 将会弹出"修改|放置 文字"选项卡，如图 8-250 所示。根据项目需要，在"格式"面板中选择格式工具，点击修改"文字"属性面板，选择文字类型，选择符合项目要求的项目文字，如图 8-251 所示。

图 8-250

③ 点击"属性"面板中的"编辑类型"按钮，将会弹出"类型属性"对话框。根据项目需要设置"类型属性"的类型参数，修改"图形"类型参数中的颜色为"绿色，其他默认不变，如图 8-252 所示。

④ 点击放置的位置，在"修改|放置 文字"选项卡中的"格式"面板中的文字格式有四种：

a. 引线格式有四种：无引线、一段引线、二段引线、曲线引线。

b. 文字引线方向有六种格式：左上引线、左中引线、左下引线、右上引线、右中引线、右下引线。

c. 文字对齐方向格式有：左对齐、居中对齐、右对齐、粗体、斜体、下画线。

d. 段落格式：无、项目符号、数字、小写字母、大写字母，如图 8-253 所示。

⑤ 选择引线格式中的"一段引线"，点击视图中的屋顶作为引线的起点，水平向右拉，绘制水平引线，"Revit 将会变成文本编辑框，输入"普蓝色瓦坡顶"注释在文本编辑

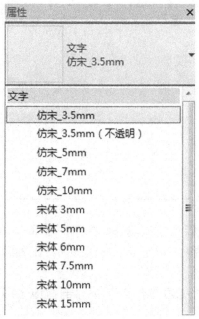

图 8 – 251

图 8 – 252

框内，如图 8 – 254 所示。点击空白处确定，在文字编辑框上会出现"拖拽"符号（可以对其进行移动）、"旋转文字注释"符号（可以对文字进行旋转变化），如图 8 – 255 所示。

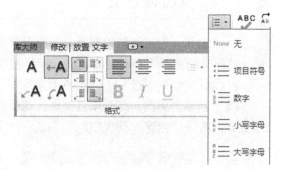

图 8 – 253

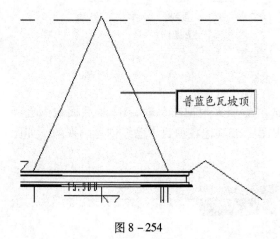

图 8 – 254

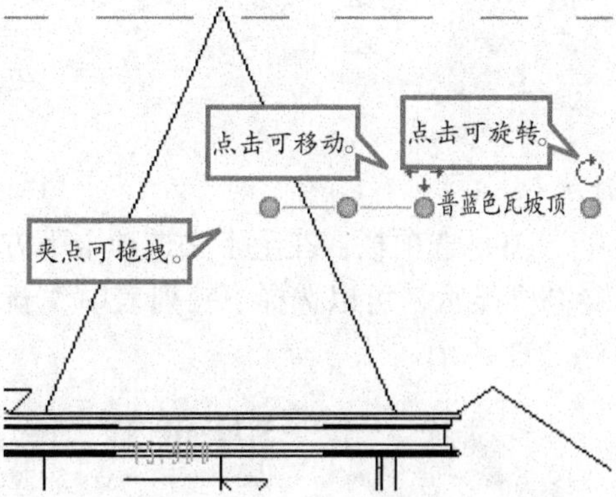

图 8 – 255

课后练习

1. 打开资料文件夹中"第八章"→"第三节"→"练习文件夹"→"立面施工图设计.rvt"项目文件,进行练习。

2. 隐藏立面不必要的图元。

3. 添加立面视图的尺寸标注。

4. 添加遮罩区域、放置高程点、放置文字注释。

8.4 剖面施工图

在本节中将学习剖面施工图设计,在 Revit 所建的模型中创建平面视图,在 Revit 中,通过四个默认的样板方向生成的立面视图。经过本节的学习与创建,学习如何在平面视图中添加尺寸标注、文字注释等。

打开资料文件夹中"第八章"→"第四节"→"练习文件夹"→"剖面施工图设计.rvt"项目文件,进行以下练习。

8.4.1 剖面视图定义

(1)定义:每种类型都有唯一的图形外观,且每种类型都列在项目浏览器下的不同位置处,建筑剖面视图和墙剖面视图分别显示在项目浏览器的"剖面(建筑剖面)"分支和"剖面(墙剖面)"分支中,可以在远剪裁平面处剪切剖面视图。

(2)创建剖面图:打开项目文件,切换至"架空层剖面"平面视图中,点击"视图"选项卡,选择"创建"面板中的"剖面"工具,如图 8-256 所示。

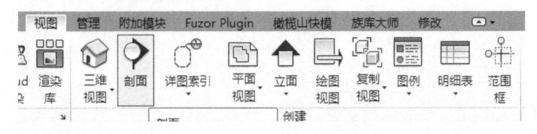

图 8-256

(3)选项栏:在上下文选项卡下方,勾选"参照其他视图"时,Revit 后面视图选项会高亮显示,可以选择下拉列表中"新绘图视图"或其他在项目中已经创建的视图,如图8-257 所示。

图 8-257

没有可参照的现有视图，可以选择"〈新绘图视图〉"以新建绘图视图；参照剖面即会参照此新建的绘图视图，取消勾选选项栏中的"参照其他视图"工具，本项目不需要基础参照其他视图进行绘图视图。

（4）剖面工具的"属性"选择器：在剖面工具选择器中，分别有"剖面"与"详图视图"，根据创建视图的用处与所放置的位置进行选择，如图 8 – 258 所示。

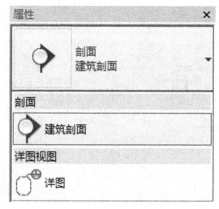

图 8 – 258

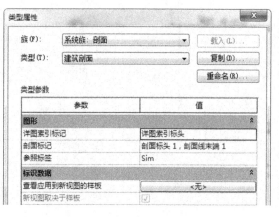

图 8 – 259

（5）立面工具的类型属性：点击"编辑类型"按钮，将会弹出"类型属性"对话框，根据项目的需要对立面工具的"图形""标识数据"的类型参数进行设置，如图 8 – 259 所示。

（6）创建剖面视图：完成以上设置，移动鼠标至平面视图中，鼠标将变成"十字光标"符号，在要剖切的位置，点击作为剖面的起点，并拖拽光标穿过模型或族，如图 8 – 260 所示。

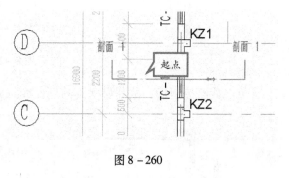

图 8 – 260

> **注意** 现在可以捕捉与非正交基准或墙平行或垂直的剖面线，可在平面视图中捕捉到墙。

（7）当到达剖面的终点时单击，这时将出现剖面线和裁剪区域，并且已选中它们，如图 8 – 261 所示。

① 调整剖面视图框：通过裁剪区域中的"拖拽"控制柄，可以进行调整剖面视图的裁剪区域，将裁剪区域中的上方"拖拽"控制柄拖拽至第三道尺寸标注内，剖面视图的深度将相应地发生变化。

② 单击"修改"或按 Esc 键以退出"剖面"工具。

（8）断开剖面线：要创建剖面视图，剖面线不需要显示在图纸中时，则采用截断剖面线功能对其进行修改，截断剖面线对剖面视图中显示的其他项不会产生任何影响。

① 单击截断控制柄（ ）并调整剖面线线段的长度，剖面截断在剖面线的中点处（图 8 – 262），显示了同一剖面的完整形状。

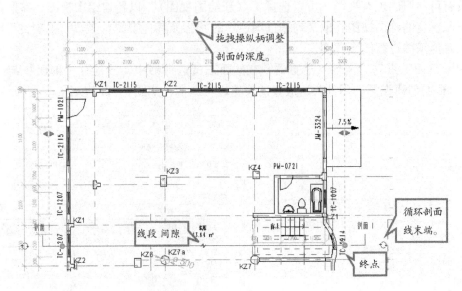

图 8 – 261

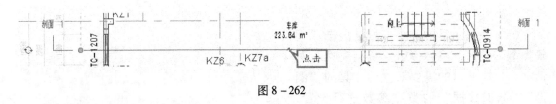

图 8 – 262

单击截断控制柄，截断形状下的剖面线，如图 8 – 263 所示。

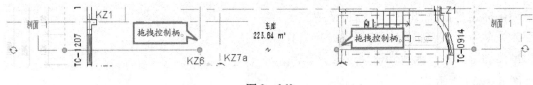

图 8 – 263

② 调整剖面线：在传统施工图中，剖面线中间非转折线，剖面符号没有线段出现，点击剖面线中间的"拖拽"控制柄，调整其剖面符号，如图 8 – 264 所示。

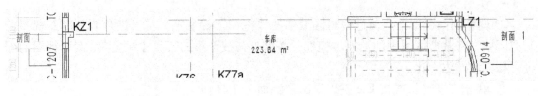

图 8 – 264

③ 重新连接剖面线：点击剖面符号线，将会出现剖面线与裁剪区域，再次单击截断控制柄，剖面线将会自动连接，与刚创建时一样，如图 8 – 265 所示。

图 8-265

注意	剖面线中的截断是视图专用图元，它仅在进行截断的视图中影响剖面的外观。

（9）转至剖面视图：创建完成剖面视图，转至剖面视图，点击剖面线，右击，选择"转到视图"，Revit 将会自动切换至剖面视图，如图 8-266 所示。

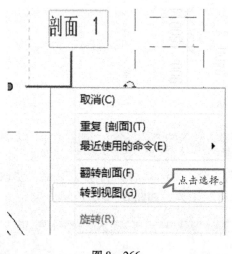

图 8-266

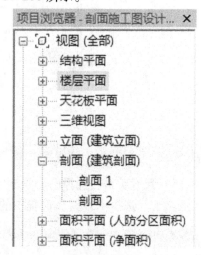

图 8-267

注意	在项目浏览器中的"剖面（建筑剖面）"视图中，选择剖面，双击剖面图名称，Revit 将会弹出点击选择的剖面视图，如图 8-267 所示。

（10）折断剖：使用折线剖在建筑中进行"旋转剖（即为折线剖）"绘制，剖切建筑视图，绘制剖切线，绘制完成，点击"剖面线"，Revit 将会自动切换至"修改｜视图"选项卡，选择"剖面"面板中的"拆分线段"工具，如图 8-268 所示。鼠标将会变成"刀柄"样式，移动鼠标至拆分位置，点击"确定"拆分位置，如图 8-269 所示。

图 8-268

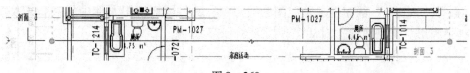

图 8-269

此时，Revit 平面视图中将会出现灰色显示，在剖面线的另外一端，将其拖拽至需要的位置，点击鼠标确定，建筑旋转剖的"折断剖"剖切线绘制完成，如图 8 – 270 所示。

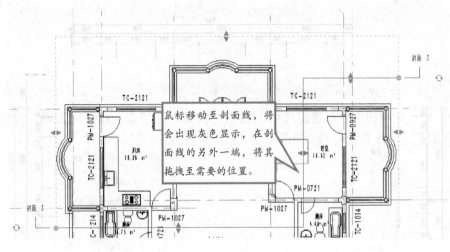

图 8 – 270

注意　如果项目需要多折旋转剖，点击"拆分线段"工具，继续进行拆分创建剖切线。

（11）尺寸裁剪：选择已经绘制完成的"剖切线"，Revit 将会自动切换至"修改 | 视图"选项卡，选择"裁剪"面板中的"尺寸裁剪"工具，如图 8 – 271 所示。

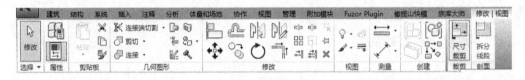

图 8 – 271

点击"确定"，Revit 将会自动弹出"裁剪区域尺寸"对话框，在对话框中，有：模型裁剪尺寸、注释裁剪偏移。如果需要修改透视三维视图中的裁剪区域，选择"视界"或"比例（锁定比例）"，透视三维视图选择了"比例"，将只能修改高度或宽度，因为值已被锁定。在剖切线调整其裁剪尺寸时，可以根据项目的需要进行详细的修改设置，如图 8 – 272 所示。

（12）剖面视图的属性：将项目切换至"剖面 1"视图中，由于剖面视图的属性与立面视图的属性功能一致，在此不进行详细讲解。

打开资料文件夹中"第八章"→"第四节"→"练习文件夹"→"剖面施工图设计.rvt"项目文件，进行以下练习。

（13）剖面视图的编辑类型：打开的项目文件中，在项目浏览器中选择剖面（建筑剖面），选择"剖面 1"剖面视图。在剖面视图中，选择剖面视图属性中的"编辑类型"按钮，将会弹出"类型属性"对话框，如图 8 – 273 所示。

图 8 –272　　　　　　　　　　　　　　　图 8 –273

> **注意**　　剖面视图的类型属性。在平面视图中，点击线时，Revit 的属性栏将会自动地切换至立面标记的属性对话框，点击"编辑类型"也可以打开立面标记的"类型属性"对话框。

（14）修改剖面标记：在"类型属性"对话框中，类型参数的"图形"参数，选择"剖面标记"参数中的值按钮，Revit 将会弹出"系统族：剖面标记"的类型属性对话框，如图 8 –274 所示。点击"立面标记"参数中的下拉菜单，选择项目需要的立面标记。

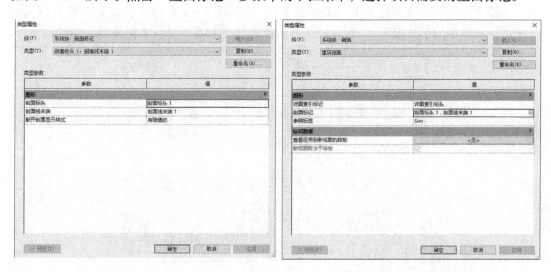

图 8 –274

> **注意**　　根据项目的需要，修改剖面标头的样式，修改完成，点击"确定"，项目文件的剖面标头也将会根据修改而创建选择的剖面标头，在绘制完成时修改或绘制之前修改均可。

（15）修改剖面线末端：在弹出"系统族：剖面标记"的"类型属性"对话框中，选择"图形"类型参数下的"剖面线末端"，如图 8 –275 所示。点击"剖面线末端"参数中的下拉菜单，选择项目需要的剖面线末端。

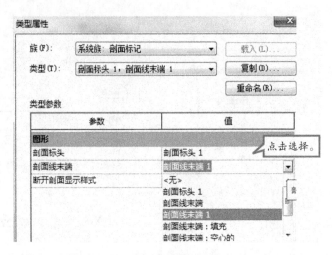

图 8 – 275

> **注意** 剖面线末端是指定项目文件创建的剖面线的末端的形状，在修改后，创建的剖面末端也随之改变，在绘制完成时修改或绘制之前修改均可。

（16）修改断开剖面显示样式：在弹出"系统族：剖面标记"的"类型属性"对话框中，选择"图形"类型参数下的"剖面线末端"，如图 8 – 276 所示。点击"断开剖面显示样式"参数中的下拉菜单，"断开剖面显示样式"工具有两种：有隙缝的、连续。

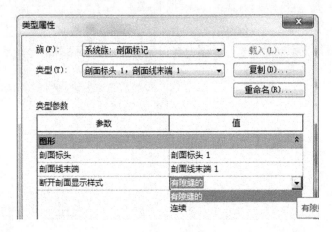

图 8 – 276

当选择"有隙缝的"时，断开剖面线的显示样式如图 8 – 277 所示。

图 8 – 277

当选择"连续"时，断开剖面线的显示样式如图 8 – 278 所示。

图 8 – 278

修改完成，点击"确定"，Revit 将会关闭"系统族：剖面标记"的"类型属性"对话框，切换至"系统族：剖面"类型属性对话框。

（17）详图索引标记：在"类型属性"对话框中，类型参数的"图形"参数选择"详图索引标头"参数中的值按钮，Revit 将会弹出"系统族：剖面标记"的类型属性对话框，如图 8 – 279 所示。

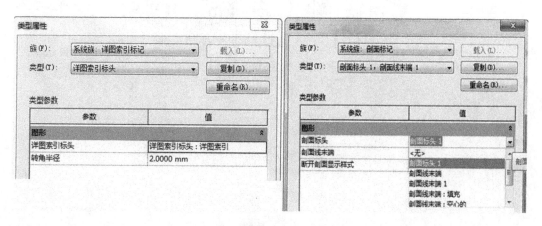

图 8 – 279

打开资料文件夹中"第八章"→"第四节"→"练习文件夹"→"剖面施工图设计.rvt"项目文件，进行以下练习。

8.4.2　剖面的深度设计

（1）永久隐藏轴网与参照平面

① 选择隐藏图元：在传统的施工图中，要隐藏不必要出现的轴网与标高。点击选择需要隐藏的轴网与标高，如图 8 – 280 所示，选中的轴网与标高将显示为蓝色。

② 隐藏图元：点击选择"视图控制栏"中的"临时隐藏图元/隔离"工具，选择"隐藏图元"，隐藏完成，如图 8 – 281 所示，在剖面视图边框显示青色的"临时隐藏/隔离"图框。

重新点击选择"临时隐藏图元/隔离"工具中的"将隐藏/隔离应用到视图"，在剖面视图中将会永久隐藏所隐藏的图元，如图 8 – 282 所示。

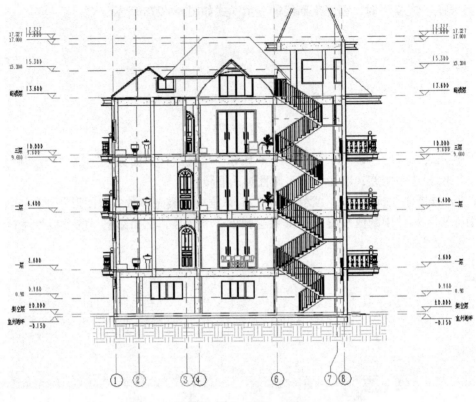

图 8 – 280

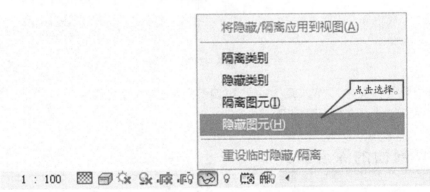

图 8 – 281

> **注意**　需要取消隐藏与隔离图元，在剖面视图中隐藏（或隔离）图元，重新选择"视图控制栏"中的"临时隐藏图元/隔离"工具，选择"重设临时隐藏/隔离"工具，在视图中将会显示所隐藏的内容。

如果需要显示隐藏的图元，点击选择"视图控制栏"中的"显示隐藏图元"，视图将会转成红色面框，在视图中红色显示的即为隐藏的图元。

选择要显示的图元，右击选择"取消在视图中隐藏"，再选择"图元"，点击完成，在视图中取消隐藏的图元，将会变成灰色，即显示完成。

③隐藏视图中其他图元：切换视图至"视图"选项卡，点击"图形"面板中的"可

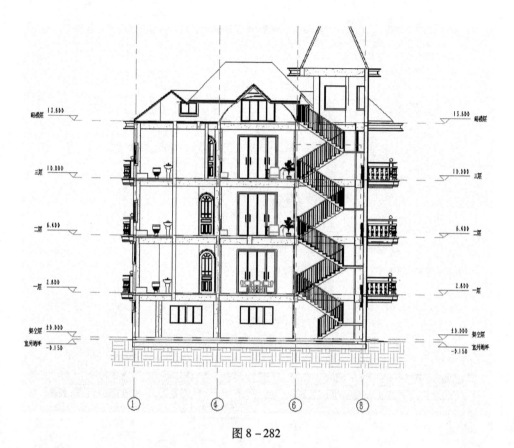

图 8 - 282

见性/图形"工具，如图 8 - 283 所示。

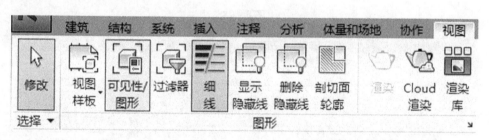

图 8 - 283

Revit 将会弹出"剖面：剖面 1 的可见性/图形替换"选项卡，在"模型类别"选项卡中，点击取消"地形"选项，模型类别切换至"注释类别"选项卡，点击取消"参照平面""剖面""范围框"注释类别，点击"确定"，如图 8 - 284 所示。

（2）添加遮罩区域

① 遮罩区域：位于室外地坪以下的图元，在传统的施工图设计中不需要显示，需要对其进行遮罩处理，如图 8 - 285 所示。

② 创建遮罩区域：打开项目文件，点击"注释"选项卡，选择"详图"面板中"区域"下拉列表的"遮罩区域"工具，如图 8 - 286 所示。

③ 绘制遮罩区域：修改详细程度为"精细"，视觉样式为"线框"，点击完成后，

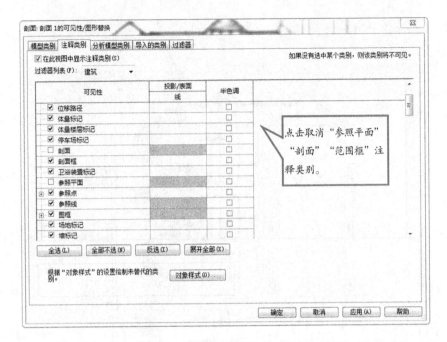

图 8 – 284

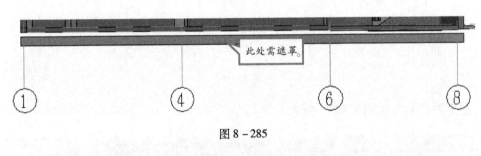

图 8 – 285

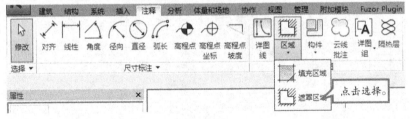

图 8 – 286

Revit 将会切换至"修改│创建遮罩区域边界",选择"绘制"面板中的"矩形"绘制工具,绘制的区域比原来所占的区域要多,全部选择绘制遮罩区域的线,点击"线样式"下拉列表,选择"〈不可见线〉",矩形顶部线修改为"细线",如图 8 – 287 所示,进入绘制区域,如图 8 – 288 所示,绘制完成的立面视图如图 8 – 289 所示。

（3）添加填充区域

① 在剖面视图中,需要处理到与传统的施工图相同,需要对模型的剖面的局部位置进行填充处理,点击"注释"选项卡,选择"详图"面板中"区域"中的 "填充区域"下拉列表工具,如图 8 – 290 所示。

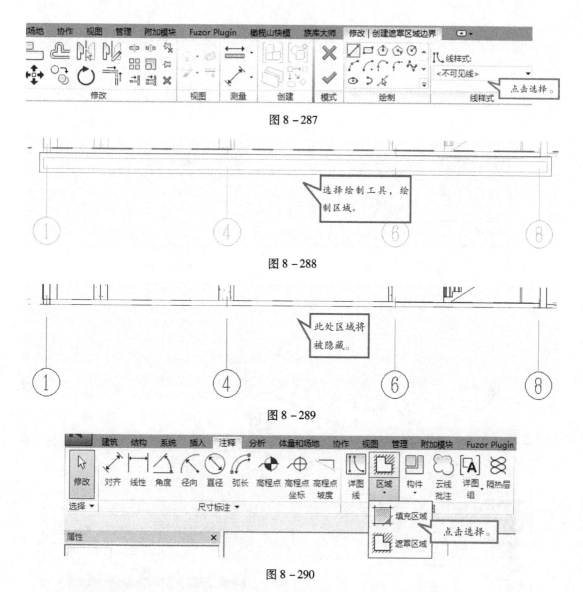

图 8 – 287

图 8 – 288

图 8 – 289

图 8 – 290

② 绘制填充区域：点击选择"填充区域"工具，Revit 将会弹出"修改│创建填充区域边界"选项卡，点击选择"绘制"面板中的"直线"工具，选择线样式为"细线"，如图 8 – 291 所示。

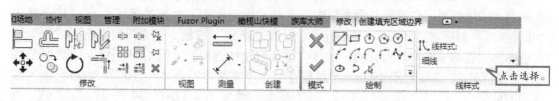

图 8 – 291

绘制剖面图中，绘制建筑底部填充，如图 8 – 292 所示。

③ 填充类型：在"填充"属性中的"类型选择器"中选择"填充类型"，在此位置的填充类型为"混凝土 – 钢砼"，如图 8 – 293 所示。

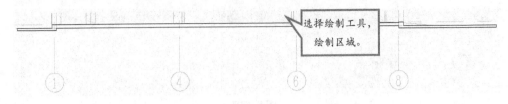

图 8 – 292

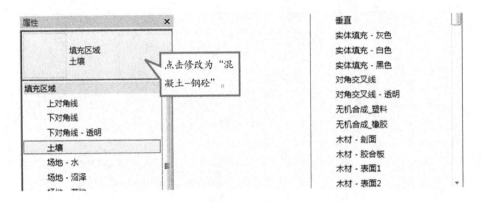

图 8 – 293

④ 类型属性：选择填充，选择"填充属性"面板中的"编辑类型"按钮，Revit 将会弹出"类型属性"对话框，如图 8 – 294 所示。

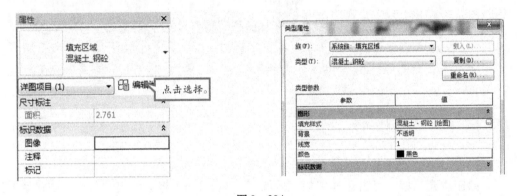

图 8 – 294

a. 在"类型属性"对话框中，如果项目需要创建新类型，点击"复制"按钮，创建新的填充区域类型。在图形类型参数中，点击"填充样式"后面的按钮，Revit 将会弹出"填充样式"对话框，如图 8 – 295 所示。点击"新建"按钮，创建新的填充样式，Revit 将会弹出"新填充图案"对话框，选择"主体层中的方向"，下拉列表中有："定向到视图""保持可读""与图元对齐"，为新创建的"填充图案"命名。点击"名称"，输入填充图案的名称，选择"简单"，Revit 的"简单"选项卡中只有"平行线"与"交叉填充"，如图 8 – 296 所示。点击"自定义"将会有"导入"按钮，可以根据需要导入需要的图案，如图 8 – 297 所示。

b. 背景：在"类型属性"对话框中，图形中的"背景"类型参数值只有透明与不透明，在此选择背景为"不透明"。

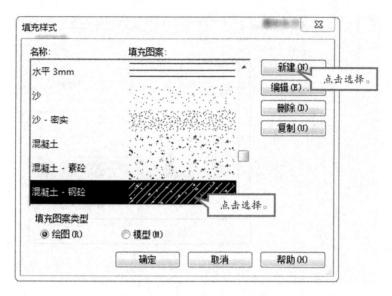

图 8 – 295

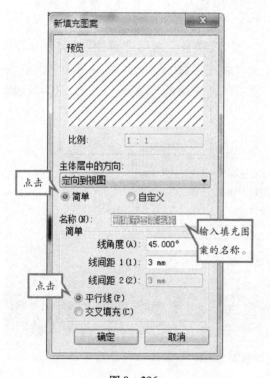

图 8 – 296

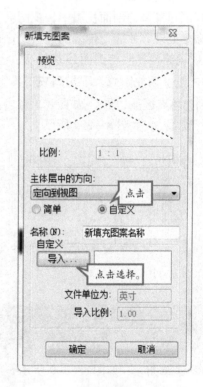

图 8 – 297

c. 线宽：可以根据"线宽"类型参数后面的值，选择线宽。此线宽，是填充区域的线宽，根据项目需要，对其进行选择，也可以直接点击"值"的文本编辑框输入数据，如图 8 – 298 所示。

d. 颜色：颜色的修改是填充区域的颜色，点击"颜色"类型属性的值，对填充区域颜色进行修改。

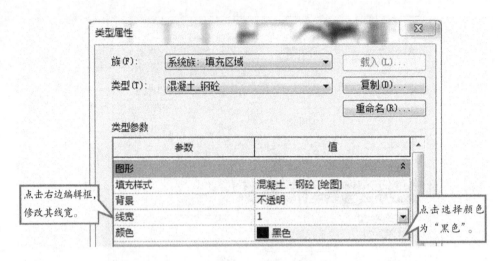

图 8 – 298

（4）填充剖面

在创建模型的剖面视图中，视图会出现一些多余建筑图元的边框线，需要选择填充与遮罩命令处理，才能与传统的建筑剖面图表达一致。

① 填充楼梯段与剖面建筑楼板：点击"注释"选项卡，选择"详图"面板中"区域"中 填充"填充区域"下拉列表工具，点击选择"填充区域"工具，Revit 将会弹出"修改｜创建填充区域边界"选项卡，点击选择"绘制"面板中的"直线"工具，选择线样式为"细线"，如图 8 – 299 所示。

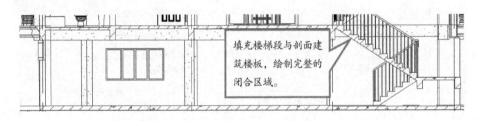

图 8 – 299

注意	复制填充：由于楼梯填充线段与以上梯段都一致，可以采用"复制"工具进行复制，如果复制填充后有区别，点击区域进行修改填充。

② 遮罩图元：如图 8 – 300 所示，需要绘制遮罩区域。

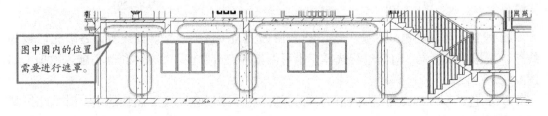

图 8 – 300

　　a. 点击"注释"选项卡，选择"详图"面板中"区域"下拉列表"遮罩区域"工具，Revit 将会切换"修改 | 创建遮罩区域边界"，选择"绘制"面板中的"矩形"绘制工具，全部选择绘制遮罩区域的线，点击"线样式"下拉列表中的"细线"，如图 8 - 301 所示。

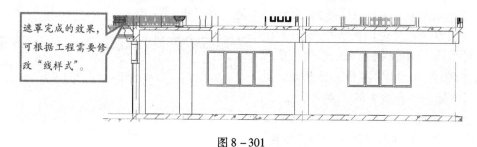

遮罩完成的效果，可根据工程需要修改"线样式"。

图 8 - 301

　　b. 绘制完成后，选择"绘制"面板中的"拾取线"工具，拾取如图 8 - 302 所示的区域，其中在旁边的线样式需要进行修改，修改为"〈不可见线〉"。

　　c. 在楼梯的下方需要进行遮罩，如图 8 - 303 所示。

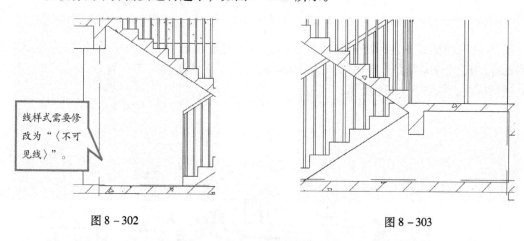

线样式需要修改为"〈不可见线〉"。

图 8 - 302　　　　　　　　　　　　　　　图 8 - 303

　　d. 在如图 8 - 304 所示的这个位置，进行遮罩处理，如图 8 - 305 所示。

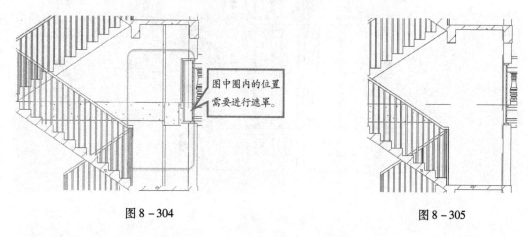

图中圈内的位置需要进行遮罩。

图 8 - 304　　　　　　　　　　　　　　　图 8 - 305

　　打开资料文件夹中"第八章"→"第四节"→"练习文件夹"→"剖面施工图设计 . rvt"项目文件，进行以下练习。

8.4.3 剖面尺寸标记

（1）对齐标注（逐点标注）：标注第三道尺寸（细部尺寸）。

① 打开项目文件，在项目浏览器中，选择剖面图（建筑剖面），选择"剖面1"剖面视图，点击"注释"选项卡，选择"尺寸标注"面板中的"对齐"工具，如图8-306所示。

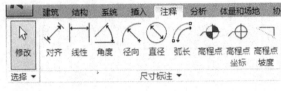

图8-306

② 选项栏：逐点标注尺寸标注设置。

选择工具后，修改"拾取"工具设置，选择其下拉列表中的"单个参照点"，如图8-307所示。

图8-307

③ 在立面视图中，标注第三道尺寸时，需要对立面进行详细标注。在本项目中，需要标注剖切到的窗高度，楼梯休息平台梁厚度定位，在剖面视图中，有些部位需要在尺寸外进行标注，如图8-308所示。

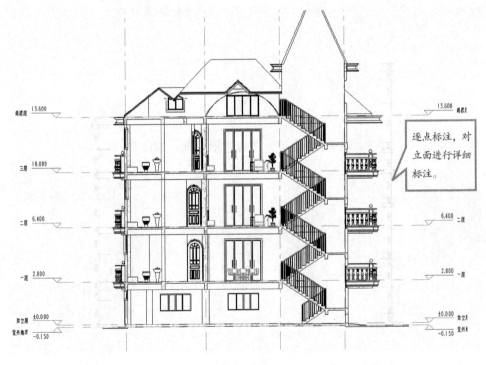

图8-308

④ 对齐标注（逐点标注）：第二道尺寸标注（层高）、第一道尺寸标注（总高度）。

a. 层高标注：继续标注，立面视图中，轴网与轴网之间进行标注，选择轴网作为指定参照，进行标注，将鼠标放置在轴网的参照点上，可以在此放置尺寸标注，则参照点会高亮显示，如图 8 – 309 所示。

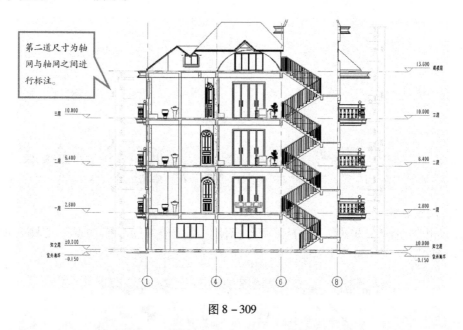

图 8 – 309

　　b. 房屋总高度：继续标注，立面视图中，在室外地坪轴网与屋顶顶部轴网之间进行标注，选择轴网作为指定参照，进行标注，将鼠标放置在轴网的参照点上，可以在此放置尺寸标注，则参照点会高亮显示，如图 8 – 310 所示。

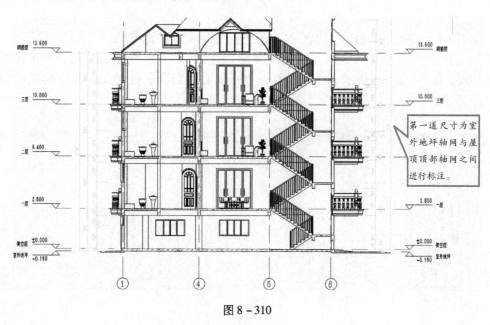

图 8 – 310

　　⑤ 对齐标注（逐点标注）：立面视图底部标注。

　　在立面视图中，底部标注与立面两侧标高相同，同样有三道尺寸标注，同样采取"对齐标注工具"进行标注，如图 8 – 311 所示。

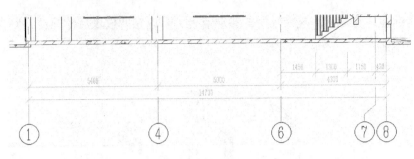

图 8 – 311

（2）放置高程点：

① 点击"注释"选项卡，选择"尺寸标注"选项卡中的"高程点"工具，如图 8 – 312 所示。

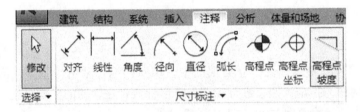

图 8 – 312

② Revit 会切换至"修改│放置 尺寸标注"选项卡，在选项栏中，勾选"引线""水平段"，选择显示高程为"实际（选定）高程"，如图 8 – 313 所示。移动鼠标至视图中，放置高程，如图 8 – 314 所示，点击放置，水平向右拉到合适位置，点击"确定"，如图 8 – 315 所示。

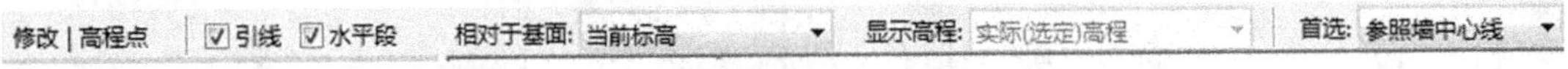

修改│高程点　☑引线　☑水平段　相对于基面: 当前标高　　　　　　▼　显示高程: 实际(选定)高程　　　▼　首选: 参照墙中心线　　　▼

图 8 – 313

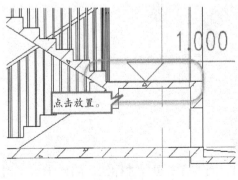

图 8 – 314

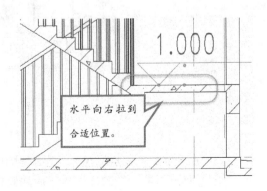

图 8 – 315

③ 高程点在剖面图中，放置在楼梯的每个休息平台上，与楼梯相连的楼板，需要放置高程点。

（3）在楼梯标注时，需要对楼梯梯段的踏步宽、踢步高进行标注，由于在剖面图中没有足够的空间进行标注，将在下节中的"楼梯详图大样"对其进行讲解。

（4）标注房间：

① 在打开的剖面视图中，通过点击"建筑"选项卡→选择"房间和面积"面板中→"标记房间"下拉列表中的"标记房间"工具。Revit 将会自动跳转至"修改｜放置 房间标记"，如图 8 – 316 所示。选择所需的房间标记方向，要使房间标记带有引线，选择"引线"。Revit 在未进行标记时，如图 8 – 317 所示。

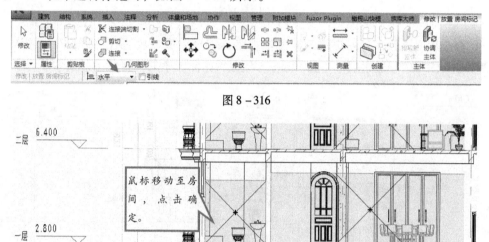

图 8 – 316

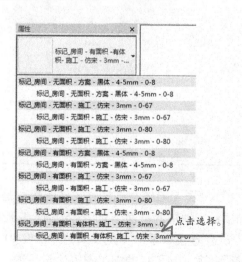

图 8 – 317

② 选择标记类型：设置完成选项栏，点击属性面板中的"类型选择器"，选择符合项目的标记，选择"标记房间 – 有面积 – 施工 – 仿宋 – 3mm – 0 – 67"类型标记，点击属性面板中的"编辑类型"按钮，Revit 将会弹出"类型属性"对话框，根据需要对其类型参数进行编辑，如图 8 – 318 所示。

图 8 – 318

③ 鼠标移动至视图蓝色区域，点击即可，如图 8-319 所示。

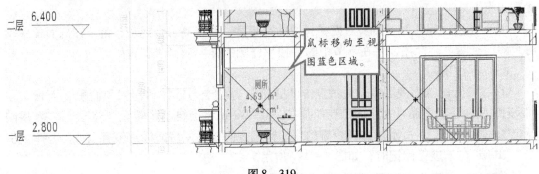

图 8-319

④ 修改房间限制条件：点击房间的拖拽柄，拖至梁底，也可在"属性"面板中修改"限制条件"中的"高度偏移"，如图 8-320 所示，标注中的体积将会随之改变。

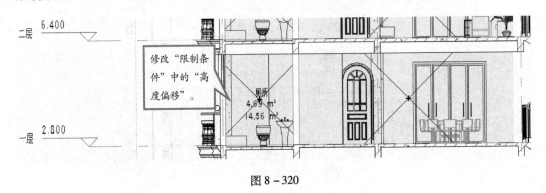

图 8-320

课后练习

1. 打开资料文件夹中"第八章"→"第四节"→"练习文件夹"→"剖面施工图设计. rvt"项目文件，进行练习。

2. 创建剖面视图，绘制剖面线。

3. 隐藏轴网与参照平面。

4. 添加遮罩区域。

5. 添加填充区域。

6. 创建剖面 2、剖面 3，对其进行创建施工图。

8.5 施工详图

本节将学习建筑详图设计，在 Revit 中有：详图视图与绘图视图两种。详图视图是建筑信息模型中所建的图元，详图中的模型构件和项目文件中的平面、立面、剖面、三维视图同步联动。绘图视图是与项目文件建筑模型中没有直接联系的，是导入的外部 CAD 文件。本节将学习如何创建详图，在二维详图中进行处理，与传统的施工图表达相一致；对详图进行相关定义。

打开资料文件夹中"第八章"→"第五节"→"练习文件夹"→"建筑楼梯详图设计.rvt"项目文件，进行以下练习。

8.5.1　详图索引视图

（1）定义：详图索引是以较大比例显示另一视图的一部分，在施工图文档集中，使用详图索引可以为持续增加的详细程度提供标记视图的有序变化。

在平面视图、剖面视图或立面视图中添加详图索引，详图索引标记链接至详图索引视图，详图索引视图显示父视图中某一部分的放大版本，并提供有关建筑模型中这一部分的详细信息；添加详细信息详图索引或视图详图索引，在视图中绘制详图索引编号时，Revit会创建一个详图索引视图，在详图索引视图中添加详图，以提供有关建筑模型中该部分的详细信息。

绘制详图索引的视图是该详图索引视图的父视图，删除父视图，所创建的详图索引视图将会被删除。

（2）创建矩形详图索引视图。

① 打开项目文件，在任意平面视图中，切换至"视图"选项卡，在"创建"面板中的"详图索引"的下拉列表中选择"▢（矩形）"，如图 8 – 321 所示。

图 8 – 321

② 点击选择完"矩形"工具后，Revit 将会切换至"修改 | 详图索引"选项卡，如图 8 – 322 所示，鼠标将会变成"十字光标"显示在视图中。

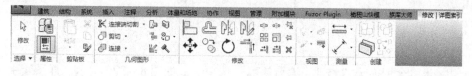

图 8 – 322

③ 选项栏（创建参照详图索引）：如果需要创建的是参照详图索引，点击勾选选项栏中的"参照其他视图"，选项栏中的"〈新绘图视图〉"工具将会高亮显示，如图 8 – 323 所示。

a. 从下拉列表中选择参照视图名，如果没有可参照的现有视图，点击选择"〈新绘图视图〉"创建一个新绘图视图，参照详图索引将指向此新绘图视图，"参照其他视图"列表中包括某一图纸中的视图，则视图名称旁边将显示详图编号和图纸编号。

图 8 – 323

b. 要定义详图索引区域，移动鼠标在所要创建索引视图的位置，点击从左上方向右下方拖拽，创建封闭网格左上角的虚线旁边所显示的详图索引编号，如图 8 – 324 所示。

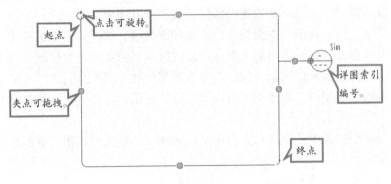

图 8 – 324

c. 要查看详图索引视图，双击详图索引标头，详图索引视图将显示在绘图区域中。如果为参照详图索引创建了新绘图视图，将会在项目浏览器中的"视图（全部）"中的"绘图视图"下显示。

注意	要更改详图索引中参照的视图，选择详图索引编号，并从"选项栏"上的下拉列表中选择参照视图名称。

d. 编辑裁剪：点击所创建的详图索引，Revit 将会切换至"修改∣视图"选项卡，如图 8 – 325 所示，选择"模式"面板中的"编辑裁剪"工具。

图 8 – 325

e. Revit 将会切换至"修改∣编辑轮廓"选项卡，如图 8 – 326 所示。详图索引也将会变成编辑样式，可以根据项目需要选择"修改∣编辑轮廓"选项卡中的"绘制"面板中的绘制工具，对编辑框进行编辑修改，如图 8 – 327 所示。

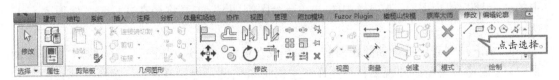

图 8 – 326

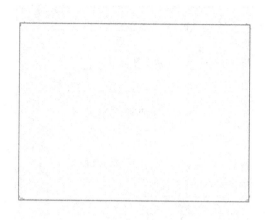

图 8 – 327

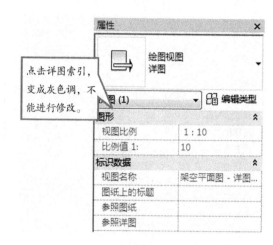

图 8 – 328

f. 当点击详图索引时，详图索引的类型属性显示其类型为"绘图视图 详图"类型，在属性面板中，"图形""标识数据"工具，变成灰色调，不能进行修改，如图 8 – 328 所示。当双击详图索引标头，属性面板将会高亮显示，可以对其属性面板中的工具进行修改，如图 8 – 329 所示。

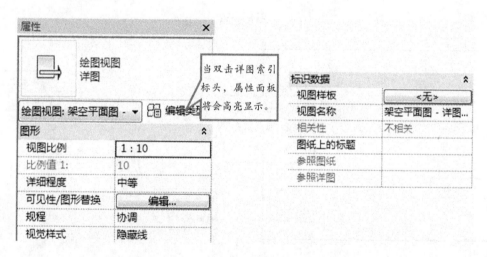

图 8 – 329

g. 在绘制选择矩形时，不选择选项栏中的"参照其他视图"选项，在视图中直接绘制详图索引。在项目浏览器中的楼层平面视图，将会自动生成详图索引视图，点击详图索引，Revit 中的属性与楼层平面视图一致，其"范围"工具将发生修改，如图 8 – 330 所示。裁剪视图、裁剪区域可见、注释裁剪将会自动勾选，"截裁剪"为"不裁剪"，如图 8 – 331所示。

h. 再转至详图索引视图中，点击详图索引，在视图中将会显示详图的裁剪区域，同时 Revit 将切换至"修改│视图"选项卡，如图 8 – 332 所示。可以根据项目的需要编辑裁剪区域，通过详图索引裁剪区域中的"控制"手柄，进行拖拽，调整详图索引的裁剪区域，如图 8 – 333 所示。

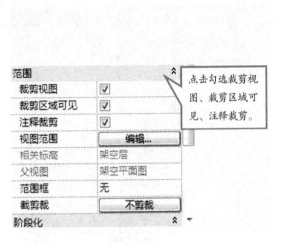

图 8 - 330 　　　　　　　　　　　　　　　图 8 - 331

图 8 - 332

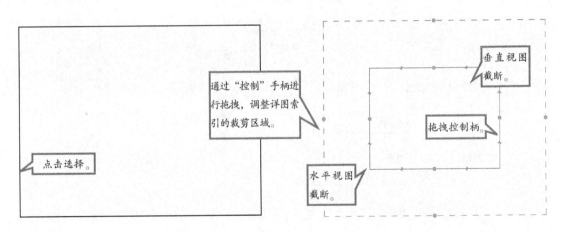

图 8 - 333

i. 双击打开编辑详图索引样式，Revit 将会切换至"修改 | 编辑轮廓"选项卡，如图 8 - 334 所示。通过点击"绘制"面板中的绘制工具，对项目裁剪区域进行修改。当详图索引变成编辑模式下，在本视图中，将会暗色调显示项目文件的其他位置，如图 8 - 335 所示。

图 8 - 334

j. 类型属性：点击"属性"对话框中的"编辑类型"按钮，Revit 将会弹出"楼层平

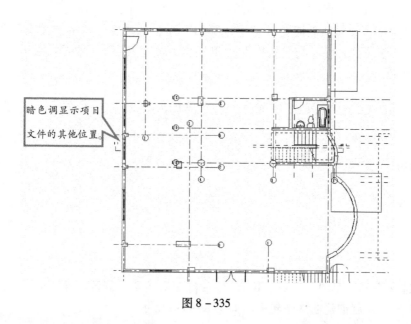

图 8 - 335

面"的"类型属性",如图 8 - 336 所示。根据项目需要,修改其"类型",点击"复制"按钮,创建新的类型。

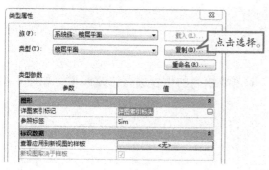

图 8 - 336

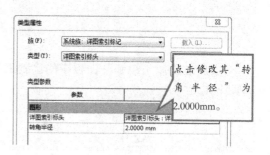

图 8 - 337

k. 修改详图索引标记:点击详图索引标记值按钮,Revit 将会弹出"系统族:详图索引标记"类型属性对话框。根据项目的需要,在"详图索引标头"后面的值,点击其下拉列表进行选择修改,设置其"转角半径",如图 8 - 337 所示。

(3) 创建草图详图索引视图。

① 打开项目文件,在任意平面视图中,切换至"视图"选项卡,选择"创建"面板中的"详图索引"的下拉列表中的" 草图",如图 8 - 338 所示。

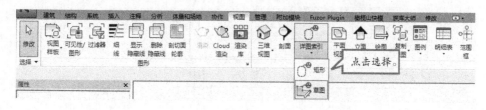

图 8 - 338

② 选择类型：在属性面板的"类型选择器"中，选择要创建的详图索引类型：详细详图索引或视图详图索引（与父视图同类型的详图索引视图），根据需要修改类型属性，如图 8 – 339 所示。

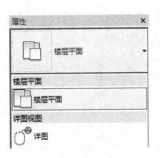

图 8 – 339

③ 当选择完成"草图"工具，Revit 将会自动切换至"修改｜编辑轮廓"选项卡，选择其绘制工具，绘制创建的详图轮廓，如图 8 – 340 所示。

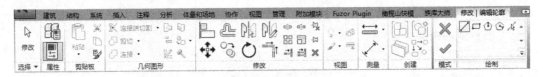

图 8 – 340

④ 点击选择"绘制"面板中的绘制工具，对需要绘制的位置进行修改调整，如图 8 – 341 所示。

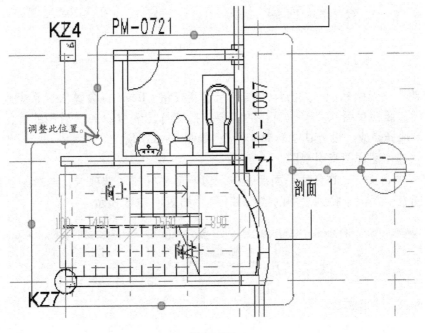

图 8 – 341

⑤ 绘制完成后，单击"模式"面板中的"完成编辑模式"，Revit 将会自动切换至"修改│视图"选项卡，如图 8 – 342 所示。如果要将已编辑✔的详图索引重置为矩形形状，选择，然后单击"编辑修改│〈视图类型〉"选项卡"模式"面板"重设裁剪""编辑裁剪"，以及选择"裁剪"面板中的"尺寸裁剪"工具，对其进行调整。

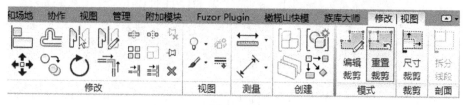

图 8 – 342

⑥ 双击详图索引标头，详图索引视图将显示在绘图区域中。

⑦ 在属性面板中的"属性"对话框中的"范围"工具中，其"范围"工具将发生修改，裁剪视图、裁剪区域可见、注释裁剪将会自动勾选，"截裁剪"为"不裁剪"，如图 8 – 343 所示。

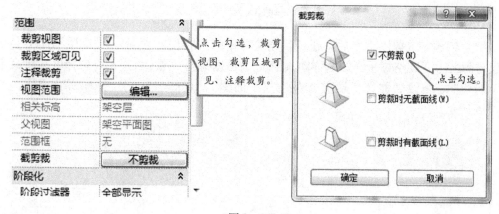

图 8 – 343

打开资料文件夹中"第八章"→"第五节"→"练习文件夹"→"建筑楼梯详图设计.rvt"项目文件，进行以下练习。

8.5.2　楼梯大样详图

（1）创建详图索引：打开项目文件，切换至"架空层剖面"平面视图中，鼠标移动至楼梯位置，删除此位置的范围框、参照平面，切换至"视图"选项卡，点击选择"创建"面板中的"详图索引"，在其下拉列表中选择"（矩形）"，如图 8 – 344 所示。

图 8 – 344

（2）绘制区域：点击选择完"矩形"工具后，Revit 将会切换至"修改|详图索引"选项卡，鼠标将会变成"十字光标"显示在视图中，移动鼠标至楼梯位置，框选楼梯位置，Revit 将会创建详图索引符号，如图 8 – 345 所示。

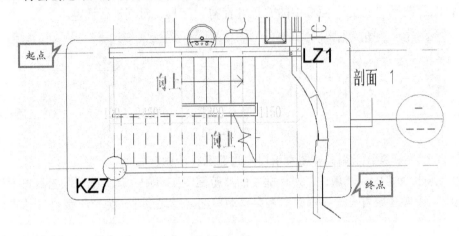

图 8 – 345

（3）创建完成详图索引后，在项目浏览器中的"视图（全部）"，楼层平面中会自动创建与命名为"架空层平面图 – 详图索引 1"，右击选择"重命名"，将会弹出"重命名视图"对话框，修改名称为"楼梯 A 架空层平面图"，点击"确定"完成所有操作，如图 8 – 346 所示。

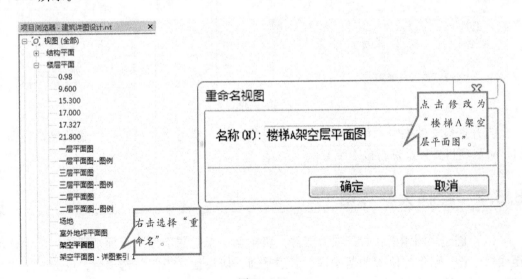

图 8 – 346

（4）双击详图索引标头，查看详图索引视图，如图 8 – 347 所示。

（5）深度修改详图：

① 关闭"裁剪区域可见"：调整好详图裁剪区域的大小，在"属性"面板中，点击取消"范围"工具的"裁剪区域可见"，如图 8 – 348 所示。

② 断开剖面线：单击截断控制柄（ ⚡ ）并调整剖面线线段的长度，剖面截断在剖

面线的中点处，点击剖面线中间的"拖拽"控制柄，调整其剖面符号，如图8－349所示。

③ 添加剖切符号：点击切换至"注释"选项卡，选择"符号"面板中的"符号"工具，如图8－350所示。

在"属性"选择器中选择"符号_剖断线"符号，如图8－351所示。鼠标将会附带上"剖断线"符号样式，移动鼠标至剖断位置，将会发现"剖断

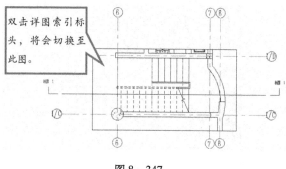

图8－347

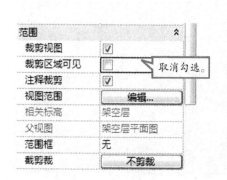

图8－348

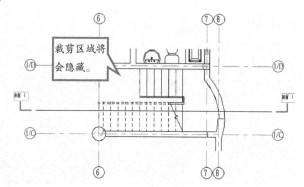

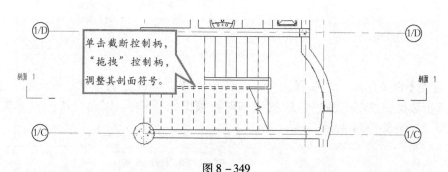

图8－349

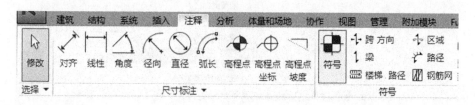

图8－350

线"左右线会很短，在放置完成后，Revit将会弹出"剖断线"的属性面板。在属性面板中，有"尺寸标注"下的"虚线长度"，在编辑文本框中输入其值，如图8－352所示。

在标注文本框中输入数值为"55"，符号左右长度将会发生变化，点击 ✛ "移动"符号，放置到墙体的切断位置，如图8－353所示。

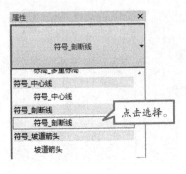

图 8 – 351

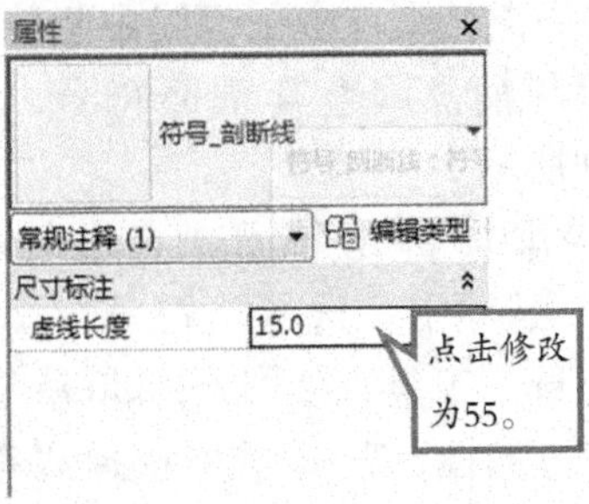

图 8 – 352

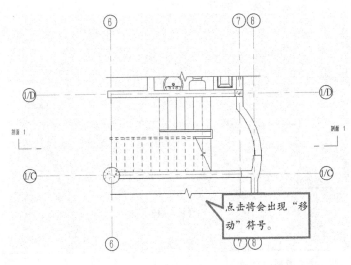

图 8 – 353

④ 隐藏不需要的图元：在视图中，点击放置在厕所位置的构件：洗手盆、坐便器、浴缸，点击选择"视图控制栏"中的"临时隐藏图元/隔离"工具，选择"隐藏图元"，完成隐藏。如图 8 – 354 所示。

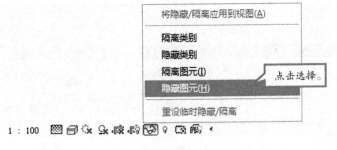

图 8 – 354

重新点击"临时隐藏图元/隔离"工具中的"将隐藏/隔离应用到视图"，在立面视图中将会永久隐藏所隐藏的图元，如图 8 – 355 所示。

⑤ 调整视图范围：点击"属性"面板中的"范围"选项，点击"视图范围"的"编辑"按钮，Revit 将会弹出"视图范围"对话框，修改"主要范围"中的"剖切面"的偏

移量为"980",如图 8 - 356 所示。平面视图也将会改变,如图 8 - 357 所示。

⑥ 添加遮罩区域:在视图显示中,楼梯的最后一踏需要进行处理,在三维显示中,最后一踏与休息平台连接,不会在平面视图中显示,需要将这部分遮罩处理。

a. 创建遮罩区域:打开项目文件,点击"注释"选项卡,选择"详图"面板中"区域"下拉列表"🔲 遮罩区域"工具,如图 8 - 358 所示。

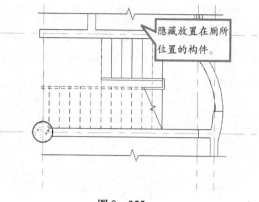

图 8 - 355

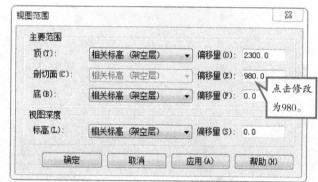

图 8 - 356

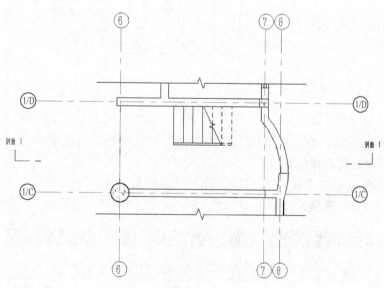

图 8 - 357

b. 绘制遮罩区域:修改详细程度为"精细",视觉样式为"线框",完成后,Revit 将会切换到"修改丨创建遮罩区域边界",选择"绘制"面板中的"矩形"绘制工具,绘制的区域比原来所占的区域要多,全部选择绘制遮罩区域的线。点击"线样式"下拉列表,选择"〈不可见线〉",如图 8 - 359 所示,绘制区域,如图 8 - 360 所示。

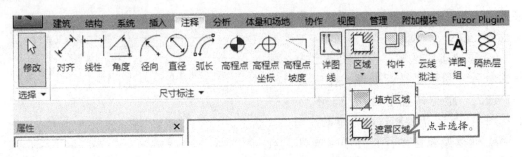

图 8 – 358

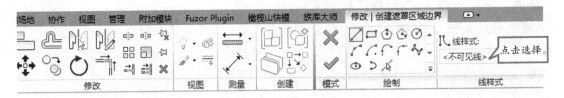

图 8 – 359

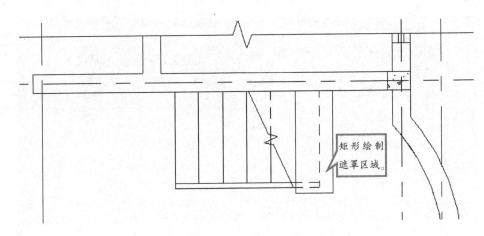

图 8 – 360

⑦ 添加尺寸标注：在传统的施工图中，详图的尺寸标注也需要标注三道尺寸标注。在楼梯中，需要在楼梯梯段添加"梯段标注文字"。

⑧ 对齐标注（逐点标注）：标注第三道尺寸（细部尺寸）。

a. 点击"注释"选项卡，选择"尺寸标注"面板中的"对齐"工具，如图8 – 361所示。

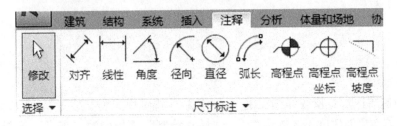

图 8 – 361

b. 选项栏：逐点标注尺寸标注设置。

选择工具完成后，修改"拾取"工具设置，选择其下拉列表中的"单个参照点"，如图 8 – 362 所示。

图 8 – 362

c. 在平面视图中，标注第三道尺寸标注时，进行逐点标注，需要将平面视图中的细部尺寸进行标注，如图 8 – 363 所示。

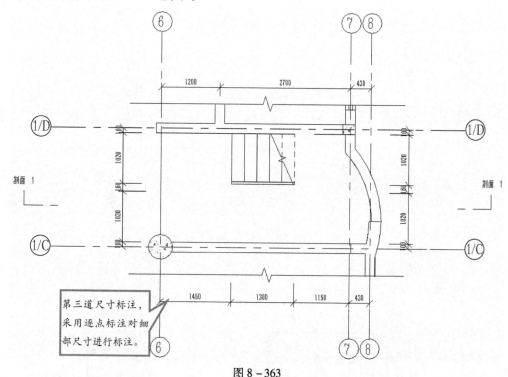

图 8 – 363

⑨ 对齐标注（逐点标注）：第二道尺寸标注（轴网）、第一道尺寸标注（总宽度）。

a. 轴网标注：继续标注，平面视图中，在轴网与轴网之间、轴网与最外墙之间进行标注，选择轴网作为指定参照，进行标注。将鼠标放置在轴网的参照点上，可以在此放置尺寸标注，则参照点会高亮显示，如图 8 – 364 所示。

b. 总宽度：继续标注平面视图中建筑两侧的外墙尺寸，选择轴网作为指定参照，进行标注，将鼠标放置在轴网的参照点上，可以在此放置尺寸标注，则参照点会高亮显示，如图 8 – 365 所示。

⑩ 放置高程点：

a. 点击"注释"选项卡，选择"尺寸标注"选项卡中的"高程点"工具，如图 8 – 366 所示。

b. Revit 会切换至"修改 | 放置 尺寸标注"选项卡，在选项栏中勾选"引线""水平段"，选择显示高程为"实际（选定）高程"，如图 8 – 367 所示。移动鼠标至视图中，放

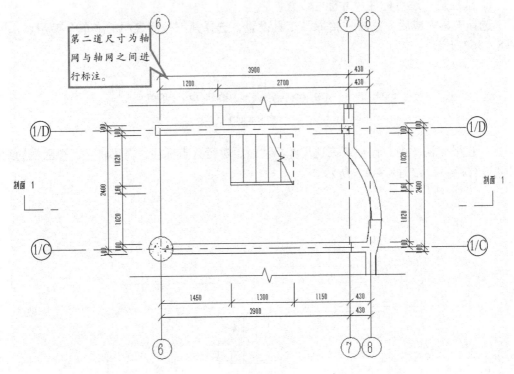

图 8 - 364

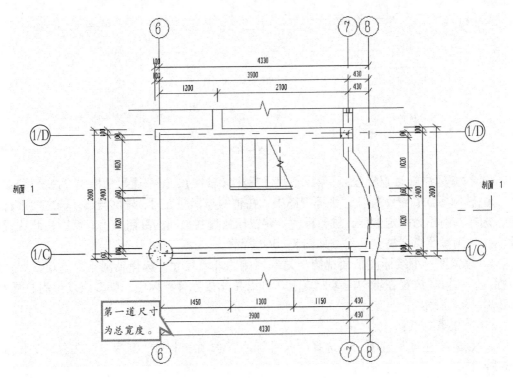

图 8 - 365

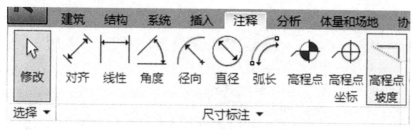

图 8 - 366

置高程，如图 8 - 368 所示。

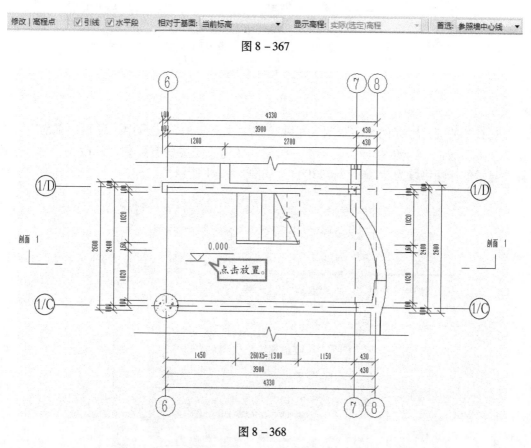

图 8 - 367

图 8 - 368

c. 梯段文字标注：点击楼梯底下的三道尺寸标注，移动鼠标至标注为"1300"这段标注，如图 8 - 369 所示，双击将会弹出"尺寸标注文字"对话框，如图 8 - 370 所示。

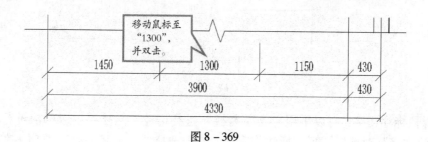

图 8 - 369

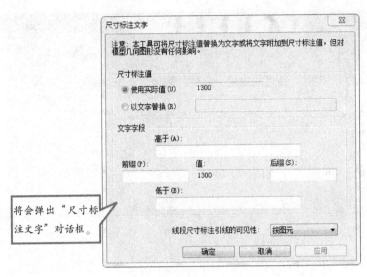

将会弹出"尺寸标注文字"对话框。

图 8 – 370

在打开的"尺寸标注文字"对话框中，在"文字字段"工具中，设置"前缀"下的编辑文本框输入："260×5＝"，点击"确定"按钮，完成所有操作。修改完成后，平面标注显示的标注字段为"260×5＝1300"，如图 8 – 371 所示。

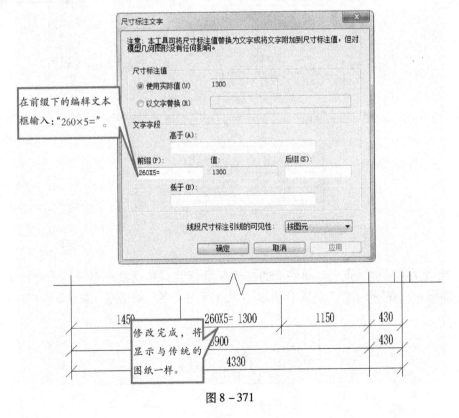

在前缀下的编辑文本框输入："260×5＝"。

修改完成，将显示与传统的图纸一样。

图 8 – 371

d. 梯段标注文字，可以采用"文字替换"进行标注，同样可以对梯段进行标注，在"尺寸标注文字"对话框"尺寸标注值"中，点击选择"以文字替换"选项，在后面的文本编辑框中输入"260×5=1300"，输入完成后，点击"确定"按钮，完成所有操作，平面标注显示的标注字段为"260×5=1300"，如图8-372所示。

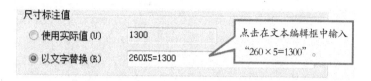

图 8 - 372

（6）楼梯剖面大样详图：

① 在"项目浏览器"中，选择"剖面（建筑剖面）"中的"剖面1"建筑剖面视图，切换至"视图"选项卡，点击"创建"面板中的"详图索引"的下拉列表，选择"矩形"，如图8-373所示。

图 8 - 373

② 绘制区域：点击"矩形"工具后，Revit将会切换至"修改|详图索引"选项卡，鼠标将会变成"十字光标"显示在视图中，移动鼠标至楼梯剖面的位置，框选剖面楼梯位置，Revit将会创建详图索引符号，如图8-374所示。

创建完成详图索引后，在项目浏览器中的"视图（全部）"，剖面（建筑剖面）中会自动创建并命名为"剖面1-详图索引1"，右击选择"重命名"，将会弹出"重命名视图"对话框，修改名称为"楼梯剖面大样详图"，点击"确定"完成所有操作，如图8-375所示。

③ 关闭"裁剪区域可见"：调整好详图裁剪区域的大小，在"属性"面板中，点击取消"范围"工具的"裁剪区域可见"，如图8-376所示。

④ 添加剖切符号：点击切换至"注释"选项卡，选择"符号"面板中的"符号"工具，如图8-377所示。

点击完成之后，在"属性"选择器中选择"符号_剖断线"符号，如图8-378所示。鼠标将会附带上"剖断线"符号样式，移动鼠标至剖断位置，将会发现"剖断线"左右线会很短，在放置完成后，Revit将会弹出"剖断线"的"属性"面板，在"属性"面板中有"尺寸标注"下的"虚线长度"，在编辑文本框中输入其值，如图8-379所示。

在标注文本框中输入数值为"200"，符号左右长度将会发生变化，点击" ✥移动"符号，放置到楼板的切断位置，放置完成后，剖断符号并不能完全放置于楼板等位置进行

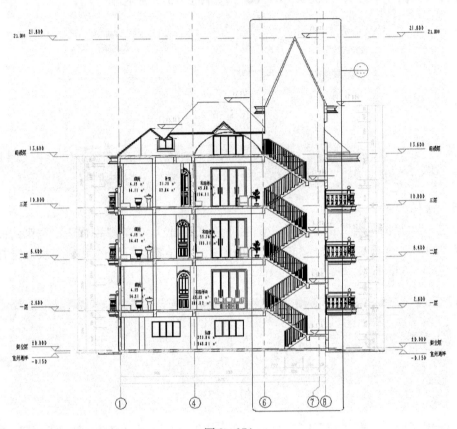

图 8 – 374

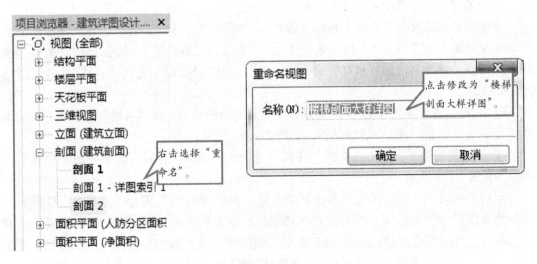

图 8 – 375

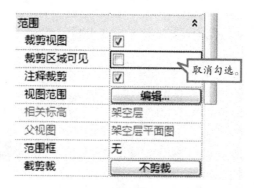

图 8 – 376

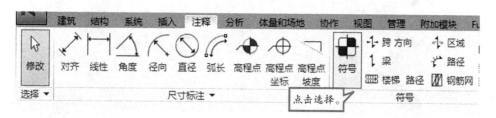

图 8 – 377

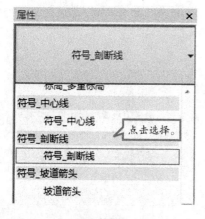

图 8 – 378

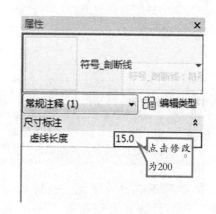

图 8 – 379

剖切，需要选择"修改 | 常规注释"选项卡中的"修改"面板中的"移动"工具，如图 8 – 380 所示。移动符号会变成虚线框样式，点击进行移动，至楼板的剖切位置，如图 8 – 381 所示。

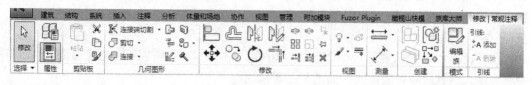

图 8 – 380

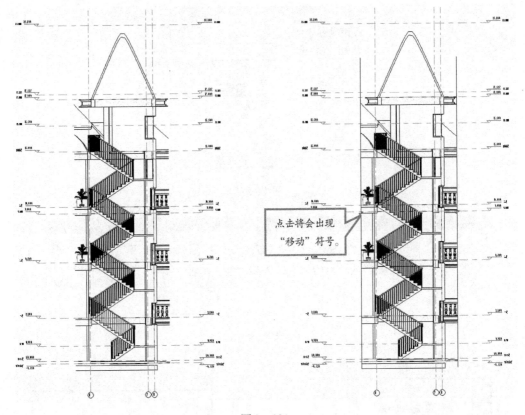

图 8 - 381

注意 如果需要编辑该族，点击"修改｜常规注释"选项卡，选择"模式"面板中的"编辑族"工具，Revit 将会自动切换打开"族"文件，根据需要进行编辑；如果需要在符号位置添加"引线"，只需要在放置时，点击选择"引线"面板中的"添加"工具，Revit 将会在符号位置自动添加引线。

　　⑤ 隐藏不需要的图元：在视图中，点击放置在楼板位置上的构件（阳台、腰线、阳台栏杆、垫板等构件图元），选择"视图控制栏"中的"临时隐藏图元/隔离"工具，选择"隐藏图元"，如图 8 - 382 所示。隐藏完成，在立面视图边框显示青色的"临时隐藏/隔离"图框。

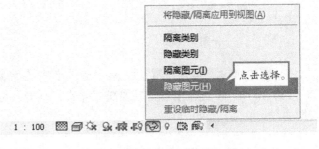

图 8 - 382

　　重新选择"临时隐藏图元/隔离"工具中的"将隐藏/隔离应用到视图"，在立面视图中将会永久隐藏所隐藏的图元，如图 8 - 383 所示。

　　⑥ 添加遮罩区域：在三维显示中，最后一踏与休息平台连接，不会在平面视图中显示，需要将这部分遮罩处理。

　　a. 创建遮罩区域：打开项目文件，点击"注释"选项卡，选择"详图"面板中"区

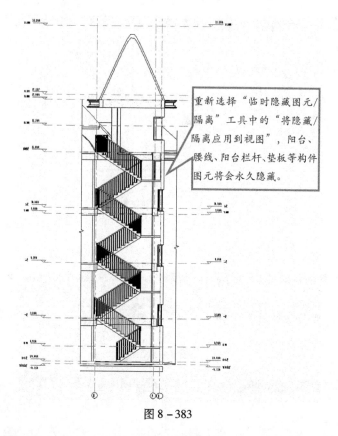

图 8 - 383

"域"下拉列表"遮罩区域"工具，如图 8 - 384 所示。

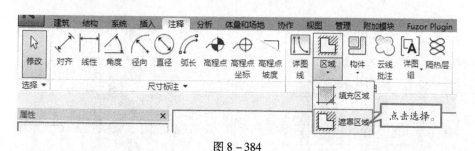

图 8 - 384

b. 绘制遮罩区域：修改详细程度为"精细"，视觉样式为"线框"，点击完成后，Revit 将会切换至"修改│创建遮罩区域边界"，选择"绘制"面板中的"矩形"绘制工具，绘制的区域比原来所占的区域要多，全部选择绘制遮罩区域的线，点击"线样式"下拉列表，选择"〈不可见线〉"，矩形顶部线修改为"细线"，如图 8 - 385 所示，进入绘制区域，如图 8 - 386 所示。

⑦ 添加填充区域：填充的方法与 8.4 节剖面图的方法一致，查看 8.4 节内容。

a. 采用复制同一位置，粘贴，在打开的"楼梯 A 剖面大样详图"视图，点击打开"剖面（建筑剖面）中的"剖面 1"剖面视图，打开视图完成后，点击"视图"选项卡，如图 8 - 387 所示。选择"窗口"面板中的"平铺"工具，视图将会变成双面视图，如图 8 - 388 所示。

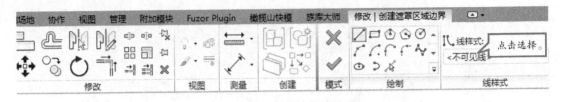

图 8 - 385

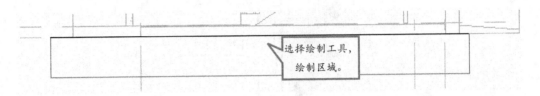

图 8 - 386

图 8 - 387

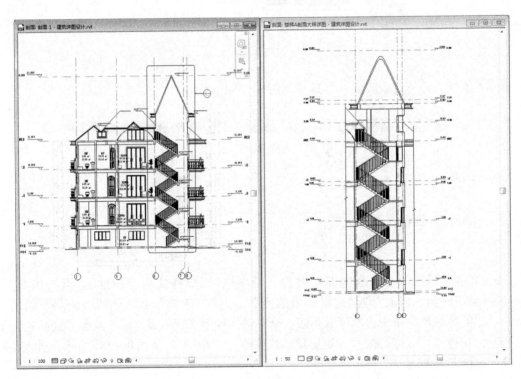

图 8 - 388

  b. 选择"剖面1"剖面视图，移动一直楼梯的填充位置与遮罩位置，选择"填充区域"与"遮罩区域"，Revit 将会自动切换"修改 | 详图项目"选项卡，选择"剪贴板"面板中的▢（复制）工具，如图 8 - 389 所示。

图 8 - 389

c. 点击"楼梯 A 剖面大样详图"剖面视图，选择"剪贴板"面板中的"粘贴"工具中的下拉列表，选择"与同一位置对齐"，如图 8 - 390 所示。

完成后，Revit 将会在同一位置粘贴，详图项目区域，如图 8 - 391 所示。

⑧ 剖面门窗修改：在剖面视图中，Revit 只会根据项目所创建的名称族，对其进行剖面剖切。在 Revit 中，需要对其进行添加遮罩区域，绘制详图线，这样才能对传统施工图进行表达。

a. 遮罩窗区域：选择遮罩工具，修改详细程度为"精细"，视觉样式为"线框"，点击完成后，Revit 将会切换"修改 | 创建遮罩区域边界"选项卡，选择"绘制"面板中

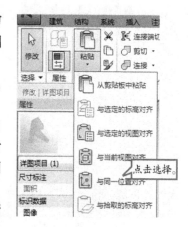

图 8 - 390

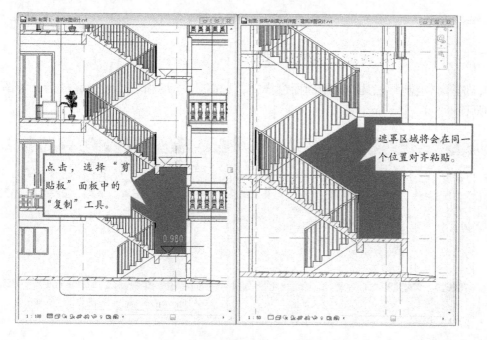

图 8 - 391

的"矩形"绘制工具，全部选择绘制遮罩区域的线，点击"线样式"下拉列表，修改为"细线"，如图 8 - 392 所示，进入绘制区域，如图 8 - 393 所示。

b. 添加详图线：点击完成绘制，点击"注释"选项卡，选择"详图"面板中的"详图线"工具，如图 8 - 394 所示。点击完成后，Revit 将会切换至"修改 | 放置 详图线"选

注意	在粘贴时，选择"与同一位置对齐"工具之前，必须打开另外一个需要粘贴的视图，Revit 将会自动切换这个视图中的"修改|详图项目"选项卡，进行点击选择"剪贴板"面板中的"粘贴"工具中的下拉列表，选择"与同一位置对齐"，这样才能完成粘贴。否则，Revit 将会在同一位置粘贴同样的内容（这一功能对所有图元均可操作）。

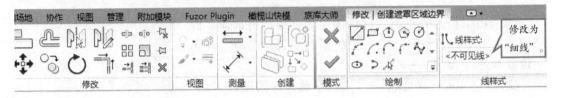

图 8 – 392

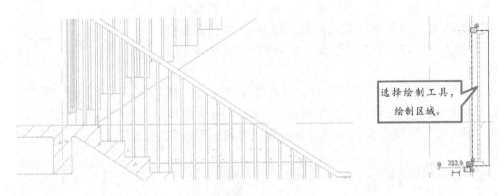

图 8 – 393

项卡，选择"绘制"工具，绘制剖面窗样式，如图 8 – 395 所示。绘制完成后，如图 8 – 396 所示。

图 8 – 394

图 8 – 395

⑨ 添加标注：在传统的施工图中，详图也需要标注三道尺寸标注：详细尺寸标注、楼梯梯梁、梯边梁，在楼梯中，需要在楼梯梯段添加"梯段标注文字"。

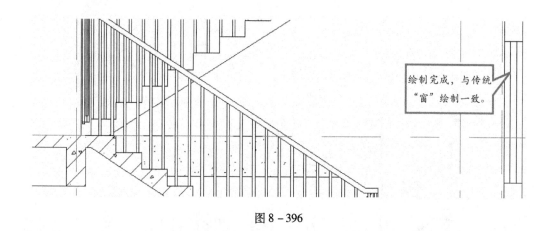

绘制完成，与传统"窗"绘制一致。

图 8 – 396

> **注意**　在项目文件中，需要创建项目的详图大样时，可以在不同的视图中创建了详图索引之后，采用遮罩区域，将原来部分进行遮罩，利用创建详图线，填充图案，文字标注、尺寸标注，对项目文件的详图进行表达，可以传统的施工图设计进行表达，做到了传统施工图的二维表达相缝合，三维表达的设计，体现了 Revit 的强大功能。

a. 点击"注释"选项卡，选择"尺寸标注"面板中的"对齐"工具，如图 8 – 397 所示。

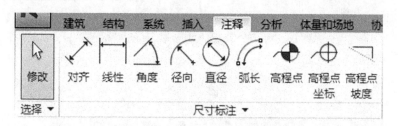

图 8 – 397

b. 选项栏，逐点标注尺寸标注设置。

选择工具完成后，修改"拾取"工具设置，选择其下拉列表中的"单个参照点"，如图 8 – 398 所示。

图 8 – 398

c. 逐点标注尺寸标注，打开资料文件夹中"第八章"→"第五节"→"完成文件夹"→"建筑楼梯详图设计 . rvt"项目文件，打开"楼梯 A 剖面大样详图"进行查看，如图 8 – 399 所示。

⑩ 放置高程点：

a. 点击"注释"选项卡，选择"尺寸标注"选项卡中的"高程点坡度"工具，如图 8 – 400 所示。

b. Revit 会切换至"修改｜放置 尺寸标注"选项卡，在选项栏中，勾选"引线""水平段"，选择显示高程为"实际（选定）高程"，如图 8 – 401 所示。移动鼠标至视图中，

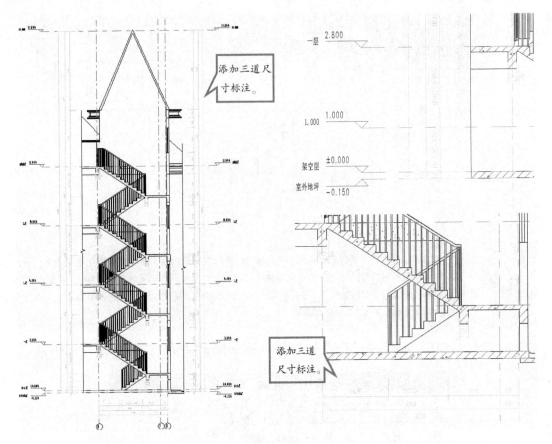

图 8 – 399

图 8 – 400

放置高程，如图 8 – 402 所示。

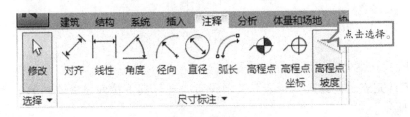

图 8 – 401

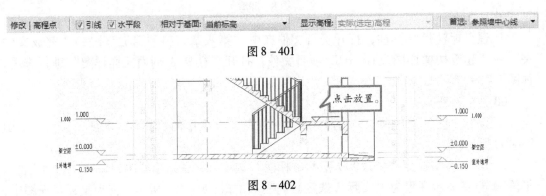

图 8 – 402

8.5.3　绘图视图

（1）绘图视图：

定义：使用绘图视图以创建不属于已建模设计的不关联、视图专有的详图，创建绘图视图以提供不属于建筑模型的详图，使用"注释"选项卡上的详图工具绘制详图。

在绘图视图中，可以按不同的视图比例（粗略、中等或精细）创建详图，并可使用二维详图工具：详图线、详图区域、详图构件、隔热层、参照平面、尺寸标注、符号和文字，这些工具与创建详图视图时使用的工具完全相同，绘图视图不显示任何模型图元，当在项目中创建绘图视图时，它将与项目一起保存。

打开资料文件夹中"第八章"→"第五节"→"练习文件夹"→"建筑绘图视图.rvt"项目文件，进行以下练习。

（2）创建绘图视图：单击打开"视图"选项卡，选择"创建"面板中的"📇绘图视图"，如图8－403所示。

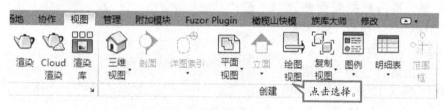

图8－403

（3）选择"绘图视图"工具后，Revit将会自动弹出"新绘图视图"对话框，在"名称"文本编辑框中，输入"屋顶屋脊大样"，修改比例为"1：20"，点击"确定"，完成所有操作，如图8－404所示，将会在项目浏览器中看到"视图（全部）"，绘图视图中会自动创建详图绘图视图，如图8－405所示。

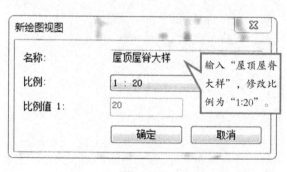

图8－404

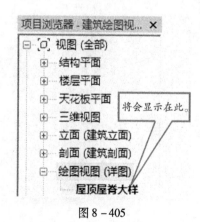

图8－405

（4）绘图视图属性：可以根据需要进行修改：比例、详细程度、可见性/图形替换、规程、视觉样式。可以根据需要，在"标识数据"中输入图纸上的标题。若没进行输入，Revit在图纸上的标题将会自动默认"视图名称"，如图8－406所示。

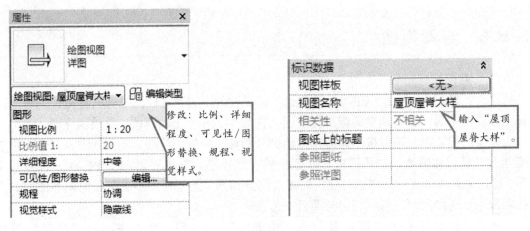

图 8 – 406

（5）编辑类型：点击"编辑类型"按钮，就会弹出"类型属性"对话框，可以根据需要修改"详图索引标记"，修改"参照标签"，如图 8 – 407 所示。

（6）点击选择"插入"选项卡，选择"导入 CAD"，Revit 将会弹出"导入 CAD 格式"对话框，切换至资料文件夹中"第八章"→"第五节"→"练习文件

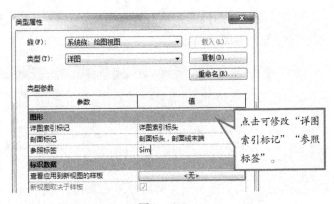

图 8 – 407

夹"→"详图大样"→"2"文件夹中选择"屋顶屋脊大样.dwg"项目文件，如图 8 – 408 所示。

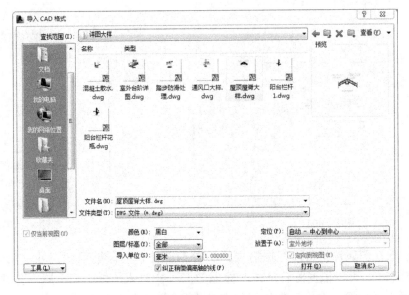

图 8 – 408

注意	点击修改"颜色"为"黑白", Revit 将会把导入的 dwg 图形文件中的颜色转换成黑白, 设置导入单位为"毫米", 点击打开按钮。

（7）点击打开按钮, Revit 将把 dwg 文件导入绘图视图, 放置在绘图视图中, 如图8 – 409 所示。

图 8 – 409

（8）带有详图索引符号创建绘图视图:

① 创建详图索引: 打开项目文件, 切换至"一层平面"平面视图中, 鼠标移动至楼梯位置, 删除此位置的范围框、参照平面, 切换至"视图"选项卡, 在"创建"面板中的"详图索引"的下拉列表中选择"□矩形", 如图8 – 410 所示。

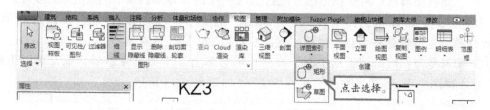

图 8 – 410

② 绘制区域: 点击"矩形"工具后, Revit 将会切换至"修改 | 详图索引"选项卡, 勾选选项栏中的"参照其他视图", 选择"新绘图视图", 如图8 – 411 所示。鼠标将会变成"十字光标"显示在视图中, 移动鼠标至一层腰线位置框选, Revit 将会创建详图索引符号, 如图8 – 412 所示。

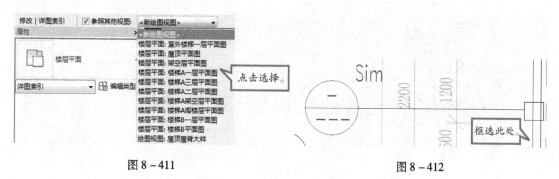

图 8 – 411　　　　　　　　　　　　　　　图 8 – 412

③ 双击详图索引符号，Revit 将会切换至绘图视图中，创建完成详图索引后，将会在项目浏览器中看到"视图（全部）"，绘图视图中会自动创建详图绘图视图，楼层平面中会自动创建并命名为"一层平面图 – 详图索引 1"，右击选择"重命名"，将会弹出"重命名视图"对话框，修改名称为"一层腰线详图大样"，点击"确定"完成所有操作，如图 8 – 413 所示。

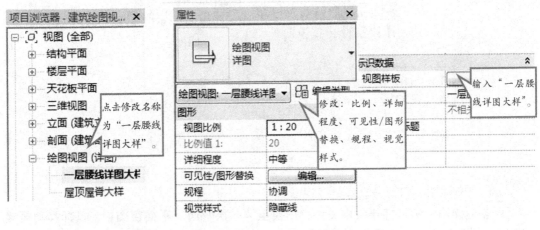

图 8 – 413　　　　　　　　　　　　图 8 – 414

④ 绘图视图属性：可以根据需要进行修改：比例、详细程度、可见性/图形替换、规程、视觉样式。可以根据需要在"标识数据"中输入图纸上的标题，若没进行输入，Revit 在图纸上的标题将会自动默认"视图名称"，如图 8 – 414 所示。

⑤ 编辑类型：点击"编辑类型"按钮，将会弹出"类型属性"对话框，可以根据需要修改"详图索引标记"，修改"参照标签"，如图 8 – 415 所示。

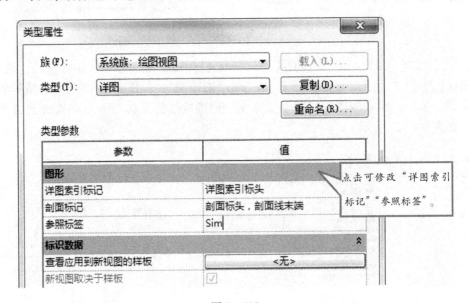

图 8 – 415

⑥ 导入 dwg 文件：对导入时的具体操作，可以参照上节内容，这里不进行讲解，在资料文件夹中"第八章"→"第五节"→"练习文件夹"→"详图大样"→"2"文件夹中选择"一层腰线详图大样.dwg"项目文件，dwg 文件导入绘图视图中，如图 8 – 416 所示。

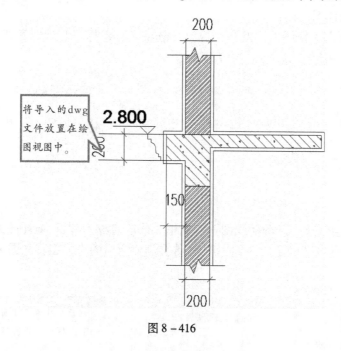

图 8 – 416

课后练习

1. 打开资料文件夹中"第八章"→"第五节"→"练习文件夹"→"建筑楼梯详图设计.rvt"项目文件，进行练习。

2. 创建各层的平面视图，进行详细标注，可以参考资料文件夹"完成文件夹"。

3. 打开资料文件夹中"第八章"→"第五节"→"练习文件夹"→"建筑绘图视图.rvt"项目文件，进行练习。

4. "练习文件"中的详图大样，全部放置完成，可以参考资料文件夹"完成文件夹"。

8.6 明细表统计

本节将对建筑门、窗大样详图进行创建，利用 Revit 中的图例工具，布置门窗大样详图；Revit 可以根据项目的需要，提取项目中的建筑构件、房间、注释等属性参数，以表格形式显示信息。明细表可以列出要编制图元类型的每个实例，或根据明细表的成组标准将多个实例压缩到一行中。在本节内容，我们将对如何创建门窗大样、如何创建门窗明细表进行详细讲解。

打开资料文件夹中"第八章"→"第六节"→"练习文件夹"→"建筑门窗详图大样.rvt"项目文件，进行以下练习。

8.6.1 创建门窗详图大样

（1）创建门详图大样：

① 创建门详图大样图例：点击"视图"选项卡，选择"创建"面板中的"图例"下拉列表中的"图例"，如图8-417所示。

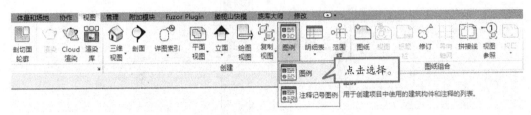

图8-417

② Revit 将会创建"新图例视图"对话框，修改名称为"门 窗详图大样"，设置"比例"为1：50，点击"确定"按钮，Revit 将会创建空白图例视图，如图8-418所示。

图8-418

③ 图例属性：在图例属性面板中，可以根据需要设置图例的视图比例，图例的详细程度，需要对图例的"可见性/图形替换"，在"标识数据"工具中可以根据项目的需要，设置"视图样板"，设置"视图名称"。在"图纸上的标题"进行编辑修改，如果不进行修改，Revit 将会默认"视图名称"的文本编辑框内容，如图8-419所示。

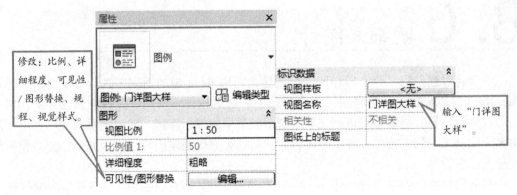

图8-419

④类型属性：点击"属性"面板中的"编辑类型"，Revit 将会自动弹出"类型属性"对话框，图例的类型属性，只对标识数据进行设置修改，可在属性面板中进行设置，也可以在"类型属性"中进行设置，如图 8 – 420 所示。

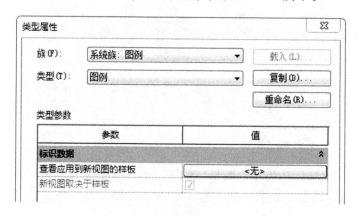

图 8 – 420

图 8 – 421

⑤导入图例图框：从资料文件夹中"第八章"→"第六节"→"练习文件夹"→选择"图例"文件夹中的"A2 门窗大样图例 1∶50. dwg"，选择"项目浏览器"中"族"→"门"→"双面嵌板玻璃门"→"PM – 2021"，点击选择将其拖动至视图的空白处，绘制完成。右击选择取消或按 Esc 键两次退出放置房间模式。

⑥门族在图例视图中的属性面板：可以根据项目需要，对族图形的视图方向、详图程度进行修改，标识数据也可以进行修改，如图 8 – 421 所示。

⑦选择门族，Revit 将会在上下文选项卡项目显示"选项栏"，选择族的视图为"立面：前"，如图 8 – 422 所示，将显示如图 8 – 423 所示的门族。

图 8 – 422

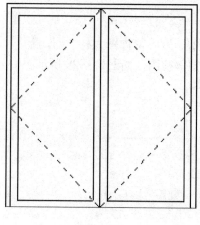

图 8 – 423

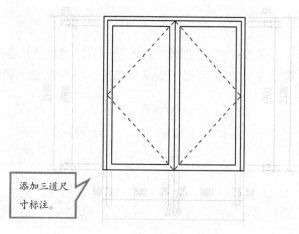

图 8 – 424

⑧ 尺寸标注：对门进行详细的尺寸标注。

点击"注释"选项卡，选择"尺寸标注"面板中的"对齐"工具，选择工具完成后，修改"拾取"工具设置，选择其下拉列表中的"单个参照点"，对门进行详细的尺寸标注，采用逐点标注，标注完成，利用移动工具，调整尺寸标注位置，如图8－424所示。

⑨ 载入符号标记族，从资料文件夹中"第八章"→"第六节"→"练习文件夹"→"符号－视图标题.rfa"项目文件，点击修改名称和比例，如图8－425所示。

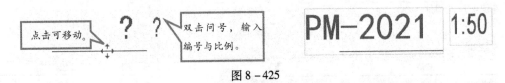

图8－425

⑩ 移动至图框下方的注释框，填写门的类型、数量、位置、编号，备注注释框，如果项目中有此类型的详图节点大样，需要标记其所在位置，点击"注释"选项卡，选择"文字"面板中的"文字"工具，进行注释，如图8－426所示。

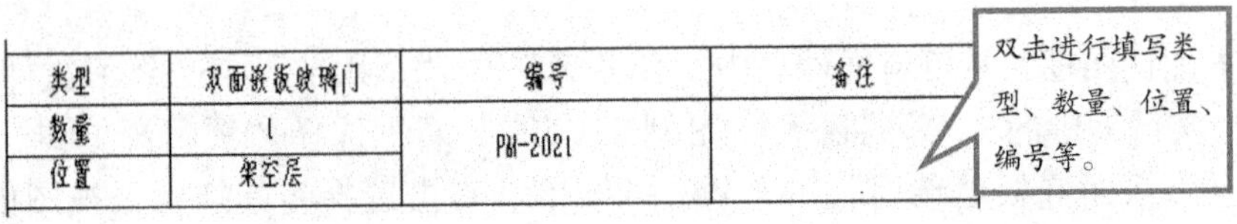

图8－426

（2）创建窗详图大样：

① 创建窗详图大样图例：点击"视图"选项卡，选择"创建"面板中的"图例"下拉列表中的" 图例"，如图8－427所示。

图8－427

② Revit将会创建"新图例视图"对话框，修改"名称"为"窗详图大样"，设置"比例"为1：50，点击"确定"按钮，Revit将会创建空白的图例视图，如图8－428所示。

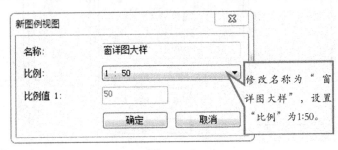

图8－428

③ 图例属性：在图例属性面板中，可以根据需要设置图例的视图比例，图例的详细程度，需要对图例的"可见性/图形替换"。在"标识数据"工具中，可以根据项目的需要，设置"视图样板"，设置"视图名称"。在"图纸上的标题"进行编辑修改，如果不进行修改，Revit 将会默认"视图名称"的文本编辑框内容，如图 8－429 所示。

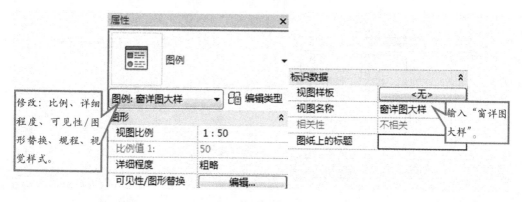

图 8－429

④ 类型属性：点击"属性"面板中的"编辑类型"，Revit 将会自动弹出"类型属性"对话框。图例的类型属性，只对"标识数据"进行设置修改，可在"属性"面板中进行设置，也可以在"类型属性"中进行设置，如图 8－430 所示。

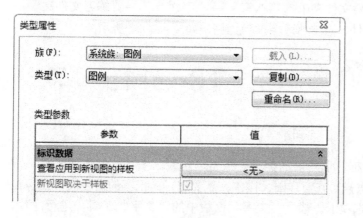

图 8－430　　　　　　　　　　　　　　　　图 8－431

⑤ 导入图例图框：从资料文件夹中"第八章"→"第六节"→"练习文件夹"→选择"图例"文件夹中的"A2 门窗大样图例 1：50. dwg"，移动鼠标，选择"项目浏览器"中"族"→"窗 TC－2115"→"TC－2115"，点击选择将其拖动至视图的空白处，绘制完成，右击选择取消或按 Esc 键两次退出放置房间模式。

⑥ 窗族在图例视图中的属性面板：可以根据项目需要，对族图形的视图方向、详图程度进行修改，标识数据也可以进行修改，如图 8－431 所示。

⑦ 选择窗族，Revit 将会在上下文选项卡项目显示"选项栏"，如图 8－432 所示，选择族的视图为"立面：后"，如图 8－433 所示。

⑧ 尺寸标注：对门进行详细的尺寸标注。

图 8-432

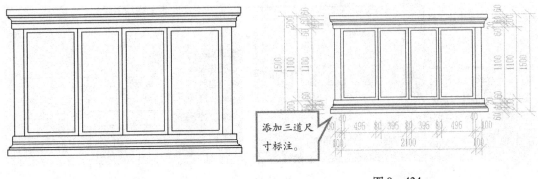

图 8-433　　　　　　　　　　　　　图 8-434

　　点击"注释"选项卡，选择"尺寸标注"面板中的"对齐"工具，选择工具完成后，修改"拾取"工具设置，选择其下拉列表中的"单个参照点"，对门进行详细的尺寸标注。采用逐点标注。标注完成，利用移动工具，调整尺寸标注位置，如图 8-434 所示。

　　⑨ 载入符号标记族，从资料文件夹中"第八章"→"第六节"→"练习文件夹"→"符号-视图标题.rfa"项目文件，点击修改名称和比例，如图 8-435 所示。

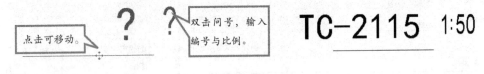

图 8-435

　　⑩ 移动至图框下方的注释框，填写窗的类型、数量、位置、编号，备注注释框，如果项目中有此类型的详图节点大样，在窗详图大样中，需要进行标记窗的窗台高，在备注进行注释说明，点击"注释"选项卡，选择"文字"面板中的"文字"工具，进行注释，如图 8-436 所示。

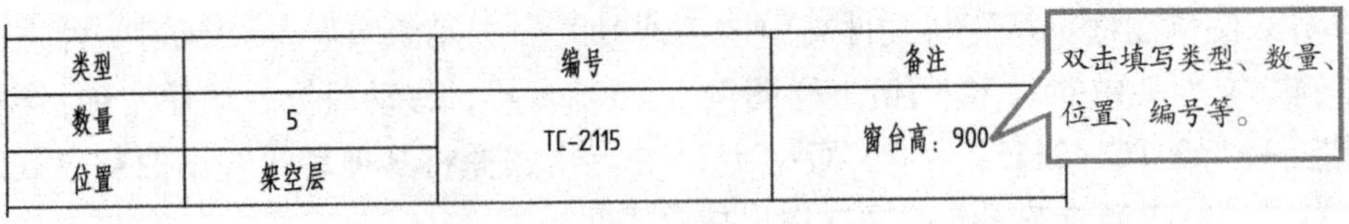

类型		编号	备注
数量	5	TC-2115	窗台高：900
位置	架空层		

图 8-436

　　（3）完成后的窗大样详图，如图 8-437 所示；窗详图大样，如图 8-438 所示。

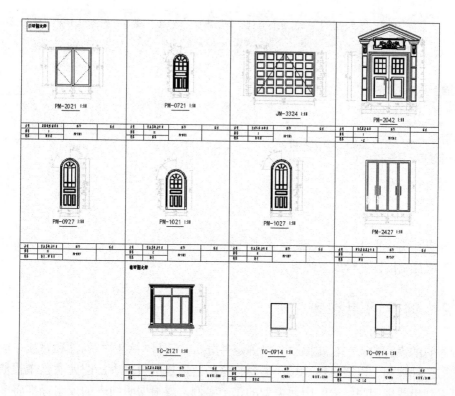

图 8 - 437

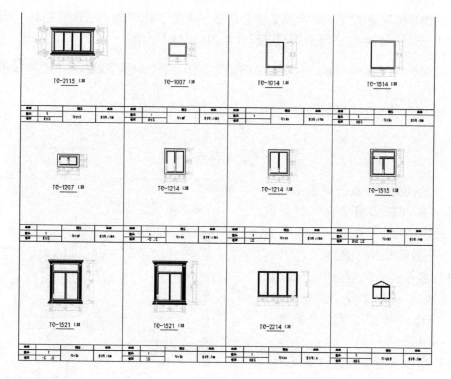

图 8 - 438

| 注意 | 图例也可以在项目浏览器进行创建，移动鼠标至项目浏览器中，选择"图例"，右击选择"新建图例……"，Revit 将会弹出"新图例视图"，如图 8 –439 所示。 |

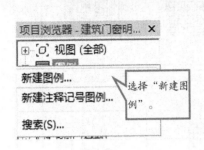
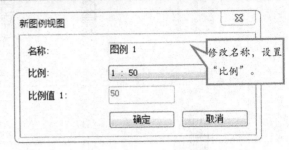

图 8 –439

打开资料文件夹中"第八章"→"第六节"→"练习文件夹"→"建筑门窗明细表.rvt"项目文件，进行以下练习。

8.6.2　创建门明细表

创建明细表、数量和材质提取，以确定并分析在项目中使用的构件和材质。明细表是模型的另一种视图，以表格形式显示信息，这些信息是从项目中的图元属性中提取的。明细表可以列出要编制明细表的图元类型的每个实例，或根据明细表的成组标准将多个实例压缩到一行中。

（1）创建门明细表：打开项目文件，点击"视图"选项卡，选择"创建"面板中的"明细表"下拉列表中的"明细表/数量"，如图 8 –440 所示。

图 8 –440

（2）选择类别：点击完成后，Revit 将会弹出"新建明细表"对话框，选择"过滤器列表"中的"建筑"，在"类别"下拉列表中，选择"门"，对话框中的名称将会随着选择更改名称"门明细表"，确定选择"建筑构件明细表"，点击"确定"，完成类别选择，如图 8 –441 所示。

（3）字段设置：点击"确定"完成后，Revit 将会弹出"明细表属性"对话框，对明细表属性进行设置，点击

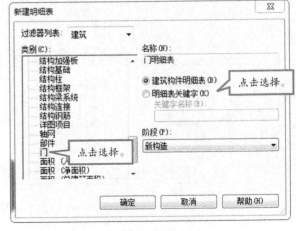

图 8 –441

"字段"选项栏,点击选择"可选的字段",再点击"添加"按钮,在"明细表字段(按顺序排列)(S)"选项中,将会出现添加的字段,点击下面的"上移"或"下移",Revit将会根据选择的字段,对字段进行上下移动,添加明细表字段有:族与类型、类型标记、宽度、高度、合计、注释,如图8-442所示。

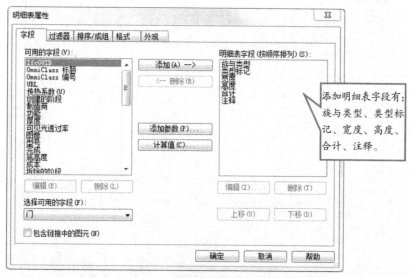

图8-442

> **注意** 选择明细表字段,下方的"上移""下移"将会高亮显示,说明可以进行操作。点击"<--删除"可对明细表字段进行修改移除。

(4)过滤器设置:"过滤器"选项中,可以通过选择"过滤条件"中的选项:类型标记、高度、宽度、注释,进行过滤,统计需要的构件,如果过滤添加为(无),Revit将会统计项目中所有的门构件,如图8-443所示。

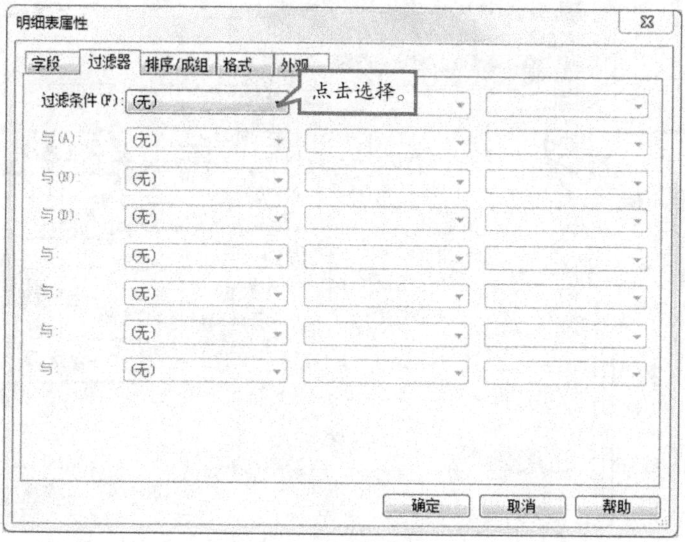

图8-443

（5）设置"排序/成组"：点击切换"排序/成组"选项，选择"排序方式"为"族与类型"（排序方式下拉列表中有：族与类别、高度、宽度、注释，均为添加的字段），点击"升序"，勾选"总计"选项，取消"逐项列举每个实例"选项，如图 8 – 444 所示。

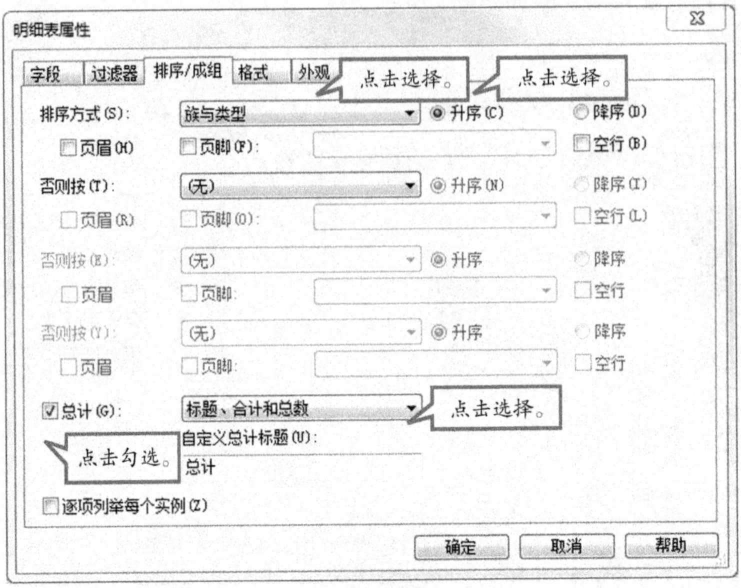

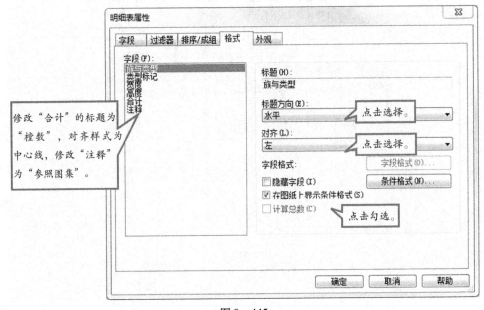

图 8 – 444

（6）设置格式：点击切换"格式"选项，点击字段中的字段，修改其标题名称、标题方向（下拉列表中有：水平、垂直，可以根据项目需要。进行选择设置）、对齐样式，可以对其设置字段格式，如图 8 – 445 所示。修改"合计"的标题为"樘数"，对齐样式为中心线（点击对齐字段下拉列表：左、右、中心线，进行选择），修改"注释"为"参照图集"。

图 8 – 445

（7）设置外观：点击切换"外观"选项，在"图形"选项中，勾选"网格线"，选择样式为细线；勾选"轮廓"，选择样式为细线；取消勾选"数据前的空行"，在"文字"选项中，勾选"显示标题""显示页眉"，修改"标题文本""标题""正文"的文字样式，如图 8-446 所示。

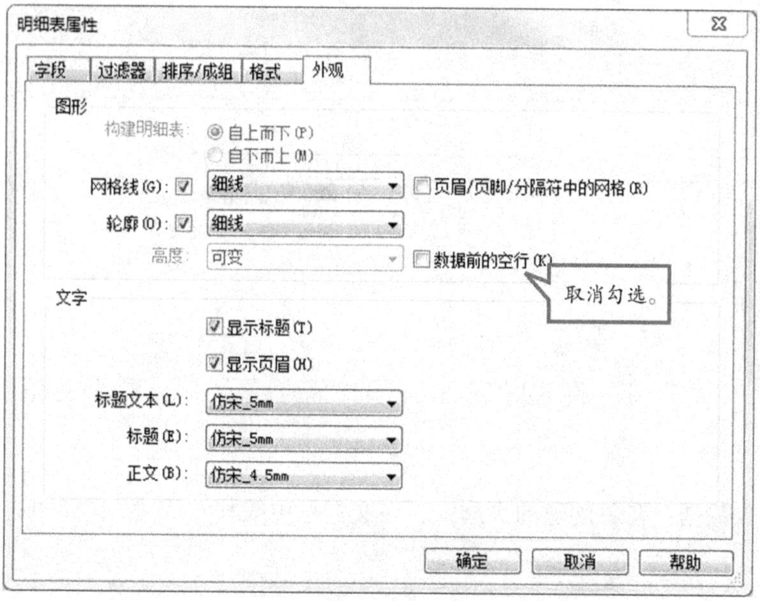

图 8-446

> **注意** 在明细表中进行修改的参数，其相应的图元将会发生更改；如果在明细表中删除构件，相应的图元也将会删除，在统计时需要谨慎操作。

（8）点击"确定"按钮，Revit 将会弹出"门明细表"视图，如图 8-447 所示。

<门明细表 >

A	B	C	D	E	F
族与类型	类型标记	宽度	高度	樘数	参照图集
双面嵌板玻璃门: PM-2021	PM-2021	2000	2100	1	
欧式门: 类型 1	PM-2042	2000	2500	1	
电动车库卷帘门: JM-3324	JM-3324	3300	2400	1	
硬木装饰开平门: PM-0721	PM-0721	700	2100	11	
硬木装饰开平门: PM-0927	PM-0927	900	2700	11	
硬木装饰开平门: PM-1021	PM-1021	1000	2100	2	
硬木装饰开平门: PM-1027	PM-1027	1000	2700	6	
阳台双扇双开平门: PM-242	PM-2427	2400	2700	4	
总计: 37					

图 8-447

（9）成组：将明细表中的"宽度"与"高度"合并成组，生成新的单元格，移动鼠标至明细表中的"宽度"与"高度"，点击"宽度"，并按住鼠标左键，拖动至"高度"，如图 8-448 所示。Revit 将会切换至"修改明细表/数量"选项卡，点击选择"标题和页眉"面板中的"成组"工具。

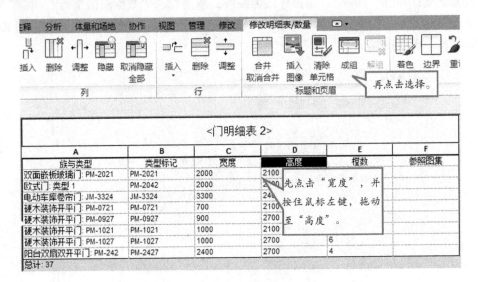

图 8 -448

（10）输入数据：在新创建的页眉中，在文本框中编写"尺寸"，如图 8 -449 所示。

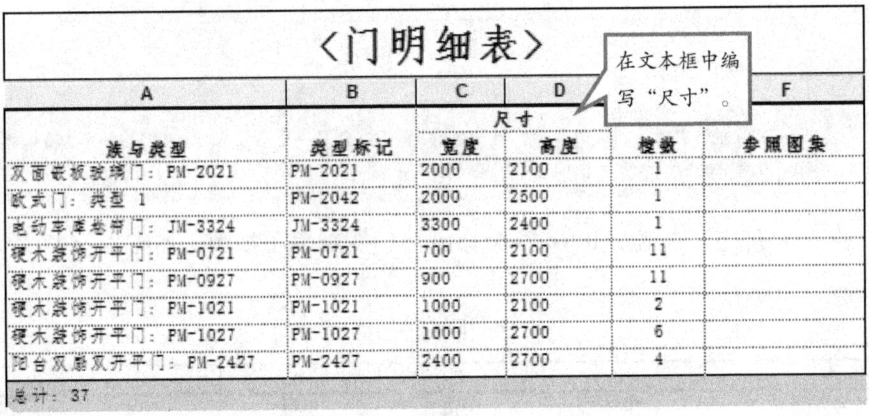

族与类型	类型标记	尺寸		樘数	参照图集
		宽度	高度		
双面嵌板玻璃门：PM-2021	PM-2021	2000	2100	1	
欧式门：类型 1	PM-2042	2000	2500	1	
电动车库卷帘门：JM-3324	JM-3324	3300	2400	1	
硬木装饰开平门：PM-0721	PM-0721	700	2100	11	
硬木装饰开平门：PM-0927	PM-0927	900	2700	11	
硬木装饰开平门：PM-1021	PM-1021	1000	2100	1	
硬木装饰开平门：PM-1027	PM-1027	1000	2700	6	
阳台双扇双开平门：PM-2427	PM-2427	2400	2700	4	
总计：37					

图 8 -449

（11）明细表属性：右击选择"属性"工具，在"标识数据"选项中，可以对其修改：视图样板、视图名称，如图 8 -450 所示。在"阶段化"选项中，可以通过修改过滤器、相位，显示其构件，在其他选项中，点击下方的工具的"编辑"按钮，都会切换至"明细表属性"对话框，可以根据项目需要进行修改，如图 8 -451 所示。

（12）明细表类型属性：点击"属性"面板中的"编辑类型"按钮，Revit 将会弹出"类型属性"对话框，在"类型参数"中，可以根据项目需要，修改其"标识数据"参数，如图 8 -452 所示。

图 8 - 450

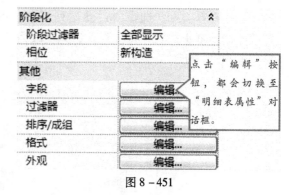

图 8 - 451

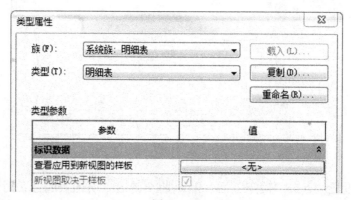

图 8 - 452

8.6.3 创建窗明细表

（1）创建窗明细表：移动鼠标至项目浏览器进行创建。移动鼠标至项目浏览器中，选择"明细表/数量"，右击选择"新建明细表/数量"，点击完成后，Revit 将会弹出"新建明细表"对话框，如图 8 - 453 所示。

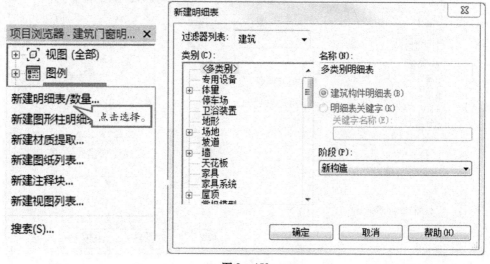

图 8 - 453

（2）选择类别：选择"过滤器列表"中的"建筑"，在"类别"下拉列表中，选择"窗"，对话框中的名称将会随着选择更改为"窗明细表"，点击"确定"，完成类别选择，如图8-454所示。

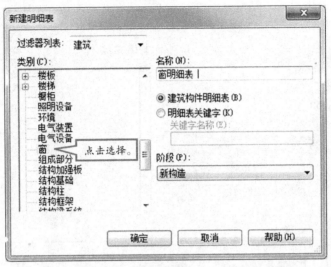

图 8 –454

（3）字段设置：点击"确定"后，Revit将会弹出"明细表属性"对话框，对明细表属性进行设置。点击"字段"选项栏，选择"可用的字段"，再点击"添加"按钮，在"明细表字段（按顺序排列）（S）"选项中，将会出现添加的字段，点击下面的"上移"或"下移"，Revit将会根据选择的字段，对字段进行上下移动。添加明细表字段有：族与类型、类型标记、宽度、高度、合计、注释，如图8-455所示。

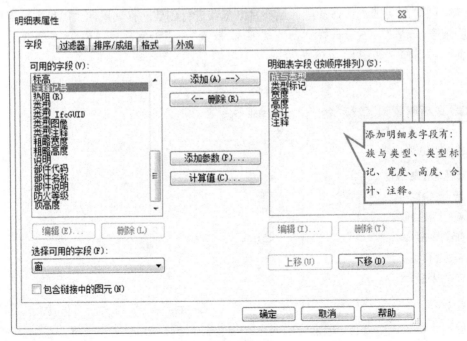

图 8 –455

注意	在窗明细表中，如果将项目的每个窗构件逐一进行列表，可将"标高""底高度"添加入明细表字段中；如果不逐一进行列表，不添加这两项。如果同时添加这两项，在"排序/成组"选项，勾选总计，在明细表显示时，将会出现一部分没显示。

（4）设置"排序/成组"：点击切换"排序/成组"选项，选择"排序方式"为族与类型（排序方式下拉列表中有族与类型、高度、宽度、注释，均为添加的字段），点击"升序"，勾选"总计"选项，取消"逐项列举每个实例"选项，如图 8 – 456 所示。

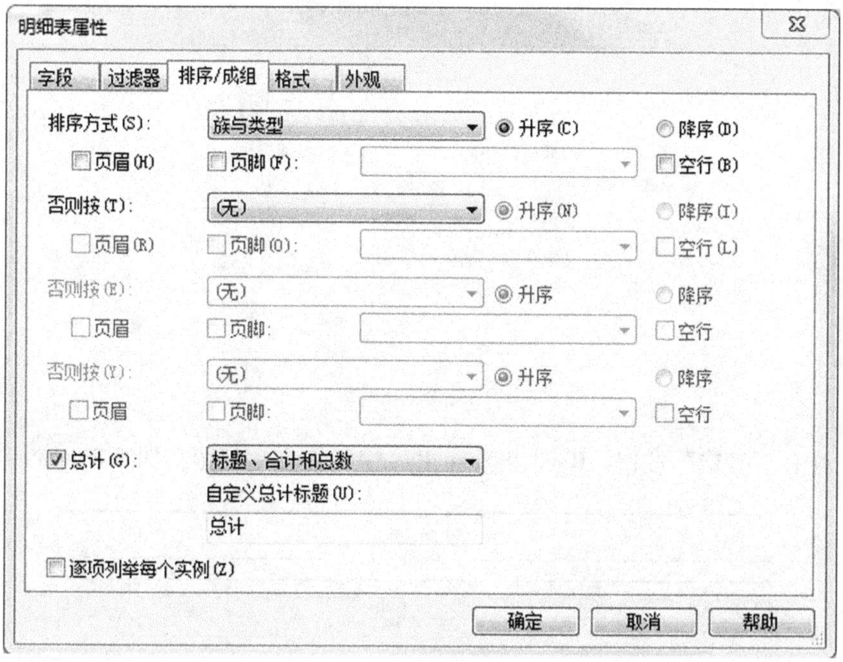

图 8 – 456

（5）设置格式：点击切换"格式"选项，点击"字段"中的字段，修改其"标题"名称、"标题方向"（下拉列表中有水平、垂直，可以根据项目需要，进行选择设置）、"对齐"样式，可以对其设置字段格式，如图 8 – 457 所示。修改"合计"的标题为"樘数"，对齐样式为中心线（对齐字段下拉列表有左、右、中心线，点击进行选择）；修改"注释"为"参照图集"。

（6）设置外观：点击切换"外观"选项，在"图形"选项

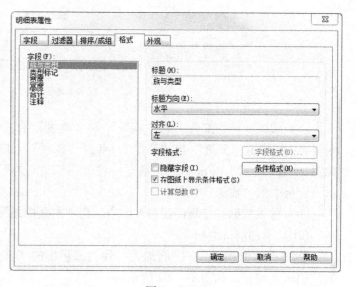

图 8 – 457

中勾选"网格线",选择样式为细线,勾选"轮廓",选择样式为细线,取消勾选"数据前的空行",在"文字"选项中,勾选"显示标题""显示页眉",修改"标题文本""标题""正文"的文字样式,如图8-458所示。

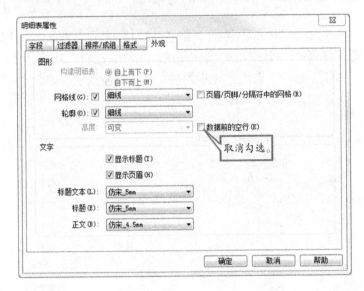

图 8 -458

(7)点击"确定"按钮,Revit将会弹出"窗明细表"视图,如图8-459所示。

族与类型	类型标记	宽度	高度	樘数	参照图集
A	B	C	D	E	F
TC-0914: 类型 1	TC-0914	900	1400	3	
TC-1014: TC-1007	TC-1007	1000	700	1	
TC-1014: TC-1014	TC-1014	1000	1400	4	
TC-1014: TC-1514	TC-1514	1400	1500	3	
TC-1207: TC-1207	TC-1207	1200	700	2	
TC-1214: TC-1214	TC-1214	1200	1400	6	
TC-1515: TC-1515	TC-1515	1500	1500	2	
TC-1521: TC-1521	TC-1521	1500	2100	3	
TC-2115: TC-2115	TC-2115	2100	1100	5	
TC-2214: TC-2214	TC-2214	2200	1400	1	
欧式双向双推拉: 欧	TC-2121	2100	2100	17	
老虎窗族: TC-老虎	TC-老虎窗	980	650	3	
总计: 50					

<窗明细表 >

图 8 -459

(8)成组:将明细表中的"宽度"与"高度"合并成组,生成新的单元格,移动鼠标至明细表中的"宽度"与"高度",点击"宽度",并按住鼠标左键,拖动至"高度",如图8-460所示。Revit将会切换至"修改明细表/数量"选项卡,点击选择"标题和页眉"面板中的"成组"工具。

(9)输入数据:在新创建的页眉中,在文本框中编写"尺寸",如图8-461所示。

(10)添加洞口面积:

① 选择编辑选项:在"明细表"属性面板中的"其他"选项,点击"字段"工具中的"编辑"按钮,如图8-462所示。

② 在设置计算值之前,需要确保计算值所需要的字段添加入明细表字段中,如果没添加,

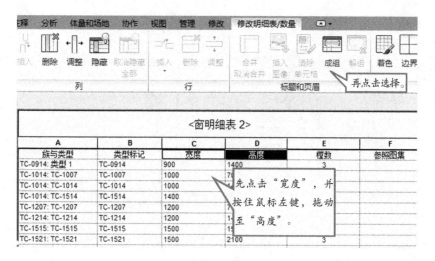

图 8 – 460

		尺寸			
A	B	C	D	E	F
族与类型	类型标记	宽度	高度	樘数	参照图集
TC-0914: 类型 1	TC-0914	900	1400	3	
TC-1014: TC-1007	TC-1007	1000	700	1	
TC-1014: TC-1014	TC-1014	1000	1400	4	
TC-1014: TC-1514	TC-1514	1400	1500	3	
TC-1207: TC-1207	TC-1207	1200	700	2	
TC-1214: TC-1214	TC-1214	1200	1400	6	
TC-1515: TC-1515	TC-1515	1500	1500	2	
TC-1521: TC-1521	TC-1521	1500	2100	3	
TC-2115: TC-2115	TC-2115	2100	1100	5	
TC-2214: TC-2214	TC-2214	2200	1400	1	
欧式双向双推拉: 欧	TC-2121	2100	2100	17	
老虎窗族: TC-老虎	TC-老虎窗	980	650	3	
总计: 50					

<窗明细表 >

图 8 – 461

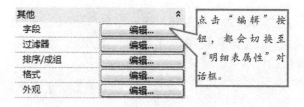

图 8 – 462

计算值的"字段"按钮弹出的"字段对话框"会没有可选字段,需要关闭"计算值"对话框,切换值"字段"选项,在"可用字段"中,添加项目所需要的明细表字段,如果可选字段中没有需要的字段,点击"字段"选项中的"添加参数",如图 8 – 463 所示。

注意 设置其参数数据、规程、参数类型、参数分组方式。

③ 添加计算值:选择"编辑"完成后,Revit 将会弹出"明细表属性"对话框,如图 8 – 464 所示。选择"计算值"按钮,Revit 将会弹出"计算值"对话框,如图 8 – 465 所示。

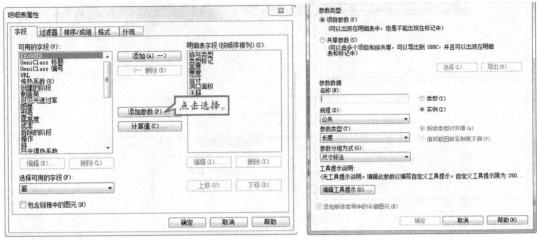

图 8 – 463

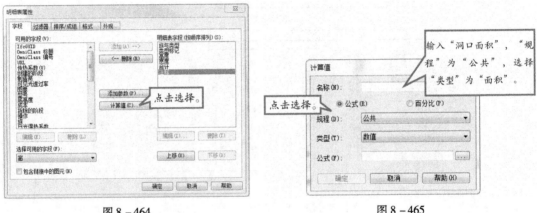

图 8 – 464   图 8 – 465

④ 设置计算值：点击名称文本编辑框，输入"洞口面积"，点击"公式"选项，点击选择"规程"为"公共"，选择"类型"工具为"面积"，输入"公式"为"高度＊宽度"，如图 8 – 466 所示。

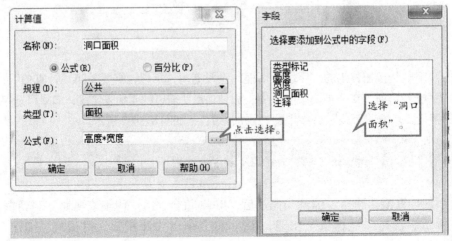

图 8 – 466

注意	在输入公式时，点击公式后面的"隐形字段"按钮，将会弹出"隐形字段"对话框，点击选择"高度"，点击"确定"按钮，再输入"＊"，再重复点击"隐形字段"按钮，点击选择"宽度"，点击"确定"按钮，完成公式编写。

⑤ 格式：修改其格式"对齐"样式为"中心线"，如图 8 - 467 所示。点击"字段格式 ..."按钮，将会弹出"格式"对话框，取消勾选"使用项目设置"，选择修改"单位"为"平方米"，修改"单位符号"为"m²"，点击"确定"，如图 8 - 468 所示。完成所有操作，如图 8 - 469 所示。

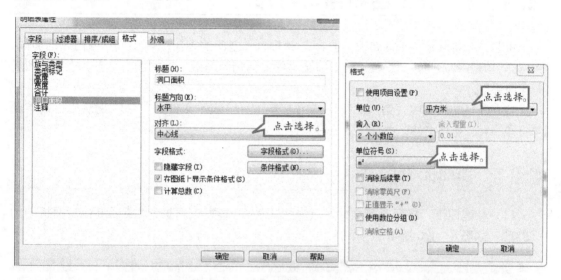

图 8 - 467　　　　　　　　　　　　　　　　图 8 - 468

〈窗明细表〉

A	B	C	D	E	F	G
		尺寸				
族与类型	类型标记	高度	宽度	楼数	洞口面积	参照图集
TC-0914: 共	TC-0914	1400	900	3	1.26 m	
TC-1014: TC-	TC-1007	700	1000	1	0.70 m	
TC-1014: TC-	TC-1014	1400	1000	4	1.40 m	
TC-1207: TC-	TC-1207	700	1200	2	0.84 m	
TC-1214: TC-	TC-1214	1400	1200	6	1.68 m	
TC-1014: TC-	TC-1514	1500	1400	3	2.10 m	
TC-1515: TC-	TC-1515	1500	1500	2	2.25 m	
TC-1521: TC-	TC-1521	2100	1500	3	3.15 m	
TC-2115: TC-	TC-2115	1100	2100	5	2.31 m	
欧式双同双框	TC-2121	2100	2100	17	4.41 m	
TC-2214: TC-	TC-2214	1400	2200	1	3.08 m	
老虎窗装: TC	TC-老虎窗	650	950	3	0.64 m	
总计: 50						

图 8 - 469

课后练习

1. 打开资料文件夹中"第八章"→"第六节"→"练习文件夹"→"建筑门窗详图

大样.rvt"项目文件，进行练习。

2. 打开资料文件夹中"第八章"→"第六节"→"练习文件夹"→"建筑门窗明细表.rvt"项目文件，进行练习。

3. 打开资料文件夹中"第八章"→"第六节"→"完成文件夹"→"建筑门窗详图大样.rvt""建筑门窗明细表.rvt"项目文件，进行查看。

8.7 施工图布图与打印

本节将会讲解施工图的布图与打印，对前面所创建的施工平面图、立面图、剖面图、大样详图等各种不同视图进行设计，将会学习如何创建图纸、添加图框、布置视图、图纸打印与导出。

打开资料文件夹中"第八章"→"第七节"→"练习文件夹"→"建筑施工图布图与打印.rvt"项目文件，进行以下练习。

8.7.1 创建图纸图框

（1）新建图纸：打开项目文件，点击"视图"选项卡，选择"图纸组合"面板中的"图纸"，如图8-470所示。

图8-470

> **注意** 新建图纸也可以通过选择"项目浏览器"中的"图纸"，右击选择"新建图纸"，如图8-471所示。

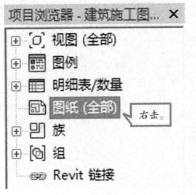
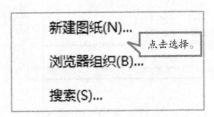

图8-471

（2）Revit 将会弹出"新建图纸"对话框，在"选择标题栏"中选择项目所需要的图纸图框，如图 8-472 所示。如果弹出的"新建图纸"对话框中"选择标题栏"下方没有显示图纸图框，需要点击"载入"按钮，载入项目所需要的图纸图框，如图 8-473 所示。

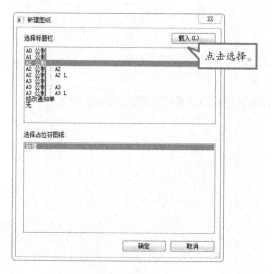

图 8-472

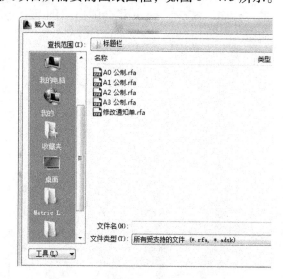

图 8-473

（3）选择完成后，Revit 将会在视图中弹出所载入的图框，在图纸的标题栏中输入信息。

（4）图纸属性。

① 图形：在创建放置完成的视图中，右击选择"属性"，将"图纸"的属性显示。在"图纸"属性面板中的"图形"选项中，可以根据项目的需要，对图纸的"可见性/图形替换"进行设置，点击后面的"编辑"按钮，将会弹出"图纸－可见性/图形替换"对话框，如图 8-474 所示。

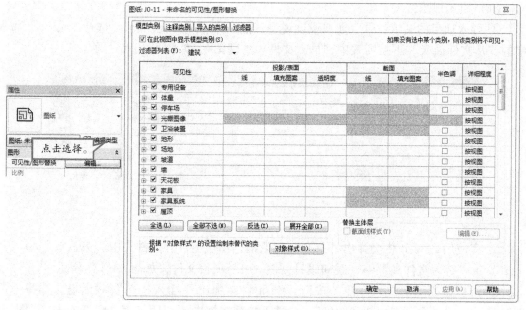

图 8-474

②标识数据：在"标识数据"选项中，可以对审核者、设计者、审图员、绘图员、图纸编号、图纸名称、图纸发布日期在其文本框中进行编辑，是否"显示在图纸列表中"（勾选或取消勾选文本框，即可进行操作）。图纸需要修订，点击"图纸上的修订"后面的"编辑"按钮，Revit将会弹出"图纸上的修订"对话框，查看修订内容，如图8-475所示。

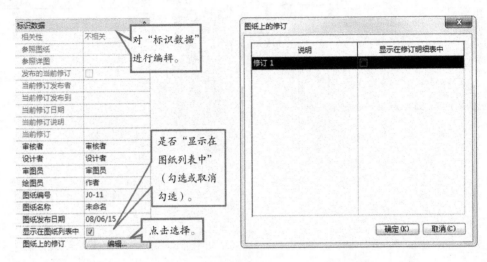

图 8-475

（5）类型属性：点击"属性"面板中的"编辑类型"，Revit将会弹出"类型属性"对话框，在图纸的类型属性中，Revit并没有需要修改的类型参数。

8.7.2 布置施工图

（1）插入视图：

① 导入项目的图纸目录、建筑设计说明，点击"插入"选项卡，选择"导入"面板中的"从文件插入"下拉列表中"插入文件中的视图"，如图8-476所示。

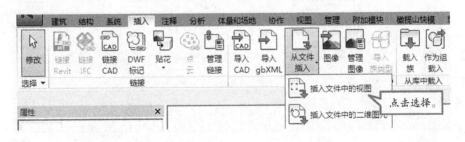

图 8-476

② 完成后，Revit将会弹出"打开"对话框，切换至资料文件夹中"第八章"→"第七节"→"练习文件夹"→"建筑设计说明.rvt"项目文件，如图8-477所示。

③ 选择完成，点击"打开"按钮，Revit将会弹出"插入视图"对话框，选择"视图"显示为"显示所有视图和图纸"，勾选下拉列表框中的"明细表：图纸列表""图纸：

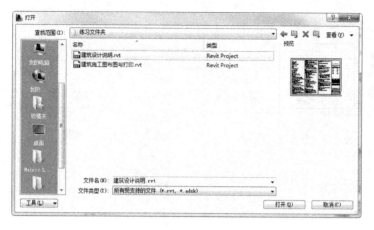

图 8 – 477

000 – 图纸目录""图纸：001 – 建筑设计说明"，也可点击下面的"选择全部"或"放弃全部"，如图 8 – 478 所示。

图 8 – 478

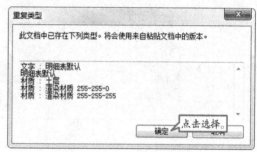

图 8 – 479

④ 点击"确定"，在载入时，会弹出"重复类型"提示框，点击"确定"即可，如图 8 – 479 所示。

（2）修改图纸：需要对导入的图纸进行修改，与传统的施工图的图纸编号、图纸名称相符合，点击"项目浏览器"中的"图纸（全部）"选项，点击前面的"十字符号"展开其下拉列表，双击选择"000 – 图纸目录"，将会打开"图纸目录"视图，移动鼠标至"属性"面板中，修改"图纸编号"为"建施 – 0"，如图 8 – 480 所示。

> **注意** 　用同样的方法，修改"建筑设计说明"的"图纸编号"为"建施 – 1"。在传统施工图中，图纸编号不能是"建施 – 0"，此处，只做讲解操作，制作施工图，必须将其修改。

（3）新建图纸：在"标识数据"中修改"图纸编号"为"建施 – 2"，修改"图纸名称"为"架空层平面图"，在"其他"中修改"序号"为"2"，修改"折合甲 1（为图纸目录中的'新旧图'）"为"0"，如图 8 – 481 所示。在"项目浏览器"中的"图纸（全部）"也将会同步更改，如图 8 – 482 所示。

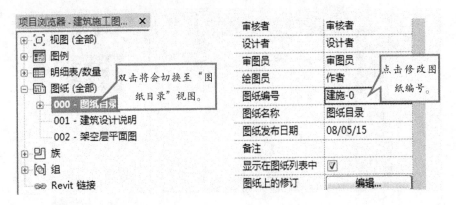

图 8 – 480

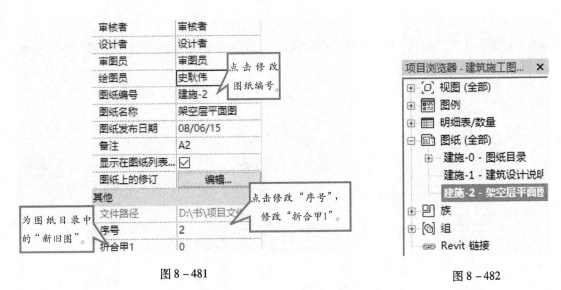

图 8 – 481

图 8 – 482

（4）放置图纸：点击"项目浏览器"中的"视图（全部）"，选择"楼层平面"中的"架空层平面图"，点击鼠标不放，将其拖至图纸空白处，图纸将会以"蓝色"方框附着在鼠标上，如图 8 – 483 所示。移动至图纸合适位置，点击"确定"，如图 8 – 484 所示。

> **注意** 点击平面图时，如果平面图显示裁剪平面，将会在平面图显示蓝色方框，可点击平面图，Revit 将会切换至"视口"属性面板，在"范围"选项中，取消勾选"裁剪区域可见"，如图 8 – 485 所示。

（5）修改视图标题：

① 载入视图标题：点击"插入"选项卡，选择"从库中载入"面板中的"载入族"工具，如图 8 – 486 所示。

Revit 将会弹出"载入族"对话框，切换至资料文件夹中"第八章"→"第七节"→"练习文件夹"→"建筑施工图 – 视图标题 . rfa"项目文件，如图 8 – 487 所示。点击打开，完成族载入。

② 选择视图标题：点击图纸中的视图标题，Revit 将会切换至"视口"属性面板，点

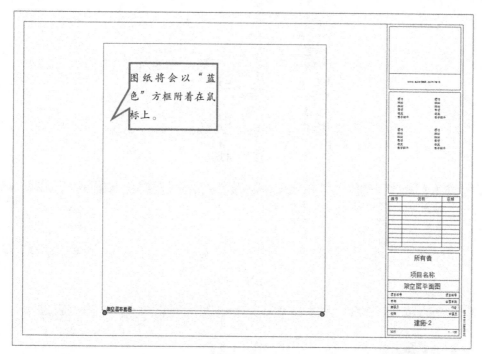

图 8 - 483

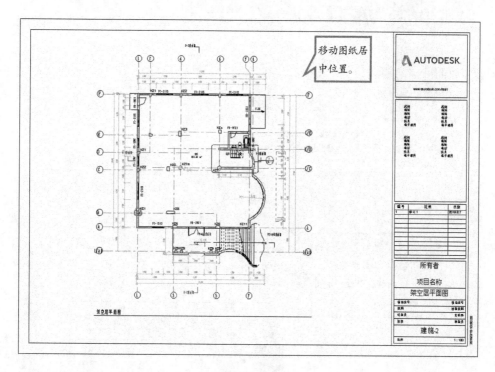

图 8 - 484

击"编辑类型"按钮，Revit 将会弹出"类型属性"对话框，如图 8 - 488 所示。

③ 复制标题类型：点击"类型属性"对话框中的"复制"按钮，修改其名称为"建筑施工图 - 视图标题"，点击修改"标题"为"建筑施工图 - 视图标题"，点击取消"显

图 8 – 485

图 8 – 486

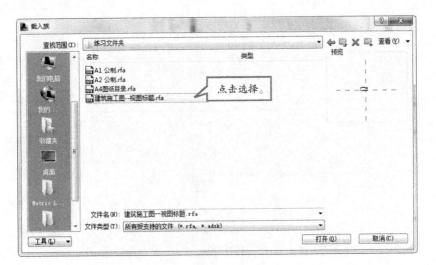

图 8 – 487

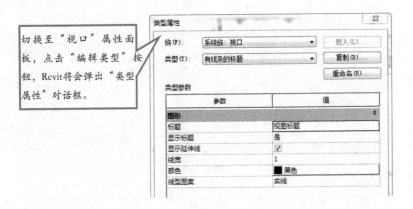

图 8 – 488

示延伸线"，选择"线型图案"为实线，如图 8 – 489 所示。

图 8 – 489

④ 点击完成，图纸中的视图标题将会发生改变，点击视图中的平面图，其更改的视图标题才会显示，如图 8 – 490 所示。

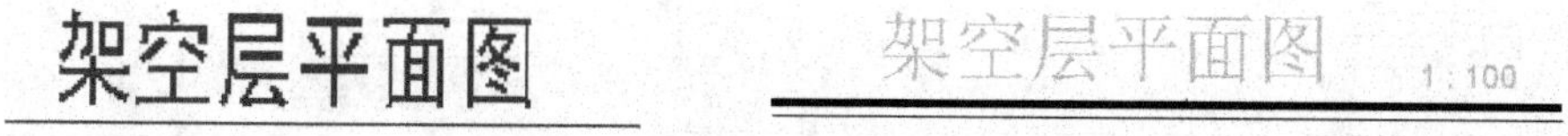

架空层平面图　　　　架空层平面图　　　1：100

图 8 – 490

⑤ 移动视图标题：点击视图标题将会变成蓝色，移动至视图标题，视图标题将会出现"移动"符号，点击拖动视图标题至图纸的中间。

⑥ 添加施工图的文字注释：点击"注释"选项卡，如图 8 – 491 所示。选择"文字"面板中的"文字"工具，输入施工图注释，如图 8 – 492 所示。

图 8 – 491

（6）放置详图施工图：载入施工详图标题，切换至资料文件夹中"第八章"→"第七节"→"练习文件夹"→"建筑详图 – 视图标题.rfa"项目文件，将视图标题载入项目中。

① 新建图纸：详图需要 A0 图框，详图比例为 1：40，将详图大样拖至图纸中。

② 修改视图标题：点击视图标题，点击"视口"属性面板中的"编辑类型"按钮，如图 8 – 493 所示，将会弹出"视口"类型属性，点击"复制"按钮，修改名称为"建筑施工详图"，修改"类型参数"中"图形"选项中"标题"参数为"详图标题：视图名称 – 完整符号"，如图 8 – 494 所示。

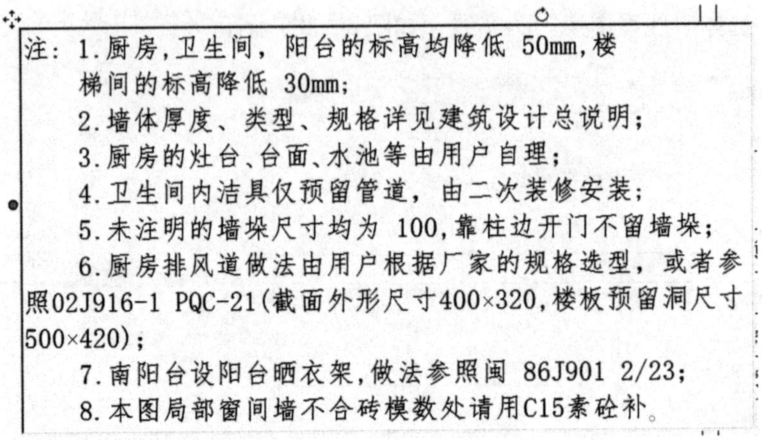

注：1.厨房,卫生间,阳台的标高均降低 50mm,楼
　　梯间的标高降低 30mm;
　　2.墙体厚度、类型、规格详见建筑设计总说明;
　　3.厨房的灶台、台面、水池等由用户自理;
　　4.卫生间内洁具仅预留管道,由二次装修安装;
　　5.未注明的墙垛尺寸均为 100,靠柱边开门不留墙垛;
　　6.厨房排风道做法由用户根据厂家的规格选型,或者参
照02J916-1 PQC-21(截面外形尺寸400×320,楼板预留洞尺寸
500×420);
　　7.南阳台设阳台晒衣架,做法参照闽 86J901 2/23;
　　8.本图局部窗间墙不合砖模数处请用C15素砼补。

图 8 - 492

图 8 - 493

图 8 - 494

③ 完成修改视图标题之后，视图中表示的详图符号表达的意思，如图8-495所示。

（7）放置名称明细表：创建图纸为A3 图纸，切换至选择"项目浏览器"中的"明细表/数量"，选择"门明细表"与"窗明细表"，点击拖拽至图纸中，如图 8-496 所示。

在图纸中点击明细表，会出现控制列表宽度柄（▼），点击拖动其控制符号，左右拉拽可以控制明细表列宽在图纸中的宽度。

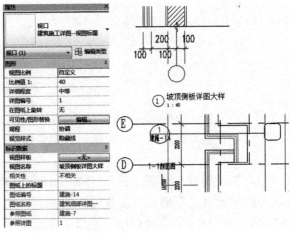

图 8 - 495

图 8－496

| 注意 | 建筑施工图将会在书的附录中，在创建图纸时，可以查看书中资料文件夹附带建筑原有 dwg 文件。 |

8.7.3　设置项目信息

（1）选择项目信息：点击"管理"选项卡，选择"设置"面板中"项目信息"工具，如图 8－497 所示。

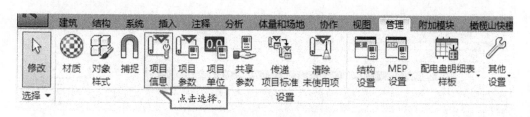

图 8－497

（2）Revit 将会弹出"项目属性"对话框，根据项目的要求，进行填写，如图 8－498 所示。

8.7.4　图纸修订

（1）修订追踪是在发布图纸之后对建筑模型所做的修改过程的记录，可以使用云线批注、标记和明细表追踪修订。

（2）添加修订：切换项目文件至"架空层平面图"，点击"视图"选项卡，选择"图纸组合"面板中的"修订"工具，如图 8－499 所示。

（3）Revit 将会弹出"图纸发布/修订"对话框，点击对话框中的"添加"按钮，创建新的修订信息，如图 8－500 所示。

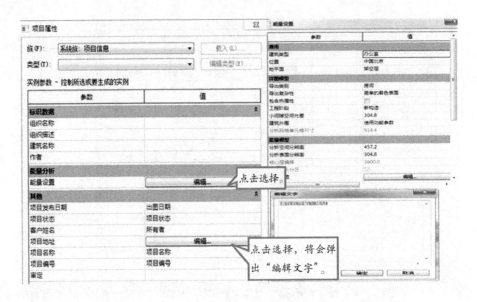

图 8 – 498

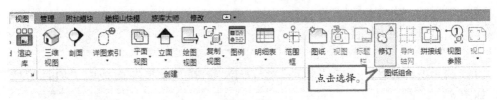

图 8 – 499

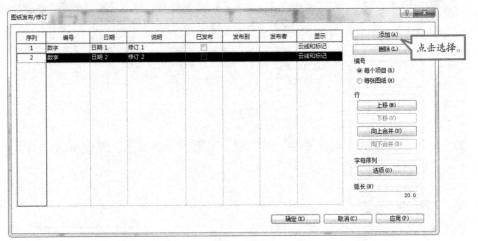

图 8 – 500

（4）绘制云线修订：点击"确定"，完成创建新的修订。点击"注释"选项卡，选择"详图"面板中的"云线批注"，如图 8 – 501 所示。

（5）点击完成后，Revit 将会自动切换至"修改|创建云线批注草图"选项卡，选择"绘制"面板中的绘制工具进行绘制，在选项栏中，可以输入"偏移量"与"半径"进行绘制，如图 8 – 502 所示。

图 8 - 501

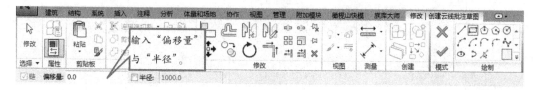

图 8 - 502

① 云线批注属性：在属性对话框中，设置其修订选项，如图 8 - 503 所示。

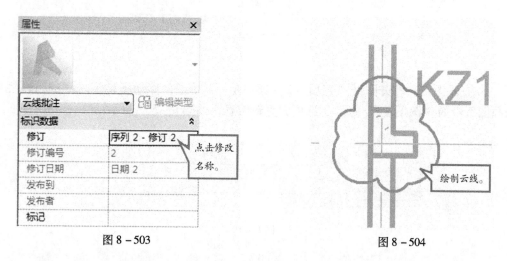

图 8 - 503   图 8 - 504

② 绘制云线：选择绘制工具为直线，绘制云线，如图 8 - 504 所示。绘制完成，点击选择"模式"面板中的"完成"工具，完成所有操作。

③ 点击云线标注：Revit 将会自动切换至"修改｜云线批注"选项卡，在"修改｜云线批注"选项栏中，修改其"修订"为"序列 1 - 修订 1"，如图 8 - 505 所示。批注属性中的"修订"也将会发生更改。

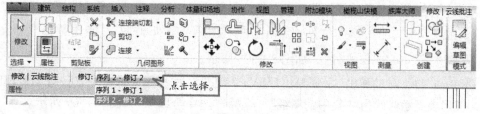

图 8 - 505

④ 修改分布：切换至"视图"选项卡，选择"图纸组合"面板中的"修订"工具，Revit 将会自动弹出"图纸发布/修订"对话框，在序列 1 栏中，点击"日期"选项修改其

日期，点击"发布到"文本框中，编写"结构专业"，点击"发布者"文本框，编写"建筑师"，点击勾选"已发布"，点击完成，Revit 中的"发布到"与"发布者"将会暗显，表示已经完成修改，点击"确定"，完成修改，如图 8-506 所示。

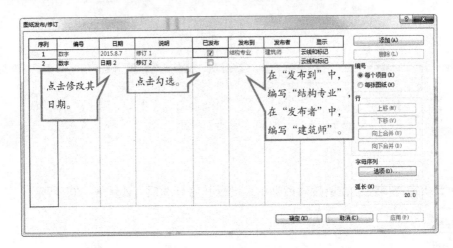

图 8-506

⑤ 查看图纸：打开图纸"建施-2-架空层平面图"，移动图纸至右侧的标题栏中，选择图纸中的"图纸发布/修订"选项，更新信息，如图 8-507 所示。

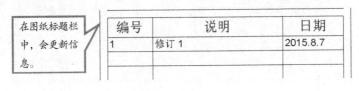

图 8-507

8.7.5 图纸打印与导出

图纸布置完成，可以对图纸进行打印或是导出，将项目文件中的图纸导出需要的 dwg 文件。

（1）最佳做法：打印（快捷键：Ctrl + P），打印不采取此做法。

① 打印之前，确保已安装最新版本的打印机驱动程序，可向打印机的生产厂商咨询。

② 生成 dwf 文件或 dwfx 文件：点击"　应用程序菜单按钮"，点击选择"导出"选项，选择"　dwf/dwfx 文件"，如图 8-508 所示。

③ Revit 将会自动弹出"dwf 导出设置"对话框，选择修改导出为"任务中的视图/图集"，按列表显示修改为"集中的图纸"，选择"选择全部"，如图 8-509 所示。

④ 点击"dwf 导出设置"对话框中的"dwf 属性"，选择"打印设置"按钮，将会弹出"打印设置"对话框，如图 8-510 所示。

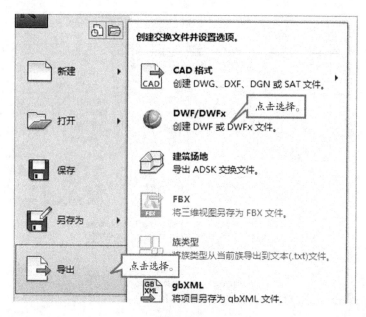

图 8 – 508

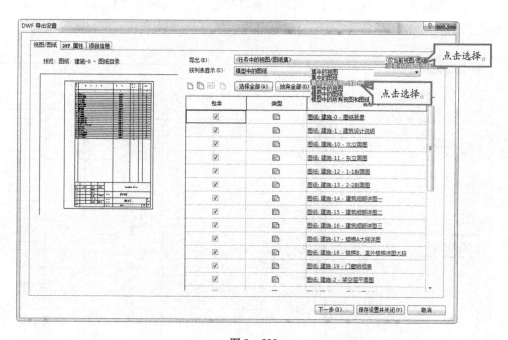

图 8 – 509

　　⑤ 点击选择其名称，点击"另存为…"。点击"纸张"选项，修改其尺寸大小，设置其图纸的方向，修改其方向为"纵向"或"横向"，只需点击方向选项墙的按钮即可，设置其"页面位置"，修改其"外观"选项，光栅质量、颜色，点击选项下需要隐藏的内容、基本默认的，可以根据需要进行修改设置。

　　（2）图纸打印。

　　"打印"工具可打印当前窗口、当前窗口的可见部分或所选的视图和图纸，可以将所需的图形发送到打印机，打印为 PRN 文件、PLT 文件或 PDF 文件。

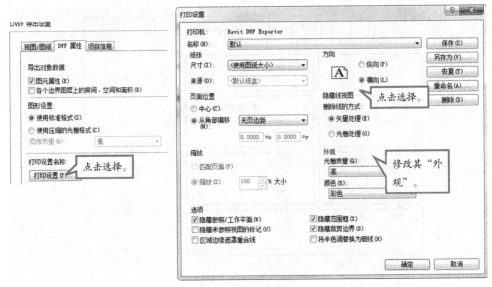

图 8 – 510

① 打开项目文件，点击 （应用程序菜单按钮），将鼠标移动至"打印"，视图框中会显示"打印""打印预览""打印设置"选项，如图 8 – 511 所示。

编号	图 纸 名 称	图 号	实际张数	新旧图	附注
1	2	3	4	5	6
0	图纸目录	建施-0	1	0	A4
1	建筑设计说明	建施-1	1	0	A2
2	架空层平面图	建施-2	1	0	A2
3	一层平面图	建施-3	1	0	A2
4	二层平面图	建施-4	1	0	A2
5	三层平面图	建施-5	1	0	A2
6	阁楼层平面图	建施-6	1	0	A2
7	屋顶层平面图	建施-7	1	0	A2
8	南立面图	建施-8	1	0	A2
9	西立面图	建施-9	1	0	A2
10	北立面图	建施-10	1	0	A2
11	东立面图	建施-11	1	0	A2
12	1-1剖面图	建施-12	1	0	A2
13	2-2剖面图	建施-13	1	0	A2
14	建筑细部详图一	建施-14	1	0	A0
15	建筑细部详图二	建施-15	1	0	A0
16	建筑细部详图三	建施-16	1	0	A0
17	楼梯A大样详图	建施-17	1	0	A1
18	楼梯B、室外楼梯详图大样	建施-18	1	0	A1
19	门窗细表	建施-19	1	0	A3
20	门窗详图大样	建施-20	1	0	A2
21	窗详图大样	建施-21	1	0	A2
22	架空层平面图例	建施-22	1	0	A2
23	一层剖面图例	建施-23	1	0	A2
24	二层平面图例	建施-24	1	0	A2
25	三层平面图例	建施-25	1	0	A2
			26		

图 8 – 511   图 8 – 512

② 本项目的图纸图框打印图布在图纸目录中的"附注"列表中，在打印时进行参照，如图 8 – 512 所示。

③ 打印选项：点击"打印"选项，Revit 将会自动弹出"打印"对话框，选择打印机名称为"Foxit reder PDF Printer"，如图 8 – 513 所示。

④ 打印机属性：点击打印机中的"属性"，Revit 将会自动弹出"Foxit reder PDF Printer"对话框，点击"布局"选项，点击"自定义页面尺寸"，将会弹出"自定义页面

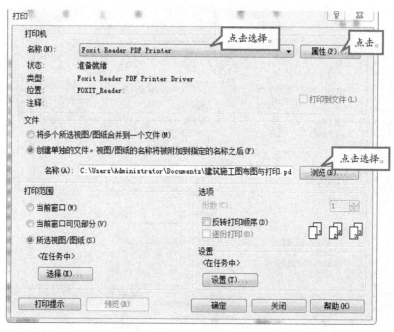

图 8 – 513

大小"对话框,选择"添加"按钮,将会弹出"添加/编辑自定义页面尺寸"对话框,设置 A0、A1 图纸,创建完成,点击"确定"三次,完成设置,如图 8 – 514 所示。

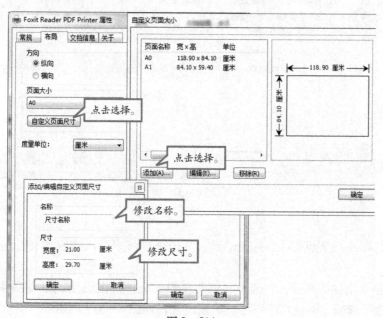

图 8 – 514

⑤ 打印设置:点击选择"打印设置"选项,Revit 将会自动弹出"打印设置"对话框,点击"另存为..",将会弹出"新建"对话框,修改名称为"A0 图纸打印",修改尺寸为 A0。如果打印为黑白色,点击"外观"选项中的"光栅质量"选择为"高",通常情况下,打印颜色为黑白,选择颜色为黑白线条,如图 8 – 515 所示。

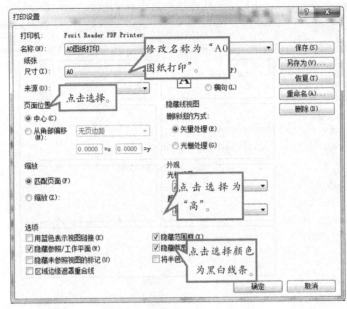

图 8 –515

注意　Revit 中的图例图纸，需要修改颜色为彩色。打印的图纸大小，需要进入"打印设置"对话框修改其打印机的类型，在项目中，需要创建 A0、A1、A2、A3、A4 图纸打印，创建时点击"另存为…"，修改名称，点击"确定"，每次创建都会弹出"保存设置"对话框，点击"是"即可，如图 8–516 所示，纸张的尺寸必须对应。

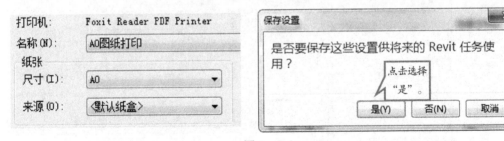

图 8 –516

⑥ 文件：

　　a. 如果打印需要全部文件合并在一起，则选择"将多个所选视图/图纸合并到一个文件"。

　　b. 如果创建单独的文件，则选择"创建单独的文件，视图/图纸的名称将被附加到指定的名称之后"选项，彩色打印则可以单独设置，如图 8–517 所示。

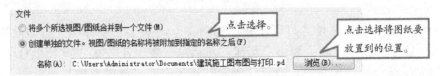

图 8 –517

⑦ 打印范围：打印图纸，可以在"打印范围"选项中选择"当前窗口""当前窗口可见部分""所选视图/图纸"，当选择"所选视图/图纸"，下方的〈在任务中〉的"选择"按钮将会高亮显示。在本工程中，由于图纸图框不相同，选择"所选视图/图纸"，点击"选择"按钮，Revit 将会自动弹出"视图/图纸集"对话框，取消勾选"视图"选项，选择将要打印的图纸，对其进行勾选，按照图 8 – 518 所示，对图纸大小进行勾选，再返回"设置"面板进行设置，如图 8 – 518 所示。

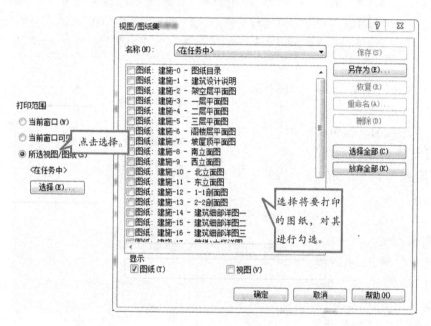

图 8 – 518

⑧ 选项：在"选项"选项栏中，可设置"份数"，"反转打印顺序"或是"逐份打印"，如图 8 – 519 所示。

图 8 – 519

⑨ 预览：在打印之前，可以对其进行预览，查看打印是否正确，点击预览，Revit 将会自动弹出"预览"框，可以进行查看。

⑩ 点击"确定"，Revit 将会打印需要打印的图纸。

（3）导出其他格式文件。

导出选定的视图和图纸或整个建筑模型为其他不同格式，以在其他软件中使用。

① Revit 支持导出为以下文件格式：

a. DWG（绘图）格式是 AutoCAD 和其他 CAD 应用程序所支持的格式。

b. DXF（数据传输）是一种许多 CAD 应用程序都支持的开放格式。DXF 文件是描述二维图形的文本文件。由于文本没有经过编码或压缩，因此 DXF 文件通常很大。如果将 DXF 用于三维图形，则需要执行某些清理操作，以便正确显示图形。

  c. SAT 是用于 ACIS 的格式，它是一种受许多 CAD 应用程序支持的实体建模技术。

  d. DGN 是受 Bentley Systems, Inc. 的 MicroStation 支持的文件格式。

注意	如果在三维视图中使用其中一种导出工具（点击 ![应用程序菜单按钮] （应用程序菜单按钮）选择"导出"中的"CAD 格式"），则 Revit 会导出实际的三维模型，而不是模型的二维表示。要导出三维模型的二维表示，则需把三维视图添加到图纸中并导出图纸。然后可以在 AutoCAD 中打开该视图的二维版本。

  处于 Revit 查看器时，不能导出为 CAD 格式。

  ② 导出 CAD（DWG）文件：打开项目文件，点击 ，选择"导出"中的"CAD 格式"中的"DWG"，如图 8 – 520 所示，

  ③ DWG 导出对话框：点击"DWG"工具，Revit 将会自动弹出"DWG 导出"对话框，如图 8 – 521 所示。

  ④ DWG 导出设置：在"选择导出设置"中，选择

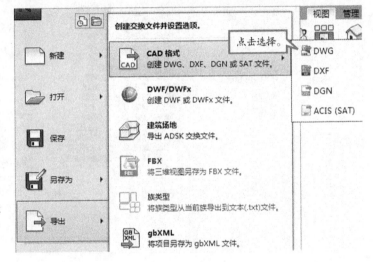

图 8 – 520

"修改导出设置"按钮，Revit 将会自动切换至"修改 DWG/DXF 导出设置"对话框，如图 8 – 522 所示。

  a. 层：可以设置其"层"选项。

  设置"导出图层选项"："按图层"导出类别属性，并"按图元"导出替换；"按图层"导出所有属性，但不导出替换；"按图层"导出所有属性，并创建新图层用于替换。在此修改为"按图层"导出所有属性，并创建新图层用于替换，如图 8 – 523 所示。

  设置根据标注加载图层：映射标准载入图层设置有美国建筑师学会（AIA）、ISO 标准 13567、新加坡标准 83、英国标准 1192，从以下文件加载设置。如果没有合适的标准，点击选择"从以下文件加载设置"，在弹出的载入对话框，选择标准，载入项目中，如图 8 – 524所示。

  可以在层类别中设置其投影、截面。

  b. 线：

  设置线型比例：其下拉列表中有图纸空间、模型空间、比例线型定义，在此的线型比例，选择图纸空间，如图 8 – 525 所示。

  设置加载 DWG 线型：可以修改 Revit 线条图案映射到 DWG 内的线型，如图 8 – 526 所示。

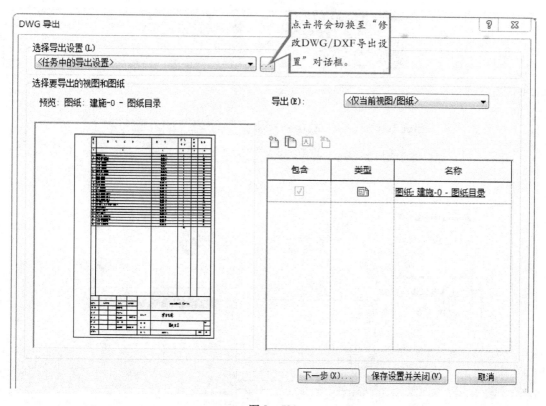

图 8 – 521

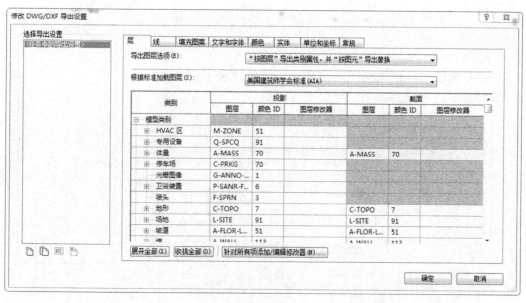

图 8 – 522

图 8 – 523

图 8－524

图 8－525

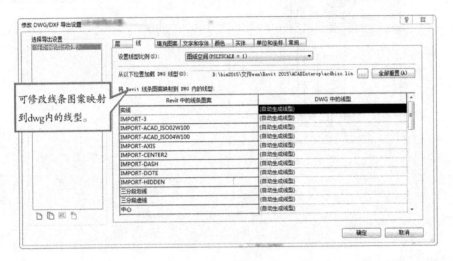

图 8－526

修改填充图案：在填充图案选项中，设置模型导出图纸 dwg 中的填充图案，如图 8－527所示。

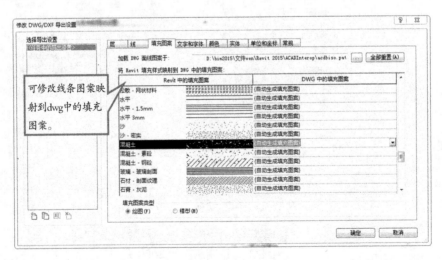

图 8－527

设置文字和字体：在 Revit 中的文字，导出到 dwg 中的文字字体，在下拉列表中进行设置，如图 8-528 所示。

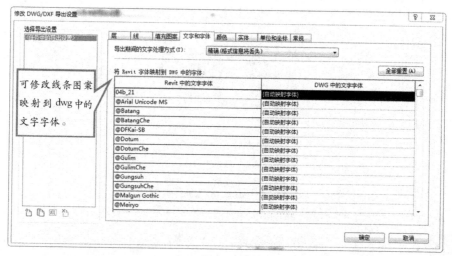

图 8-528

颜色：在选项卡中有两种：索引颜色、真彩色，如图 8-529 所示。

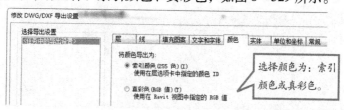

图 8-529

实体：将实体导出（仅适用于三维视图）有两种：多边形网格、ACIS 实体，如图 8-530 所示。

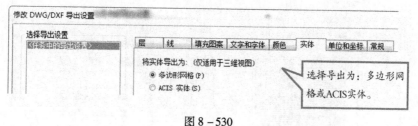

图 8-530

单位和坐标：设置"一个 DWG 单位是"和"坐标系基础"，如图 8-531 所示。

点击"常规"选项，设置其导出 CAD 的版本，需要隐藏的图元，如图 8-532 所示。

（4）点击"确定"将会关闭"修改 DWG/DXF 导出设置"对话框，切换至"DWG 导出"对话框，点击选择"导出"选项，选择"〈任务中的视图/图纸集〉"，选择"按列表显示"中的"模型中的图纸"，点击下方的"选择全部"，如图 8-533 所示。

（5）设置完成，点击"下一步"，Revit 将会切换至"导出 CAD 格式-保存到目录文件夹"对话框，点击取消"将图纸上的视图和链接作为外部参照导出"，如图 8-534 所示。

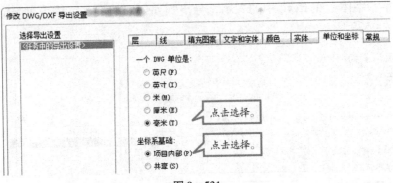

图 8 – 531

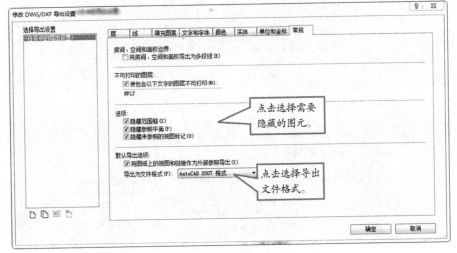

图 8 – 532

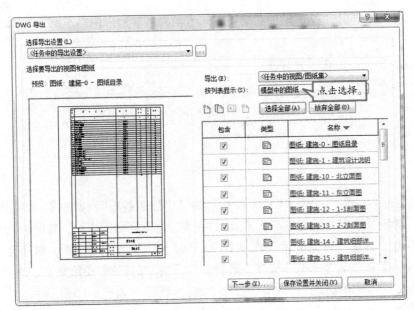

图 8 – 533

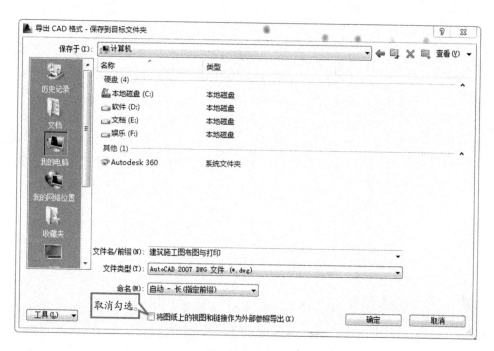

图 8 – 534

课后练习

1. 打开资料文件夹中"第八章"→"第七节"→"练习文件夹"→"建筑施工图布图与打印.rvt"项目文件,进行练习。

2. 给项目创建图纸图框。

3. 将项目视图布置在图纸中。

4. 设置项目信息。

5. 将施工图图纸打印与导出。

第9章

综合应用

课程概要：

本章将学习 Revit 的部分综合应用，主要包括设计表现和协同工作两部分。其中设计表现主要分为渲染和漫游两点，而协同工作则主要包括链接模型及工作集的设定等。根据项目设计的需要，对其进行创建。如何利用模型的渲染设置输出实际项目需要的图像？如何利用渲染输出的图像和制作的漫游动画来实现实际项目的设计表达？在和其他人的协同工作中如何通过软件优势提升团队效率？

课程目标：

- 了解渲染的基本设置。
- 如何渲染输出图像？
- 如何制作漫游动画？
- 协同工作的基本流程。

9.1 设计表现

通常建筑设计项目在接近完成的时候都会对项目进行照片级渲染，以观察方案的情况，设计师和业主可及时查找可能出现的问题并进行处理。而在 Revit 中无需借助其他软件就可以得到真实的外观效果，我们只需要在渲染之前为各个构件赋予材质，Revit 就可以帮助我们得到逼真的渲染效果。

9.1.1 设定材质的渲染外观

前文提到过，在 Revit 中无需借助其他软件就可以得到真实的外观效果，而且无需对材质进行过多的参数设置，因为 Revit 本身就提供了内容丰富的材质库，并且这些材质还都针对建筑设计师进行了优化。

（1）关于材质。

材质控制模型图元在视图和渲染图像中的显示，请单击"管理"选项卡"设置"面板中的"材质"，如图 9-1 所示。

图 9-1

打开"材质浏览器"对话框，查找并管理图元的材质。使用材质可以指定以下信息：图形、外观、隔热、物理，如图 9-2 所示。

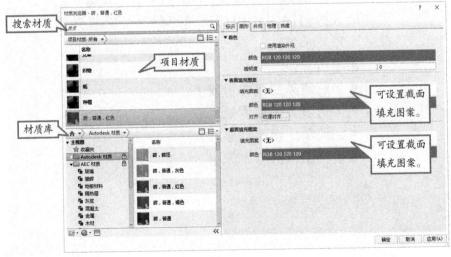

图 9-2

材质会定义下列内容：

① 控制材质在未渲染图像中的外观的图形特性，如：

a. 在着色项目视图中显示的颜色；

b. 图元表面显示的颜色和填充样式；

c. 剪切图元时显示的颜色和填充样式。

② 有关材质的标识信息，如说明、制造商、成本和注释记号。

③ 在渲染视图、真实视图或光线追踪视图中显示的外观。

④ 用于结构分析的物理属性。

⑤ 用于能量分析的热属性。

（2）将材质应用到图元。

将材质应用到图元以提供建筑模型的真实可视化效果，或提供可在分析和建立明细表中使用的信息，可根据模型图元的类别或子类别对其应用材质，例如，可以为门类别指定一种材质，然后为门的子类别指定不同材质，例如为门板指定玻璃材质。

① 在项目中，单击"管理"选项卡"设置"面板中的"对象样式"，如图9-3所示。

图9-3

② 在"模型对象"选项卡或"导入对象"选项卡上，在类别或子类别对应的"材质"列中单击。

③ 在"材质"列中单击，如图9-4所示。

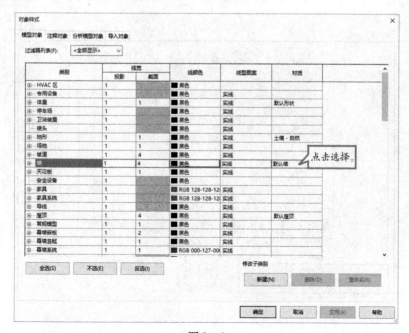

图9-4

④ 在材质浏览器中，选择一种材质，然后单击"应用"，如图9-5所示。

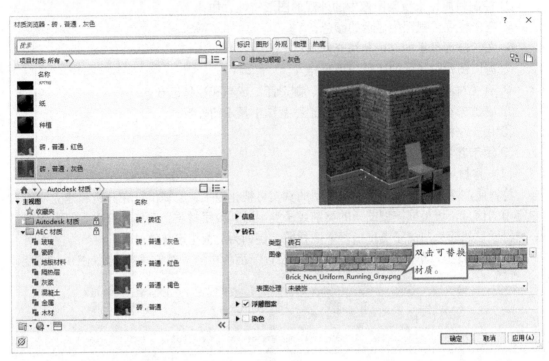

图9-5

⑤ 要退出"对象样式"对话框，请单击"确定"，在项目视图中选定类别或子类别的所有图元均显示应用的材质，如图9-6所示。

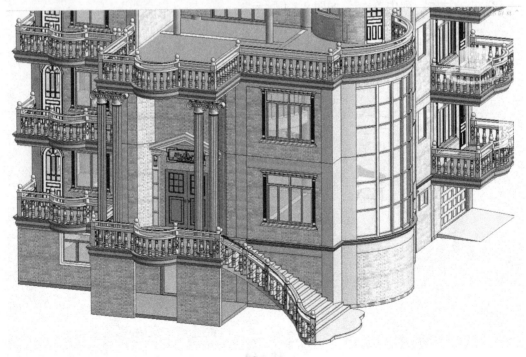

图9-6

（3）修改材质的外观。

① 修改渲染外观属性：若要更改项目中材质的外观属性，可以在"材质浏览器"的"材质编辑器"面板中修改"外观"选项卡上的选项，此信息用于控制材质在渲染中的显示方式。

在材质浏览器中选中需要修改的材质，在材质编辑器中执行如下操作：

a. 修改材质外观的预览，如图9-7所示。

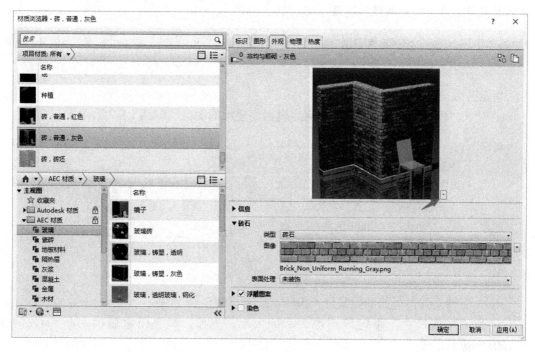

图9-7

在"外观"选项卡顶部，单击样例图像旁边的下拉箭头，然后从列表中选择所需的缩略图，该预览是材质的渲染图像，Revit渲染预览场景时，更新预览需要花费一段时间，下图修改"球体"的渲染图像，如图9-8所示。

图9-8

b. 更改预览的渲染质量，单击样例图像旁边的下拉箭头，到列表底部选择"草稿""中等"或"产品级质量"。

c. 更改外观属性：根据需要更改此选项卡上显示的属性值，可用属性取决于材质类型，外观属性会影响渲染图像所需的时间。

② 为渲染外观指定图像文件：可以指定一个图像文件为渲染外观定义独特的颜色、设计、填充图案、纹理或凹凸贴图，可以在材质浏览器的"材质编辑器"面板的"外观"选项卡中指定该文件及其显示属性（如旋转和样例大小）。

提示	如果渲染外观的设计或纹理比较复杂，可能会增加渲染图像所需的时间。建议不要引入超过10KB的图像。

指定图像文件：

a. 对于"图像"，单击为打开纹理编辑器而显示的图像，如图9-9所示。

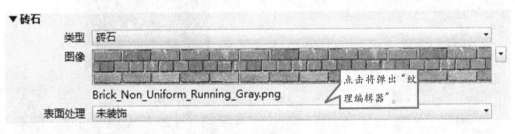

图9-9

Revit 支持下列类型的图像文件：BMP、JPG、JPEG 和 PNG。

b. 为"样例尺寸"指定该图像表示的大小，例如，如果图像表示 100 mm，请输入 100。

c. 在"位置"下，为"旋转"指定沿顺时针方向旋转的角度；可输入介于 0 和 360 之间的值，或使用滑块。

d. 如果指定图像文件来定义自定义颜色，请为"亮度"指定一个值；"亮度"是一个乘数，因此值为 1.0 时亮度将无变化。如果指定 0.5，则图像亮度减半。

e. 要反转图像，请单击"反转"：对于定义颜色的图像，选择"反转"可反转图像中的浅色和深色；对于定义纹理的图像，选择"反转"可反转纹理填充图案的高点和低点。

f. 为纹理属性，例如"装饰凹凸"和"凹凸填充图案"指定"数量"值。该值指表面不规则性程度，输入 0 可使表面平整，输入更大的值可增大表面不规则性的程度，如图 9-10 所示。

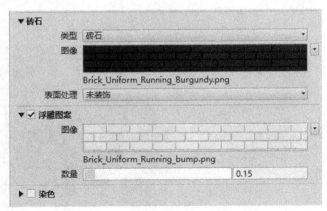

图9-10

9.1.2 渲染视图设置

在 Revit 中渲染三维视图前，可以先定义控制照明、曝光、分辨率、背景和图像质量的设置，如有需要，也可以使用默认设置来渲染视图，默认设置经过智能化设计，可在大多数情况下得到令人满意的结果。

一般渲染设置的工作流程：

（1）打开"渲染"对话框，定义要渲染的视图区域，如图 9-11 所示。

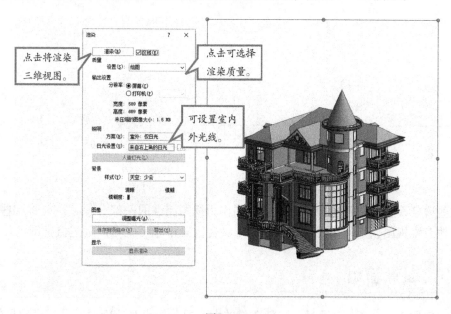

图 9-11

（2）在"渲染"对话框的"质量"下，指定渲染质量。在"输出"下，指定下列各项。

① 分辨率：要为屏幕显示生成渲染图像，请选择"屏幕"。要生成供打印的渲染图像，请选择"打印机"。

② DPI：在"分辨率"是"打印机"时，请指定要在打印图像时使用的 DPI（每英寸点数。如果该项目采用公制单位，则 Revit 会先将公制值转换为英寸，再显示 DPI 或像素尺寸）。选择一个预定义值，或输入一个自定义值。

③ "宽度""高度"和"未压缩的图像大小"字段会更新以反映这些设置。

（3）在"照明"下，为渲染图像指定照明设置；在"背景"下，为渲染图像指定背景。

指定单色，如图 9-12 所示。使用天空和云指定背景，如图 9-13 所示。指定自定义图像，如图 9-14、图 9-15 所示。

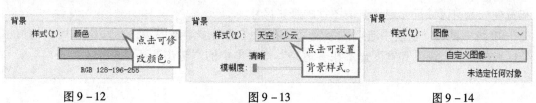

图 9-12   图 9-13   图 9-14

（4）（可选）为渲染图像调整曝光设置。

如果您知道要使用的曝光设置，则可以对其进行设置，否则请稍等以观察当前渲染设置的效果。如果需要，请在渲染图像之后调整曝光设置，如图9-16所示。

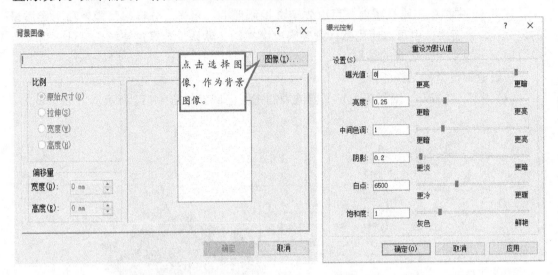

图9-15　　　　　　　　　　　　　　　图9-16

这些渲染设置与特定的视图相关，它们作为视图属性的一部分保存。要将这些设置应用于其他三维视图，请使用视图样板，在定义完渲染设置后，可以创建渲染图像。

9.1.3　图像输出

当您使用 Revit 渲染工具时，渲染图像的大小或分辨率对渲染时间具有可预见的影响；"图像精确度（反失真）"设置会以相似的方式影响渲染时间，图像尺寸、分辨率或精确度的值越高，生成渲染图像所需的时间就越长。

（1）增大图像分辨率的影响。

如果将图像分辨率翻倍，而不修改其他设置，渲染时间可能会增加 2～4 倍（渲染时间可增加 1.9～3.9 倍不等，具体取决于渲染的图像的复杂程度，渲染时间是原来图像的渲染时间的两倍）。如果将图像分辨率翻两番，则每次翻倍增加分辨率都会使渲染时间增加 2.7 倍。

（2）检查图像尺寸。

定义要渲染的视图区域时，请检查图像尺寸是否适当和合理，如果指定了非常大的图像尺寸，渲染速度可能会非常慢。

① 裁剪区域：在使用裁剪区域定义要渲染的视图区域时，可以指定裁剪区域的高度和宽度，裁剪区域尺寸定义渲染图像的纸张尺寸。

② 渲染区域：在使用渲染区域定义要在正交视图中渲染的视图区域时，可以拖拽渲染区域的边界，高度和宽度显示在"渲染"对话框中的"输出"下。

9.1.4　云渲染和导出渲染

（1）关于 Autodesk 360 中的云渲染。

使用 Autodesk Subscription，用户可以使用 Autodesk 360 中的渲染（使用选定 Autodesk 产品）从任何计算机上创建真实照片级的图像和全景。

若要使用 Autodesk 360 渲染 Revit 的图像，请单击"视图"选项卡"图形"面板（在云中渲染），然后按照说明进行操作。使用"渲染库"工具查看和下载已完成的图像，如图 9 – 17 所示。

图 9 – 17

打开 Autodesk Cloud 对话框，选择需要渲染的三维视图并进行渲染设置，然后单击"开始渲染"按钮，此时软件会将项目文件上传到云端服务器进行渲染。渲染所需时间根据项目情况而定，总的来说速度会大大快于本地渲染，如图 9 – 18 所示。

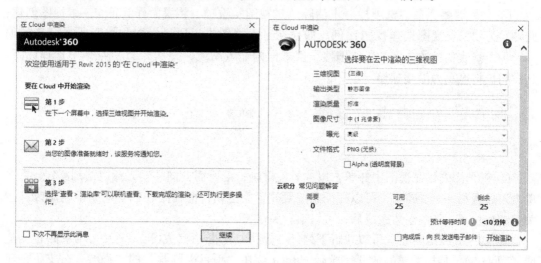

图 9 – 18

（2）导出到其他软件渲染。

在 Revit 中无须借助其他软件就可以得到真实的外观效果，而且无需对材质进行过多的参数设置，因为 Revit 本身就提供了内容丰富的材质库，并且这些材质还都针对建筑设计师进行了优化；但是，根据项目的需要也可以导出到其他软件中进行渲染。

9.1.5　漫游动画

在 Revit 中，漫游动画是指沿着定义的路径移动相机而生成的动画。这里的路径由帧和关键帧组成；而关键帧是指可在其中修改相机方向和位置的可修改帧；默认情况下，漫游创建为一系列透视图，但也可以创建为正交三维视图。

（1）创建漫游路径：创建漫游路径的步骤。

① 打开要放置漫游路径的视图：通常情况下，此视图为平面视图，但是您也可以在其他视图（包括三维视图、立面视图及剖面视图）中创建漫游。

② 单击"视图"选项卡，点击"创建"面板中的"三维视图"下拉列表（漫游），如图 9 – 19 所示。

图 9 – 19

③ 如果需要，在"选项栏"上清除"透视图"选项，将漫游作为正交三维视图创建；此外，为该三维视图选择视图比例。如果在平面视图中，通过设置相机距所选标高的偏移，可以修改相机的高度；在"偏移"文本框内输入高度，并从"自"菜单中选择标高。这样相机将显示为沿楼梯梯段上升，如图 9 – 20 所示。

| 修改 \| 漫游 | ☑ 透视图 | 比例: 1 : 100 | | 偏移量: 1750.0 | 自 一层 | |

图 9 – 20

④ 将光标放置在视图中并单击以放置关键帧；沿所需方向移动光标以绘制路径。再次单击以放置另一个关键帧。可以在任意位置放置关键帧，但在路径创建期间不能修改这些关键帧的位置。路径创建完成后，可以编辑关键帧。

⑤ 要完成漫游路径，可以执行下列任一操作：单击"完成漫游"、双击结束路径创建或 按 Esc 键。相机关键帧放置完成后，Revit 会在"项目浏览器"的"漫游"分支下创建漫游视图，并为其指定名称"漫游 1"，如图 9 – 21 所示。

（2）编辑漫游。

① 使用"项目浏览器"来编辑漫游路径 ，如图 9 – 22 所示。

在项目浏览器中，在漫游视图名称上单击鼠标右键，然后选择"显示相机"。要移动整个漫游路径，请将该路径拖拽至所需的位置，也可以使用"移动"工具。若要编辑路径，请单击"修改 | 相机"选项卡"漫游"面板中的"编辑漫游"。

可以从下拉菜单中选择要在路径中编辑的控制点，控制点会影响相机的位置和方向，

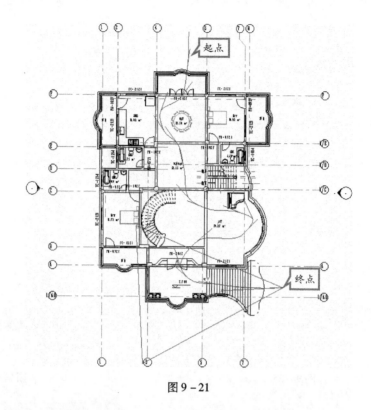

图 9 - 21

将相机拖拽到新帧，选择"活动相机"作为"控制"，如图 9 - 23 所示。

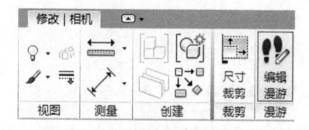

图 9 - 22

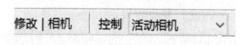

图 9 - 23

沿路径将相机拖拽到所需的帧或关键帧。相机将捕捉关键帧，如图 9 - 24 所示。

也可以在"帧"文本框中键入帧的编号，如图 9 - 25 所示。在相机处于活动状态且位于关键帧时，可以拖拽相机的目标点和远剪裁平面。如果相机不在关键帧处，则只能修改远裁剪平面。

② 修改漫游路径：选择"路径"作为"控制"，此时关键帧变为路径上的控制点，如图 9 - 26 所示。将关键帧拖拽到所需位置时请注意，"帧"文本框中的值保持不变。

③ 添加关键帧：选择"添加关键帧"作为"控制"，如图 9 - 27 所示，沿路径放置光标并单击以添加关键帧。

④ 删除关键帧：选择"删除关键帧"作为"控制"，如图 9 - 28 所示，将光标放置在路径上的现有关键帧上，并单击以删除此关键帧。

（3）导出漫游。

在 Revit 中，我们可以将漫游导出为 AVI 或图像文件。将漫游导出为图像文件时，漫

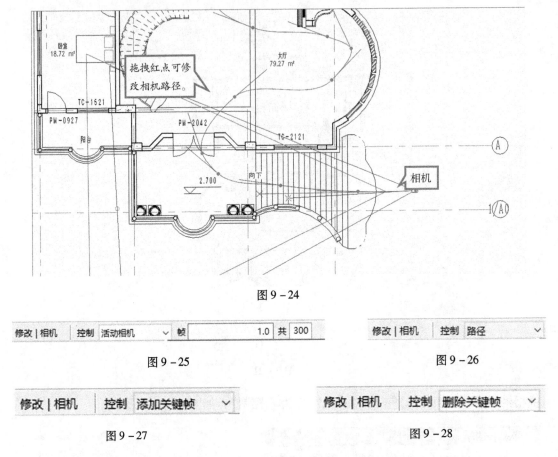

图 9 – 24

图 9 – 25

图 9 – 26

图 9 – 27

图 9 – 28

游的每个帧都会保存为单个文件。也可以导出所有帧或一定范围的帧。

要导出漫游，请执行下列步骤：

① 打开漫游视图：单击"导出""图像和动画""漫游"，如图 9 – 29 所示。将打开"长度/格式"对话框，如图 9 – 30 所示。

② 在"输出长度"下，请指定"全部帧"，将所有帧包括在输出文件中；"帧范围"，仅导出特定范围内的帧。对于此选项，请在输入框内输入帧范围。帧/秒：在改变每秒的帧数时，总时间会自动更新。

③ 在"格式"下，将"视觉样式""尺寸标注"和"缩放"设置为需要的值。单击"确定"。接受默认的输出文件名称和路径，或浏览至新位置并输入新名称。

④ 选择文件类型：AVI 或图像文件（JPEG、TIFF、BMP 或 PNG），单击"保存"。在"视频压缩"对话框中，从已安装在计算机上的压缩程序列表中选择视频压缩程序。要停止记录 AVI 文件，请单击屏幕底部的进度指示器旁的"取消"或按 Esc 键。

图 9 – 29

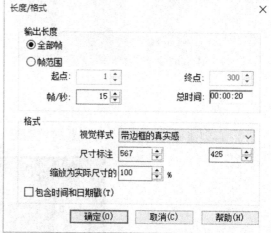

图 9 – 30

9.2 协同工作

任何建筑工程项目当中，都需要各个专业彼此之间相互协调、共同优化，实际上，单单是建筑、结构、给排水、设备等方面的专业人员之间的共同协调就已经是一大难题了，而大多数建筑工程项目都不止这些专业参与。所以，如何实现各个专业间协同工作和协同设计，是工程行业推动三维应用时要实现的最终目标。而在 Revit 中，恰恰就提供了一个统一的工程建设行业三维设计的协同工作平台，可以使用链接或工作集的方式完成各专业间或专业内部的协同工作。

9.2.1 链接

链接模型主要用于链接独立的文件，例如构成校园的建筑。也可链接由不同设计小组设计或针对不同图纸集设计的建筑的若干部分。不同规程（例如，建筑模型与结构模型）之间的协调也可以用链接模型来实现。将模型链接到项目中时，Revit 会打开链接模型并将其保存到内存中，项目包含的链接越多，则其打开链接模型所需的时间就越长（链接的模型列在项目浏览器的"Revit 链接"分支中）。

（1）工作流：链接模型。

下面是使用链接模型的典型工作流，具体的实施过程可以因项目需求而异。

① 为项目的每个单独部分创建一个更小的项目。例如，在学校项目中，为学校的每个建筑创建一个单独的项目，在大型建筑项目中，为项目中每个单独管理的部分创建一个项目，例如，如果大型建筑有两个塔楼，则为每个塔楼创建一个单独的项目，如图 9 – 31 所示。

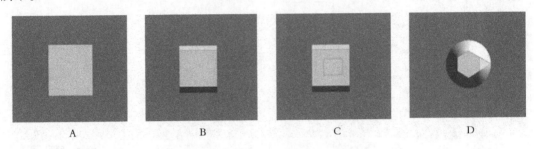

图 9 – 31

② 再创建另一个项目，作为将链接到另一个项目的主项目，如图 9 – 32 所示。

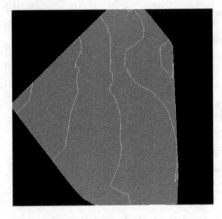

图 9 – 32

③ 打开主项目，在包含各单独部分的项目中建立链接，如图 9 – 33 ～ 图 9 – 35 所示。

④ 将链接模型放置在所需位置：在将模型链接到主项目时，可共享项目的坐标，以便可以正确定位该模型位置。

（2）管理链接。

如果项目中链接的源文件发生了变化，则在打开项目时 Revit 将自动更新该链接，若要在不关闭当前项目的情况下更新链接，可以先卸载链接然后再重新载入，要访问链接管理的工具，请单击"管理"选项卡 —— "管理项目"面板"管理链接"，如图 9 – 36 ～图 9 – 38 所示。

图 9-33

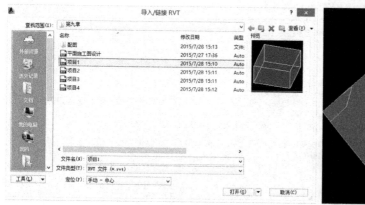

图 9-34

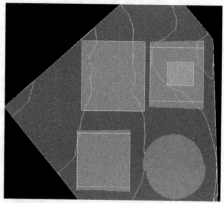

图 9-35

图 9-36

图 9-37

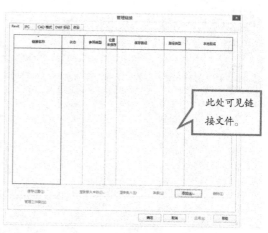

图 9-38

　　"管理链接"对话框中具有"Revit 模型""IFC 链接""CAD 格式""DWF 标记"和"点云"等选项卡。这些选项卡下面的各列提供了有关链接的信息，如表9-1所示。

表 9 - 1

列	说明
链接名称	指示链接模型或文件的名称。
状态	指示在主体模型中是否载入链接。该字段将显示为"已载入""未载入"或"未找到"。 已关闭的工作集中的附加状态会显示 Revit 链接。当 Revit 链接位于已关闭的工作集时，该链接会被卸载并且不显示在模型视图中。链接仍列在"管理链接"对话框中，以及"项目浏览器"的"Revit 链接"下。
参照类型	确定在将主体模型链接到其他模型中时，将显示（"附着"）还是隐藏（"覆盖"）此链接模型。 此列仅适用于 Revit 和 IFC 模型。 请参见显示或隐藏嵌套模型。
位置未保存	指示链接的位置是否保存在共享坐标系中。 此列适用于 Revit 和 CAD 链接。 请参见共享定位和定义命名位置。
大小	链接文件的大小。 此列仅适用于 CAD 格式和 DWF 标记。
保存路径	链接在计算机上的位置。 在工作共享中，这是中心模型的位置。 对于点云来说，该路径是一个相对路径，其根路径是点云的根路径。单击应用程序菜单上的"选项"来修改此根路径。 注：如果修改根路径，可能需要重新载入任何已链接到项目的点云文件。
路径类型	指示链接的保存路径是相对路径、绝对路径还是 Revit Server 路径。此列不适用于点云。 请参见管理链接的工具。
本地别名	如果使用基于文件的工作共享，并且已链接到 Revit 模型或 IFC 模型的本地副本，而不是链接到中心模型，其位置会显示在此处。 例如，在处理工作共享模型的本地副本时，可能要链接至本地模型以提高性能。与中心文件同步时，其他用户无法使用链接模型的本地副本，也不会看到本地路径。 请参见管理团队项目。

卸载和重新载入链接模型：若要在不关闭当前项目的情况下更新链接模型，可以重新加载链接模型。卸载链接模型可以暂时从项目中将其删除。

① 单击"管理"选项卡"管理项目"面板（管理链接），如图 9 - 39 所示。

② 在"管理链接"对话框中，单击相关的选项卡，选择该链接模型。要卸载选定的模型，请单击"卸载"，再单击"确定"进行确认，如图 9 - 40 所示。

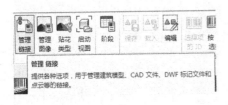

图 9 - 39

图 9 - 40

③ 要重新载入选定的模型，请单击"重新载入"。

| 提示 | 不需要先卸载链接模型然后再重新载入。 |

| 注意 | 如果重新加载的链接 CAD 文件参照已不再可用的视图，系统将提示您选择其他视图。重新加载到 CAD 文件的链接时，请务必仔细查看要重新载入的链接。CAD 文件中的视图数据用来将文件转换为可在 Revit 中使用的格式。例如，更改视图参照可能会影响链接在 Revit 中显示或放置的方式。 |

9.2.2 坐标协调

共享坐标用于记录多个互相链接的文件的相互位置。这些相互链接的文件可以全部是 Revit 文件，也可以是 dwg 文件和 dxf 文件的组合。

（1）关于共享坐标。

Revit 项目具有构成项目中模型的所有图元的内部坐标，这些坐标只能被此项目识别。如果希望模型位置可被其他链接模型识别，则需要共享坐标。

（2）定义命名位置。

Revit 项目可以有命名位置。命名位置是 Revit 项目中模型实例的位置。默认情况下，每个 Revit 项目都包含至少一个命名位置，称为"内部"位置。如果 Revit 项目包含一个唯一的结构或一个场地模型，则通常只有一个命名位置。如果 Revit 项目包含多座相同的建筑，则将有多个位置。

（3）获取和发布坐标。

通常，如果在建筑模型文件中工作，您会希望从链接模型（如场地）中获取坐标。如果在场地模型中工作，则会希望将坐标从场地模型发布到链接建筑模型。

① 获取坐标：如果从链接的项目获取坐标，则链接项目的共享坐标将成为主体项目的共享坐标，坐标以链接项目实例在主体项目中的位置为基准。不会对主体项目的内部坐标进行任何修改。

要获取坐标，请执行下列步骤：

a. 单击"管理"选项卡"项目位置"面板"坐标"下拉列表（获取坐标），如图 9 – 41 所示。

b. 将光标放置在链接模型实例上并单击，如图 9 – 42 所示。

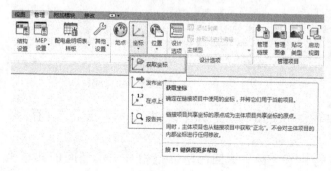

图 9 – 41

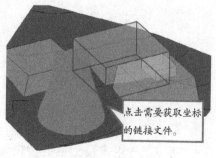

图 9 – 42

c. 主体模型文件现在具有同链接模型文件一样的共享坐标。如果其他载入的链接模型与主体模型共享坐标，它们也会获取新坐标。

② 发布坐标：将共享坐标系从主体项目发布至链接项目时，将更改链接项目。

要发布坐标，请执行下列步骤：

a. 单击"管理"选项卡"项目位置"面板"坐标"下拉列表（发布坐标），如图 9 – 43 所示。

b. 将光标放置在链接模型实例上并单击，如图 9 – 44 所示。

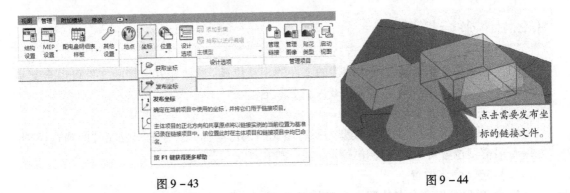

图 9 – 43

图 9 – 44

c. 从链接模型中选择"重命名"并单击"确定"，如图 9 – 45 所示，链接模型文件现在具有同主体模型文件一样的共享坐标。

d. 保存位置：单击"管理"选项卡"管理项目"面板"管理链接"，如图 9 – 46 所示。

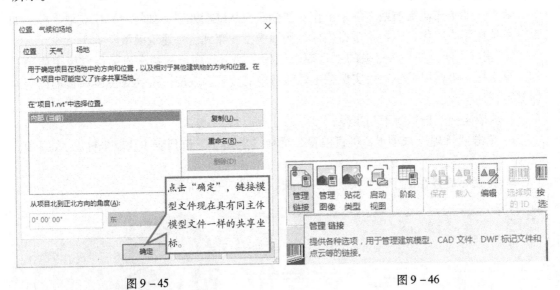

图 9 – 45

图 9 – 46

e. 在"管理链接"对话框中，单击相关的选项卡，如图 9 – 47 所示，点击"保存"。

（4）报告共享坐标。

可以报告主体模型中链接模型的共享坐标。返回的坐标是相对于模型间的共享坐标的。

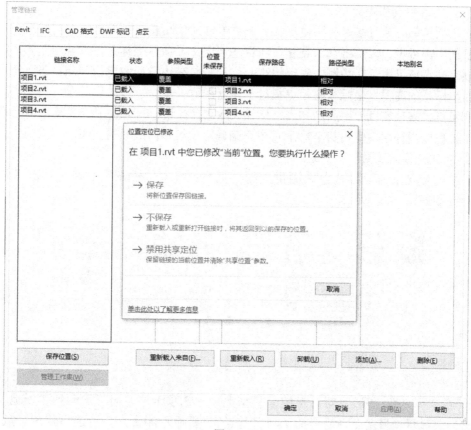

图9-47

① 单击"管理"选项卡"项目位置"面板"坐标"下拉列表"报告共享坐标",如图9-48所示。

② 将光标放置在链接模型的参照点上。参照点可以是图元(如屋顶)的边缘,也可以是两面墙的角,如图9-49所示。

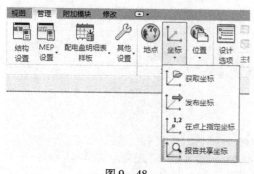
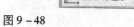

图9-48

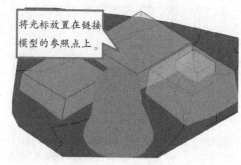

图9-49

③ 单击参照:参照的坐标会显示在选项栏上,同时还会显示该参照的高程。

提示	如果单击的是平面视图中除参照之外的其他位置,则会显示相应点的"北""南""东"和"西"坐标。在剖面视图或立面视图中,只能看到该点的高程。

（5）项目基点和测量点。

每个项目都有项目基点和测量点，但是由于可见性设置和视图剪裁，它们不一定在所有的视图中都可见；无法将它们删除，项目基点定义了项目坐标系的原点（0，0，0）。此外，项目基点还可用于在场地中确定建筑的位置，并在构造期间定位建筑的设计图元，参照项目坐标系的高程点坐标和高程点相对于此点显示。

测量点代表现实世界中的已知点，例如大地测量标记。测量点用于在其他坐标系（如在土木工程应用程序中使用的坐标系）中正确确定建筑几何图形的方向。

① 使项目基点和测量点可见。

a. 打开视图中的项目基点和测量点的可见性：单击"视图"选项卡"图形"面板"可见性/图形"，如图9 – 50所示。

图9 – 50

b. 在"可见性/图形"对话框的"模型类别"选项卡中，向下滚动到"场地"并将其展开。要显示项目基点，请选择"项目基点"，要显示测量点，请选择"测量点"，还可以单击视图控制栏上的"显示隐藏的图元"，在视图中打开项目基点和测量点的可见性，如图9 – 51所示。

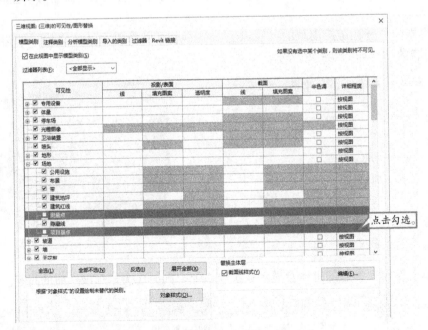

图9 – 51

② 移动项目基点和测量点：默认情况下，将在所有的视图中对它们进行剪裁。要在剪裁状态与未剪裁状态之间切换，首先要单击相应的点，然后再单击相应的图标。

表9-2介绍了在视图中移动项目基点和测量点时剪裁和取消剪裁如何影响这些点。

表9-2

剪裁的	未剪裁的
项目基点 移动剪裁的项目基点与使用"重新定位项目"工具相同。请参见重新定位项目。 • 项目坐标不会因模型图元更改而发生更改， • 但共享坐标会因模型图元更改而发生更改。	移动未剪裁的项目基点可以相对于模型几何图形和共享坐标系重新定位项目坐标系。 • 项目坐标会因模型图元的更改而发生更改。 • 项目基点的共享坐标在共享坐标系中会发生更改。（项目基点的项目坐标永远不会发生更改。） • 共享坐标不会因模型图元更改而发生更改。
项目测量点 移动剪裁的测量点可以相对于模型几何图形和项目坐标系重新定位共享坐标系。 • 项目坐标不会因模型图元更改而发生更改， • 但共享坐标会因模型图元更改而发生更改。	移动未剪裁的测量点只能相对于共享坐标系和项目坐标系移动测量点。 • 项目坐标不会因模型图元更改而发生更改。 • 共享坐标不会因模型图元更改而发生更改。 • 只有测量点本身的共享坐标会发生更改。

要移动视图中的项目基点或测量点，请执行下列操作之一：

a. 将点拖拽到所需的位置。

b. 单击该点，然后单击所需的坐标，以打开对应的文本框。输入新的坐标。对于项目基点而言，另一种将项目旋转到正北方向的方式是将"角度"值修改为"正北"。参见将项目旋转至正北。

启动位置是新项目中项目基点的原始位置。使项目基点返回其启动位置：

a. 取消剪裁项目基点。

b. 在项目基点上单击鼠标右键，然后单击"移动到启动位置"；项目基点和测量点可以是"剪裁的"，也可以是"未剪裁的"。

③ 关于固定项目基点和测量点：不能移动固定的项目基点或测量点；固定项目基点将会禁用"重新定位项目"和"旋转项目北"工具；固定测量点将会禁用"旋转正北""获取坐标"和"指定坐标"工具；项目基点和测量点的使用提示。

使用项目基点和测量点时，应考虑以下几点要求：

a. 为确保模型的准确性，请务必保证模型几何图形距项目基点启动位置的距离小于20英里（32.19千米）。检查下列措施：

使用关联菜单中的"移动到启动位置"，将项目基点移回其启动位置；使用"修改"选项卡上的"测量"工具测量从项目基点到模型几何图形的距离；如果该距离超过20英里，请将模型几何图形移动到距项目基点启动位置20英里（32.19千米）的范围内。

b. 将建筑场地导出到接受 ADSK 文件的土木工程应用程序（如 Civil 3D）之前，将未剪裁的测量点移动到与土木工程师一致同意的位置。

利用土木工程师提供的坐标，通过"在某一点指定坐标"工具来指定坐标，或者在"建筑场地导出"对话框的"场地"选项卡上输入坐标。

c. 要确保在项目中正确定位导入的 DWG 站点，请执行下列操作：

使用从土木工程师那里获得的共享坐标，指定测量点的坐标；指定与正北对应的正确角度；指定"按共享坐标自动定位"以链接 DWG 文件。

附 录 Revit 快捷键

通用快捷键				
关闭打开的项目	Ctrl + F4	显示按键提示		F10 键
循环选择光标位置的对象	Tab 键	反向查看临近或连接图元的选项或选择		Shift + Tab
打开 视图导航	Shift + W	执行操作		Enter 键
取消命令或终止命令	Esc 键	翻转所选图元，修改其方向		空格键

建模与绘图常用快捷键							
墙体	WA/ W + 空格	房间	RM	标高	LL
门	DR/D + 空格	房间标记	RT	绘制参照平面	RP
窗	WN	轴线	GR	模型线	LI
楼板	SB/ S + 空格	文字	TX	按类别标记	TG
放置构建	CM	对齐标注	DI	详图线	DL

编辑修改工具常用快捷键							
图元属性	PP 或者 Ctrl + 1	定义旋转中心	R3 或者空格键	匹配对象类型	MA/M + 空格键
删除	DE	阵列	AR	线处理	LW
移动	MV	镜像 - 拾取轴	MM	填色	PT
复制	CO/C + 空格键	创建组	GP	拆分区域	SF
旋转	RO	锁定位置	UP	对齐	AL
拆分图元	SL	修剪/延伸	TR	修剪/延伸	TR
偏移	OF/S + 空格	选择全部实例	SA	重复上个命令	RC 或者 Enter
恢复上次选择	Ctrl + ←				

捕抓替代常用快捷键							
捕抓远距离对象	SR	交点	SI	工作平面网络	SW
象限点	SQ	端点	SE	切点	ST
垂足	SP	中心	SC	关闭替换	SS
最近点	SN	捕抓到云点	PC	形状闭合	SZ
中点	SM	点	SX	关闭捕抓	SO

视图控制常用快捷键							
缩放全部以匹配	ZA/Z + 空格	线框显示模式	WF	可见性图形	VV/VG 或者 V + 空格
区域放大	ZR	隐藏线显示模式	HL/H + 空格	临时隐藏图元	HH
缩放配置	ZF	带边框着色显示模式	SD	临时隔离图元	HI
上一次缩放	ZP	细线显示模式	TL	临时隐藏类别	HC
动态视图	F8 或者 Shift + W	视图图元属性	VP	临时隔离类别	IC

续上表

视图控制常用快捷键					
重设临时隐藏	HR	隐藏图元	EH	隐藏类别	VH
取消隐藏图元	EU	取消隐藏类别	VU	切换显示隐藏	RH
渲染	RR	快捷键定义窗口	KS/K + 空格	视图窗口平铺	WT
视图窗口层叠	WC				

参考文献

[1] 廖小烽，王君峰. Revit 2013/2014 建筑设计火星课堂 ［M］. 北京：人民邮电出版社，2013.8.

[2] Autodesk，Inc.，柏慕进业. Autodesk Revit Architecture 2014 官方标准教程 ［M］. 北京：电子工业出版社，2014.1.

[3] 黄亚斌，雷群. BIM 技术丛书 Revit 软件应用系列 别墅设计实战攻略 ［M］. 北京：中国水利水电出版社，2011.9.

[4] 吕东军，孔黎明. Autodesk Revit Architecture 建筑设计课程 ［M］. 北京：中国建材工业出版社，2011.5.

[5] 史瑞英. Revit Architecture 2013——BIM 应用实战教程 ［M］. 北京：化学工业出版社，2014.5.

[6] 朱宁克，丁延辉，邹越. Autodesk Revit Architecture 2010 建筑设计速成 ［M］. 北京：化学工业出版社，2010.7.

特别鸣谢，以上书籍。